"十三五"国家重点出版物出版规划项目

可靠性新技术丛书

多状态系统可靠性分析方法

Multi-state System Reliability Analysis Methods

狄 鹏 陈 童 胡 斌 杨 晶 著

U0208997

国防工业出版社

·北京·

图书在版编目(CIP)数据

多状态系统可靠性分析方法 / 狄鹏等著 . —北京:国防工业出
版社，2019. 4
（可靠性新技术丛书）
ISBN 978-7-118-11727-1

Ⅰ. ①多… Ⅱ. ①狄… Ⅲ. ①系统可靠性–系统分析
Ⅳ. ①N945. 17

中国版本图书馆 CIP 数据核字(2018)第 292569 号

※

国防工业出版社出版发行
（北京市海淀区紫竹院南路 23 号　邮政编码 100048）
天津嘉恒印务有限公司印刷
新华书店经售
*
开本 710×1000　1/16　印张 12½　字数 244 千字
2019 年 4 月第 1 版第 1 次印刷　印数 1—2000 册　定价 78. 00 元

(本书如有印装错误,我社负责调换)

国防书店：(010)88540777　　发行邮购：(010)88540776
发行传真：(010)88540755　　发行业务：(010)88540717

可靠性新技术丛书

编审委员会

主 任 委 员：康　锐

副主任委员：周东华　左明健　王少萍　林　京

委　　　员（按姓氏笔画排序）：

朱晓燕　任占勇　任立明　李　想

李大庆　李建军　李彦夫　杨立兴

宋笔锋　苗　强　胡昌华　姜　潮

陶春虎　姬广振　翟国富　魏发远

丛书序

可靠性理论与技术发源于20世纪50年代,在西方工业化先进国家得到了学术界、工业界广泛持续的关注,在理论、技术和实践上均取得了显著的成就。20世纪60年代,我国开始在学术界和电子、航天等工业领域关注可靠性理论研究和技术应用,但是由于众所周知的原因,这一时期进展并不顺利。直到20世纪80年代,国内才开始系统化地研究和应用可靠性理论与技术,但在发展初期,主要以引进吸收国外的成熟理论与技术进行转化应用为主,原创性的研究成果不多,这一局面直到20世纪90年代才开始逐渐转变。1995年以来,在航空航天及国防工业领域开始设立可靠性技术的国家级专项研究计划,标志着国内可靠性理论与技术研究的起步;2005年,以国家863计划为代表,开始在非军工领域设立可靠性技术专项研究计划;2010年以来,在国家自然科学基金的资助项目中,各领域的可靠性基础研究项目数量也大幅增加。同时,进入21世纪以来,在国内若干单位先后建立了国家级、省部级的可靠性技术重点实验室。上述工作全方位地推动了国内可靠性理论与技术研究工作。当然,在这一进程中,随着中国制造业的快速发展,特别是《中国制造2025》的颁布,中国正从制造大国向制造强国的目标迈进,在这一进程中,中国工业界对可靠性理论与技术的迫切需求也越来越强烈。工业界的需求与学术界的研究相互促进,使得国内可靠性理论与技术自主成果层出不穷,极大地丰富和充实了已有的可靠性理论与技术体系。

在上述背景下,我们组织编著了这套可靠性新技术丛书,以集中展示近5年国内可靠性技术领域最新的原创性研究和应用成果。在组织编著丛书过程中,坚持了以下几个原则:

一是**坚持原创**。丛书选题的征集,要求每一本图书反映的成果都要依托国家级科研项目或重大工程实践,确保图书内容反映理论、技术和应用创新成果,力求做到每一本图书达到专著或编著水平。

二是**体现科学**。丛书框架的设计,按照可靠性系统工程管理、可靠性设计与试验、故障诊断预测与维修决策、可靠性物理与失效分析4个板块组织丛书的选题,基本上反映了可靠性技术作为一门新兴交叉学科的主要内容,也能在一定时期内保证本套丛书的开放性。

三是**保证权威**。丛书作者的遴选,汇聚了一支由国内可靠性技术领域长江学者特聘教授、千人计划专家、国家杰出青年基金获得者、973项目首席科学家、国家级奖获得者、大型企业质量总师、首席可靠性专家等领衔的高水平作者队伍,这些高层次专家的加盟奠定了丛书的权威性地位。

四是**覆盖全面**。丛书选题内容不仅覆盖了航空航天、国防军工行业,还涉及了轨道交通、装备制造、通信网络等非军工行业。

这套丛书成功入选"十三五"国家重点出版物出版规划项目,主要著作同时获得国家科学技术学术著作出版基金、国防科技图书出版基金以及其他专项基金等的资助。为了保证这套丛书的出版质量,国防工业出版社专门成立了由总编辑挂帅的丛书出版工作领导小组和由可靠性领域权威专家组成的丛书编审委员会,从选题征集、大纲审定、初稿协调、终稿审查等若干环节设置评审点,依托领域专家逐一对入选丛书的创新性、实用性、协调性进行审查把关。

我们相信,本套丛书的出版将推动我国可靠性理论与技术的学术研究跃上一个新台阶,引领我国工业界可靠性技术应用的新方向,并最终为"中国制造2025"目标的实现做出积极的贡献。

康锐

2018 年 5 月 20 日

前言

状态数量有限的系统可以称为多状态系统(Multi-State System，MSS)。多状态系统具有两种基本形式：一是具有多个性能水平的系统；二是具有多个工作(或失效)状态的系统。多状态系统广泛存在于装备系统中，随着军事装备的不断发展和对装备可靠性要求的不断提高，多状态系统可靠性分析方法较基于两状态的可靠性分析方法更具有优势。

本书主要内容共7章，较系统地介绍了多状态系统的可靠性分析方法。

第1章主要介绍多状态系统概念，以及多状态系统可靠性及其指标。

第2章对马尔可夫链相关基础理论做了介绍，旨在为读者提供理论以及工程应用方面的基础知识。

第3章主要介绍马尔可夫过程、马尔可夫报酬模型及半马尔可夫过程在多状态系统可靠性分析中的应用。

第4章主要介绍通用生成函数基本原理以及通用生成函数的相关技术。

第5章主要介绍通用生成函数与随机过程相结合的多状态系统可靠性分析方法。多状态部件会导致多状态系统的状态空间庞大问题，该方法是解决上述问题的一种有效方法，本章重点介绍该方法的描述和多状态系统冗余分析技术。

第6章基于Phase-type(PH)分布的多状态系统可靠性模型。采用指数分布、Weibull分布等典型分布类型建立的多状态系统可靠性模型具有对假设条件要求严格、系统包含多种分布类型部件时建模困难且模型难以计算等不足，导致在工程实际中难以广泛应用。PH分布是指数分布的矩阵形式推广，可以有效逼近非负实数轴上的任意分布，具有通用性强、可计算性好、便于解析处理等优点。为解决上述困难，将PH分布引入多状态系统可靠性建模中，将系统工作时间、维修时间等随机变量定义为一般分布，并将其表示为PH分布形式进行建模。本章介绍了PH分布基础理论，针对装备的多状态特点以及使用、维修特点，建立多种问题背景下基于PH分布的多状态系统可靠性系列解析模型。

第7章基于PH分布的多状态系统可靠性优化应用研究。在第6章基础上，本章重点研究介绍了基于PH分布的模型在典型多状态系统可靠性优化中的应用。

本书可为装备型号研制及装备保障工作领域从事系统可靠性分析的专业人员

及相关专业研究生提供参考。

作者在本书写作过程中,参考了大量文献,在此,向参考文献的相关作者表示衷心的感谢!

由于作者知识和经验有限,加之时间仓促,书中难免存在疏漏和不妥之处,敬请读者给予指正。

作　者
2019 年 1 月

目录

第1章　概述 ……………………………………………………………………… 1

1.1　多状态系统概念 …………………………………………………………… 1

1.2　相关定义与性质 …………………………………………………………… 3

　　1.2.1　多状态系统一般模型 ……………………………………………… 3

　　1.2.2　多状态系统的主要特性 …………………………………………… 7

1.3　多状态系统可靠性及其指标 ……………………………………………… 9

　　1.3.1　多状态系统失效标准 ……………………………………………… 9

　　1.3.2　多状态系统可靠性的关联性及一致性 ………………………… 10

　　1.3.3　多状态系统可靠性指标 ………………………………………… 11

　　参考文献 ……………………………………………………………………… 16

第2章　随机过程基础 ………………………………………………………… 18

2.1　随机过程基本概念 ……………………………………………………… 18

2.2　离散时间马尔可夫链 …………………………………………………… 21

　　2.2.1　基本定义与性质 ………………………………………………… 21

　　2.2.2　n 步转移概率与状态概率的计算 …………………………… 22

2.3　连续时间马尔可夫链 …………………………………………………… 25

　　2.3.1　基本定义与性质 ………………………………………………… 25

　　2.3.2　稳态过程中的几个参数 ………………………………………… 28

　　参考文献 ……………………………………………………………………… 30

第3章　基于随机过程的多状态系统可靠性分析方法 …………………… 31

3.1　基于马尔可夫过程的多状态系统可靠性模型 ………………………… 31

　　3.1.1　多状态部件可靠性评估马尔可夫模型 ……………………… 31

　　3.1.2　多状态系统可靠性评估马尔可夫模型 ……………………… 43

3.2　马尔可夫报酬模型及其在多状态系统可靠性分析中的应用 ……… 51

　　3.2.1　基本定义与模型描述 …………………………………………… 51

　　3.2.2　基于马尔可夫报酬模型的多状态系统可靠性指标计算 …… 54

3.3　半马尔可夫模型及其在多状态系统可靠性分析中的应用 ………… 65

　　3.3.1　嵌入式马尔可夫链及半马尔可夫过程的定义 ……………… 66

　　3.3.2　基于半马尔可夫过程的可靠性指标评估 …………………… 69

参考文献 ·· 76

第4章 基于通用生成函数的多状态系统可靠性分析方法 ·············· 77

4.1 通用生成函数基本原理 ··· 77

    4.1.1 离散型随机变量生成函数 ··· 78

    4.1.2 连续型随机变量生成函数与 z 变换 ·························· 79

    4.1.3 通用生成算子(UGO)和通用生成函数(UGF) ·········· 80

    4.1.4 广义的通用生成算子 ··· 81

    4.1.5 与随机过程关联的通用生成函数 ······························ 82

4.2 通用生成函数技术 ··· 83

    4.2.1 合并同类项与递归算法 ··· 83

    4.2.2 应用通用生成函数评估多状态系统可靠性指标 ·············· 83

    4.2.3 合成算子的性质 ··· 85

    4.2.4 串联子系统的通用生成函数 ····································· 87

    4.2.5 并联系统的通用生成函数 ··· 88

    4.2.6 串并混联系统的通用生成函数 ·································· 89

    4.2.7 桥联结构 MSS 的通用生成函数 ································ 89

参考文献 ·· 92

第5章 通用生成函数与随机过程相结合的多状态系统可靠性分析方法 ·· 95

5.1 方法描述 ·· 96

    5.1.1 多性能状态部件的随机过程 ····································· 96

    5.1.2 多状态系统可靠性评估 ··· 98

5.2 多状态系统冗余分析 ·· 103

    5.2.1 引言 ··· 103

    5.2.2 问题描述 ··· 104

    5.2.3 模型描述 ··· 106

    5.2.4 多状态系统通用生成函数算法 ·································· 111

    5.2.5 多状态系统可靠性指标的计算 ·································· 112

5.3 算例分析 ··· 112

参考文献 ·· 117

第6章 基于 Phase-type(PH)分布的多状态系统可靠性模型 ········ 118

6.1 PH 分布基础理论 ··· 119

    6.1.1 PH 分布定义 ··· 119

    6.1.2 PH 分布性质 ··· 120

6.2 基于 PH 分布的多状态系统可靠性模型 ⋯⋯⋯⋯⋯ 122
    6.2.1 基于 PH 分布的多状态单部件可修系统可靠性模型 ⋯⋯⋯⋯ 122
    6.2.2 基于 PH 分布的温储备可修系统可靠性模型 ⋯⋯⋯⋯ 128
    6.2.3 基于 PH 分布的 n 中取 k 系统可靠性模型 ⋯⋯⋯⋯ 135
6.3 基于 PH 分布的复杂维修条件下多状态系统可靠性模型 ⋯⋯⋯ 142
    6.3.1 考虑一定不完全维修次数的多状态系统可靠性模型 ⋯⋯⋯⋯ 142
    6.3.2 考虑不同维修效果的多状态系统可靠性模型 ⋯⋯⋯⋯ 146
6.4 基于 PH 分布的改进通用生成函数多状态系统可靠性建模 ⋯⋯⋯ 156
    6.4.1 引言 ⋯⋯⋯⋯⋯⋯⋯⋯ 156
    6.4.2 问题描述与假设 ⋯⋯⋯⋯ 157
    6.4.3 多状态部件改进通用生成函数 ⋯⋯⋯⋯ 157
    6.4.4 多状态系统改进通用生成函数 ⋯⋯⋯⋯ 159
    6.4.5 算例分析 ⋯⋯⋯⋯⋯⋯ 163
  参考文献 ⋯⋯⋯⋯⋯⋯⋯⋯ 170

第 7 章 基于 PH 分布的多状态系统可靠性优化应用研究 ⋯⋯⋯ 173
7.1 问题描述 ⋯⋯⋯⋯⋯⋯⋯ 174
7.2 蚁群算法设计 ⋯⋯⋯⋯⋯ 175
    7.2.1 蚁群算法概述 ⋯⋯⋯⋯ 175
    7.2.2 解的构建 ⋯⋯⋯⋯⋯⋯ 177
    7.2.3 可靠度估计 ⋯⋯⋯⋯⋯ 178
    7.2.4 信息素轨迹更新 ⋯⋯⋯ 178
    7.2.5 自适应策略 ⋯⋯⋯⋯⋯ 178
    7.2.6 算法描述 ⋯⋯⋯⋯⋯⋯ 179
7.3 基于 PH 分布的多状态系统可靠性优化计算框架 ⋯⋯⋯⋯ 180
7.4 算例分析 ⋯⋯⋯⋯⋯⋯⋯ 181
    7.4.1 算例说明及参数设置 ⋯⋯ 181
    7.4.2 优化结果及算法比较 ⋯⋯ 181
    7.4.3 灵敏性分析 ⋯⋯⋯⋯⋯ 184
  参考文献 ⋯⋯⋯⋯⋯⋯⋯⋯ 188

第 1 章

概　　述

1.1　多状态系统概念

所有的系统都设计在一个特定的环境中完成其预定的任务。一些系统能够以不同程度的效率完成任务,这种效率可称为性能水平。一个拥有有限数量性能水平的系统称为多状态系统(MSS)。通常情况下,构成多状态系统的部件在其运行时是多状态的。一个二元系统是多状态系统中最简单的例子,它有两个不同的状态,分别为完全工作和彻底失效。

多状态系统可靠性理论起步于 20 世纪 70 年代中期,由 Murchlan 和 Barton 等[1-3]系统可靠性领域的著名学者率先提出,到 80 年代初就已经逐步形成了多态系统比较完整的概念。到目前为止,经过数十年的研究,多状态系统可靠性理论研究已经取得丰硕的成果,从传统的二态可靠性理论突破出来,建立了多状态系统可靠性理论,并应用于能源系统[4-6]、机械工程[7-11]、计算机网络[12-14]、城市基础设施建设[15, 16]以及战略防御与装备保障等领域[17, 18]的可靠性分析。目前,多态系统可靠性建模方法主要包括二态系统模型扩展方法、基于随机过程的建模方法、基于通用生成函数的建模方法和蒙特卡罗仿真方法。

在许多不同的情况下,一个系统可被视为多状态系统:

任何由不同的二状态单元组成,并且这些单元对整体系统运行产生持续效果的系统可被视为一个多状态系统。需要强调的是,这样一个系统的性能水平依赖于其组成单元的系统可用度,因为不同数量的可用单元所产生的运行效果也是不一样的。此种情况最简单的例子就是 n 中取 k 系统。此类系统由 n 个完全一样的二状态单元组成,并且拥有 $n+1$ 种状态,系统状态取决于可用单元的数量,一般认为若不少于 k 个可用单元,系统的性能水平就可以接受。当不同单元对于系统累积性能水平的贡献不同时,由于可用单元的组合能够为系统整体提供不同的性能水平,多状态系统可能出现的状态数量会剧增。

由于自身的老化(疲劳、部分失效)或是因为变化的外部环境,组成系统各部件的性能水平也会产生变化。某一部件的失效可能导致多状态系统整体性能水平的降低。

总而言之,任一部件的性能水平会从完全工作直至彻底失效。导致部件性能衰减的失效称为部分失效。部分失效时,部件以低于常态的效率继续工作,并且当此部件彻底失效时,便无法继续工作。

考查以下多状态系统的例子:

(1) 由生产设备和传输设备组成的电力供应系统中,每一个生成单元都能以不同的生产能力运行。生产单元是许多部分构成的复杂集合。不同部分的失效可能会导致此种情形:生产单元仍旧运行,但是生产能力降低了。当一些辅助设备(如粉碎机、水泵、风扇等)中断时,上述情形就可能会出现。例如,文献[19]中描述了一种三状态 50MW 的生产单元。与这些状态相对应的生产能力(性能水平)以及各状态的出现概率见表 1.1。

表 1.1 50MW 生产单元生产能力

状 态	生产能力/MW	状态概率
1	50	0.960
2	30	0.033
3	0	0.007

(2) 图 1.1 展示了一个煤炭运输子系统[20],此系统不断地供应电站锅炉并且由以下 5 个基本部件组成:

① 初级给料机,将煤炭从箱子中运载至初级传输装置;

② 初级传输装置组,采取并行连接,将煤炭传输至堆取料机;

③ 堆取料机,将煤炭上传至二级传输装置;

④ 二级给料机;

⑤ 二级传输装置组,供应锅炉的燃烧器进料系统。

图 1.1 流水线传输系统图

每单位时间供应给锅炉的煤炭连续通过每一个部件。给料机和堆取料机有两种状态:正常的生产能力和完全故障。两套传输装置的产能可以变化,其变化依赖于两个二状态传输装置的可用性的变化。

（3）另一类多状态系统是任务处理系统。此类系统的运行指标由运行时间（处理速度）衡量。此类系统包括控制系统、信息及数据处理系统、有时限的制造系统等。这些系统的运行与各部分有序工作线的连续独立运行有关。系统总的运行时间等于各部分运行时间之和。当依据处理速度（等同于运行时间）来衡量部分（系统）的运行情况时,总的故障对应于运行效率 0。假如至少有一个系统部件处于完全失效的状态,那么整体系统也完全失效。实际上,完全失效的部件其对应的处理速度就是 0,等价于其运行时间为无穷大。在这种情况下,系统整体的运行时间也是无穷大的。

（4）有时多状态系统的性能可用概率指标来表示。图 1.2 所示的雷达系统,其覆盖范围是 180°。

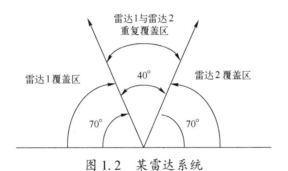

图 1.2　某雷达系统

它由两个完全一样的雷达组成:其中一台覆盖 0°～110° 的范围;另一台覆盖 70°～180° 的范围。此多状态系统的性能指标是成功搜索出目标的概率。一台搜索出目标的概率为 $p_{suc}=0.9$,在重叠部分此概率是 $P_{suc}=1-(1-p_{suc})^2=0.99$。

因此,整个雷达系统有如下性能水平。如果两台雷达均可靠,那么整体多状态系统的输出性能为 $g_2=\frac{40}{180}\times0.99+\frac{40}{180}\times0.9=0.92$;如果只有一台雷达可用,则多状态系统的性能为 $g_1=\frac{110}{180}\times0.9=0.55$;如果两台雷达均失效,那么此多状态系统的性能为 $g_0=0$。

1.2　相关定义与性质

1.2.1　多状态系统一般模型

为了分析多状态系统的运行状态,首先要了解其各部分的特征。任一系统部

3

件 j 都有与性能水平相对应的 k_j 个不同的状态,用集合 $g_j = \{g_{j1}, g_{j2}, \cdots, g_{jk_j}\}$ 表示。其中 g_{ji} 是部件 j 在状态 i 时的性能水平($i \in \{1, 2, \cdots, k_j\}$)。

在任一时刻 $t \geq 0$,部件 j 的性能水平 $G_j(t)$ 是一个随机变量,其结果来自 $g_j : G_j(t) \in g_j$。因此,对于时间区间 $[0, T]$,时间 T 是多状态系统的运行过程,部件 j 的性能水平被定义为一个随机过程。

在一些情况下,部件的运行情况不能仅由某个单一指标衡量,通常由向量表示,部件的性能被定义为一个向量随机过程 $\boldsymbol{G}_j(t)$。

在任一瞬时时刻 t,系统部件 j 的不同状态(性能水平)的概率由如下集合表示:

$$p_j(t) = \{p_{j1}(t), p_{j2}(t), \cdots, p_{jk_j}(t)\} \tag{1.1}$$

其中

$$p_{ji}(t) = \Pr\{G_j(t) = g_{ji}\} \tag{1.2}$$

由于部件的状态相互排斥(部件 j 处于并且仅处于 k_j 中的某一种状态),对于任一 $t (0 \leq t \leq T)$ 都有 $\sum_{i=1}^{k_j} p_{ji}(t) = 1$。

式(1.2)定义了一个离散随机变量 $G_j(t)$ 在任一时刻 t 的概率质量函数。每一对 $g_{ji}, p_{ji}(t) (i = 1, 2, \cdots, k_j)$ 完全决定了部件 j 在任一时刻 t 的性能的概率分布。

通过观察,发现二状态部件(一旦故障便完全失效)的运行也能通过性能分布来表现。考虑一个两状态部件 b,它具有标称性能 g^* 以及部件处于该状态的概率 $p(t)$。假定部件完全失效时的性能水平是 0,其性能分布表示为: $\boldsymbol{g}_b = \{0, g^*\}$,$p_b(t) = \{1 - p(t), p(t)\}$。

当多状态系统由 n 个部件组成时,其总体性能水平取决于这些部件的性能水平。在每一时刻,系统部件都有对应于其状态的运行效率。系统的状态取决于系统部件的状态。假定系统整体有 K 个不同的状态,g_i 是系统在状态 i 时的性能水平。多状态系统整体在时刻 t 的性能水平是取值于集合 $\{g_1, \cdots, g_K\}$ 的随机变量。

定义 1.1:令 $L^n = \{g_{11}, \cdots, g_{1k_1}\} \times \{g_{21}, \cdots, g_{2k_2}\} \times \cdots \times \{g_{n1}, \cdots, g_{nk_n}\}$ 为多状态系统所有部件性能水平可能组合的空间,且 $M = \{g_1, \cdots, g_K\}$ 为系统整体性能水平的空间。

将部件性能水平空间映射到系统性能水平空间 $L^n \rightarrow M$ 的变换 $f(G_1(t), \cdots, G_n(t))$,称为多状态系统结构函数。

多状态系统结构函数是二元结构函数的一个推广,不同之处在于状态空间的定义,二元结构函数的映射是 $\{0, 1\}^n \rightarrow \{0, 1\}$,但在多状态系统中,每一个结构函数对应更多的复杂空间。

现在可以定义多状态系统的一般模型。

多状态系统的一般模型应当包括每个系统部件 j 的性能随机过程

$$G_j(t), j=1,2,\cdots,n \qquad (1.3)$$

和系统的结构函数,结构函数决定了系统整体输出性能的随机过程:

$$G(t)=f(G_1(t),\cdots,G_n(t)) \qquad (1.4)$$

实际上,性能随机过程 $G_j(t)$ 会有不同的形式表达。例如,所有系统部件的性能概率分布会在运行区间 $[0,T]$ 的任一瞬时时刻 t 给出。那么多状态系统就由这些概率分布 $g_j, p_j(t), (1 \leqslant j \leqslant n)$,以及系统结构函数 $G(t)=f(G_1(t),\cdots,G_n(t))$ 来表示。

结构函数的定义可以用表格或解析的形式表达,或者是描述为对任意给定集合 $\{G_1(t),\cdots,G_n(t)\}$ 都有明确的系统性能 $G(t)$ 的运算法则。下面举例说明多状态系统结构函数的多种表达形式。

例 1.1 考查一个 3 中取 2 的多状态系统。此系统由三个二元部件组成,每个二元部件的性能水平为 $G_i(t) \in \{g_{i1}, g_{i2}\} = \{0,1\}, (i=1,2,3)$,且

$$g_{i1} = \begin{cases} 0, & \text{部件 } i \text{ 处于完全失效} \\ 1, & \text{部件 } i \text{ 完全工作} \end{cases}$$

在任一时刻 t,系统的输出性能水平 $G(t)$ 为

$$G(t) = \begin{cases} 0, & \text{若失效的部件不止一个} \\ 1, & \text{若仅有一个部件失效} \\ 2, & \text{若所有部件完全工作} \end{cases}$$

对于系统可能出现的所有状态,系统结构函数见表 1.2。

表 1.2 3 中取 2 系统的结构函数

$G_1(t)$	$G_2(t)$	$G_3(t)$	$f(G_1(t),G_2(t),G_3(t))$
0	0	0	0
0	0	1	0
0	1	0	0
0	1	1	1
1	0	0	0
1	0	1	1
1	1	0	1
1	1	1	2

例 1.2 考虑一个由三根管道组成的流体传输系统(图 1.3(a)),油料从 C 点运送至 E 点。管道的效率(t/min)由它们的运输能力衡量。部件 1 和部件 2 是二元的,其运送能力分别为 1.5t/min 和 2t/min,因此两部件各有 $G_1(t) \in \{0,1.5\}$,

$G_2(t) \in \{0,2\}$。部件 3 有三种状态:运输能力为 0 的完全失效状态、运输能力为 1.8t/min 的部分失效状态、运输能力为 4t/min 的满负荷运行状态,即 $G_3(t) \in \{0, 1.8,4\}$。系统的输出性能由 C 点到 E 点的最大传输流量决定。

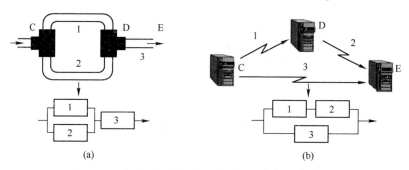

图 1.3 拥有相同结构函数的两种多状态系统

通过并联管道 1 和 2 的 C 点和 D 点之间的总流量等于这些管道里每个管道通过的流量的总和。从 D 点到 E 点的流量受到部件 3 的运输能力限制。另外,此流量不会比 C 点到 D 点之间的流量更大。因此,C 点和 E 点之间的流量(系统的性能)为

$$G(t) = f(G_1(t), G_2(t), G_3(t)) = \min\{G_1(t)+G_2(t), G_3(t)\}$$

由系统结构函数 $G(t) = f(G_1(t), G_2(t), G_3(t))$ 得出的系统所有可能的状态见表 1.3。

表 1.3 油料运输系统可能的状态

$G_1(t)$	$G_2(t)$	$G_3(t)$	$f(G_1(t), G_2(t), G_3(t))$
0	0	0	0
0	0	1.8	0
0	0	4	0
0	2	0	0
0	2	1.8	1.8
0	2	4	2
1.5	0	0	0
1.5	0	1.8	1.5
1.5	0	4	1.5
1.5	2	0	0
1.5	2	1.8	1.8
1.5	2	4	3.5

例 1.3　考查一个由三台完全可靠的网络服务器及三个数据传送通道(部件)组成的数据传输系统(图 1.3(b)),数据能够直接或是通过服务器 D 由 C 传向 E。两台服务器之间的数据传输时间取决于相应通道的状态且被看作是通道的性能水平,此时间以秒计。

部件 1 和 2 是二元的。当数据传输无法进行时,它们将处于完全失效状态。此情况下数据传输的时间为无穷大。当它们以 1.5s 和 2s 的效率传输数据,此时得到 $G_1(t) \in \{\infty, 1.5\}$,$G_2(t) \in \{\infty, 2\}$,部件 1 和 2 将以满负荷运行。部件 3 将处于以下三种情况之一:完全失效状态、数据传输效率为 4s 的部分失效状态、数据传输效率为 1.8s 的满负荷状态,即 $G_3(t) \in \{\infty, 4, 1.8\}$。系统的运行效率取决于数据从服务器 A 传输到服务器 C 的总时间。

当数据通过服务器 D 时,传输的总时间等于将数据由服务器 C 传输到服务器 D 的时间 $G_1(t)$ 以及将数据由服务器 D 传输到服务器 E 的时间 $G_2(t)$ 之和。如果部件 1 或 2 某个处于完全失效的状态,数据传输无法到达服务器 E。对于此种情况我们认为有 $(\infty + 2) = \infty$ 及 $(\infty + 1.5) = \infty$。当数据直接由服务器 C 传到服务器 E,传输时间为 $G_3(t)$。数据由 C 直接传到 E 或通过 D 到 E 的最短时间决定了系统的传输时间。因此,多状态系统结构函数有如下形式:$G(t) = f(G_1(t), G_2(t), G_3(t)) = \min\{G_1(t) + G_2(t), G_3(t)\}$。

注意到例 1.2 和例 1.3 有不同的技术系统,甚至它们有不同的可靠性框图,但仍然有相同的多状态系统结构函数。

1.2.2　多状态系统的主要特性

1. 系统部件关联性

在二元系统中,系统部件的关联性意味着在一定情况下,系统整体的状态完全取决于某个部件的状态。依据系统结构函数,部件 j 的关联性意味着存在 $G_1(t), \cdots, G_n(t)$,使得

$$\begin{cases} f(G_1(t), \cdots, G_{j-1}(t), 1, G_{j+1}(t), \cdots, G_n(t)) = 1 \\ f(G_1(t), \cdots, G_{j-1}(t), 0, G_{j+1}(t), \cdots, G_n(t)) = 0 \end{cases}$$

其中:$G_j(t) \in \{0, 1\}$ $(1 \leqslant j \leqslant n)$。

当考虑多状态系统时,若某部件状态变化而其余部件的状态无变化时,可导致系统整体状态的变化,则该部件是相关联的。依据多状态系统结构函数,部件 j 的关联性即对于某个 $g_{jk} \neq g_{jm}$,存在 $G_1(t), \cdots, G_n(t)$ 使得

$$f(G_1(t), \cdots, G_{j-1}(t), g_{jk}, G_{j+1}(t), \cdots, G_n(t)) \neq f(G_1(t), \cdots, G_{j-1}(t), g_{jm}, G_{j+1}(t), \cdots, G_n(t))$$

$$(1.5)$$

例如,考查一个由三个开关串联组成的开关电路系统。当指令要求开关打开,

对于执行命令的不同延迟,每个开关有不同的状态。(假定开关延时是有限的,即开关无法打开的概率极小,可以忽略不计。)显而易见,电路断开时间等于其最先一个开关的断开时间。开关可能出现的延时见表1.4。

表1.4 开关的可能延时及整个电路的断开时间

可能的开关延时			电路可能的断开时间
开关 1	开关 2	开关 3	0.3 ,0.5 ,0.7
0.3 ,0.7	0.9 ,1.2	0.3 ,0.5 ,0.7	

可以看出开关 2 的状态变化并不影响整体电路的断开时间。因此,开关 2 是无关联的。

2. 一致性

二元系统隐含着的一致性特征表现为:

(1) 所有系统的部件是相关联的。

(2) 任意部件故障均会导致系统整体故障。

(3) 所有部件匀正常工作,系统整体才能正常工作。

(4) 一旦系统故障,如果不开展维修,系统将不能再次进入工作状态。

(5) 系统工作过程中,维修活动不会造成系统故障。

对于多状态系统,下述要求在单调结构函数的系统中得到满足:

$$\begin{cases} 若\ G_j(t) = 1(1 \leqslant j \leqslant n),则\ f(G_1(t),\cdots,G_n(t)) = 1 \\ 若\ G_j(t) = 0(1 \leqslant j \leqslant n),则\ f(G_1(t),\cdots,G_n(t)) = 0 \end{cases} \quad (1.6)$$

$$f(G_1(t),\cdots,G_n(t)) \geqslant f(\widetilde{G}_1(t),\cdots,\widetilde{G}_n(t))$$

若不存在 j 使得 $\widetilde{G}_j \geqslant G_j$。(对于二状态系统,即不存在部件 j,使得 $\widetilde{G}_j = 1$ 和 $G_j = 0$)

因此,在一个多状态例子中,当且仅当其结构函数对每一参数都是不减的,且所有的系统部件都是关联的,此系统才具有一致性。此性质表明,当所有部件的性能水平最高时,系统整体的性能水平最高。反之亦然。

3. 同质性

若所有部件和系统整体有相同数量的可区分的状态,则此多状态系统是同质的。可见,所有的二状态系统都是同质的。

例如,对于一个串联开关系统,假定所有的开关均相同且有等数量的状态。一个开关的完全故障对应于断开无限延时。因为电路断开的时间与其最快开关的断开时间相同且各开关是完全一样的,则整体系统的断开延时仅等同于其中某一开关的断开延时。系统可能出现的断开延时与单个开关的延时相同。这意味着系统是同质的。

尽管多状态系统的同质性已被深入研究过,但在实际应用中具备同质性的系统并不多见。如表 1.5 所列,即使由相同开关串联组成的多状态系统,不同开关的断开延时不同,则系统的状态数量与部件状态的数量也不一定相同。

表 1.5　可能的开关延时与电路断开时间

MSS 类型	可能的开关断开延时			电路可能的断开延时
	开关 1	开关 2	开关 3	
具有多状态部件的同质 MSS	$0.3, 0.7, \infty$	$0.3, 0.7, \infty$	$0.3, 0.7, \infty$	$0.3, 0.7, \infty$
具有多状态部件的非同质 MSS	$0.3, 0.7, \infty$	$0.4, 0.7, \infty$	$0.3, 0.8, \infty$	$0.3, 0.4, 0.7, 0.8, \infty$
具有二状态部件的非同质 MSS	$0.3, \infty$	$0.6, \infty$	$0.4, \infty$	$0.3, 0.4, 0.6, \infty$

1.3　多状态系统可靠性及其指标

1.3.1　多状态系统失效标准

多状态系统的运行特点是其状态空间的演化。多状态系统的行为由其在状态空间中的演化表征。系统可能的状态可以被分为两个对应于可接受或不可接受的系统运行的不相交的子集。系统进入不可接受状态的子集构成了系统的失效。多状态系统可靠性可以定义为系统在运行期间保持在可接受状态的能力。

由于系统的功能特点是其输出性能 $G(t)$,在任一瞬时 $t \geqslant 0$,系统状态的可接受性取决于此结果。在某些情况下,这种依赖性可以通过可接受性函数 $F(G(t))$ 来描述,若系统功能是可接受的,则取非负值。当系统的性能完全由其内部决定,这种情况就会发生。例如,只有那些在网络中保持联通的状态才是可接受的状态。这样的例子中,多状态系统的一组特定状态集对用户来说是重要的。通常这些状态被看作系统失效状态,当出现此情况时,意味着系统应当接受修理或报废。

另外,系统状态的可接受性取决于系统的性能和所需的性能水平(需求)。通常,系统性能需求指标 $W(t)$ 也是一个随机过程。下面我们将考虑这样的情况,需求可以从离散集合 $w = \{w_1, \cdots, w_M\}$ 中取值。系统性能与需求之间的理想关系可以通过接受函数 $F(G(t), W(t))$ 表示。可接受的系统状态符合 $F(G(t), W(t)) \geqslant 0$,而不可接受的状态则为 $F(G(t), W(t)) < 0$。后一个不等式定义了多状态系统的失效准则。

在许多实际情况中,多状态系统的性能应大于需求。这时,接受函数的形式为 $F(G(t), W(t)) = G(t) - W(t)$。

运行期间的系统行为可由系统多次进入不可接受状态子集的可能性来表征。对于不可修多状态系统,系统只能进入不可接受状态子集一次。对于可修多状

9

系统,系统可多次进入不可接受状态子集。

在某些情况下,难以将系统状态空间划分为可接受和不可接受状态集,而用一些与两个随机过程 $G(t)$ 和 $W(t)$ 相关联的函数可以确定多状态系统的失效。例如,某个多状态系统的失效可被定义为一个事件,该事件为函数整体 $J = \int_0^T \alpha[G(t),W(t)]\mathrm{d}t$ 大于规定值 J_0,其中 $\alpha(\cdot)$ 为任意函数。例如,一个电力系统 $G(t)$ 与 $W(t)$ 分别为产能函数和需求函数,函数 J 定义为系统不能满足需求的函数,$\alpha(\cdot)$ 有如下定义:若 $W(t)-G(t) \geq 0$,则 $\alpha(t) = W(t) - G(t)$;若 $W(t)-G(t) < 0$,则 $\alpha(t) \equiv 0$,函数 J 称为失效准则函数。

1.3.2 多状态系统可靠性的关联性及一致性

在1.2.2节中多状态系统的关联性被当做表征系统结构函数的性质。从可靠性的角度考虑多状态系统时,系统需求也应纳入考虑范围之内。系统性能值以及需求值是有意义的。若某部件的状态发生变化而其余部件状态不变,导致了系统可靠性的变化,则此部件是关联的。关联性不是系统的固有属性,而与系统执行任务的能力相关,是定义在系统外部的属性。本书中的部件 j,关联性意味着对于某个 $g_{jk} \neq g_{jm}$,存在 $G_1(t),\cdots,G_n(t)$ 使得

$$J\{\alpha[f(G_1(t),\cdots,G_{j-1}(t),g_{jk},G_{j+1}(t),\cdots,G_n(t))],W\} \leq J_0 \qquad (1.7)$$

当

$$J\{\alpha[(G_1(t),\cdots,G_{j-1}(t),g_{jm},G_{j+1}(t),\cdots,G_n(t))],W\} > 0$$

需要注意的是,此条件比条件(1.5)更为苛刻。实际上,根据式(1.5),一个相关的部件由式(1.7)可以是无关的。

例如,考虑一个串联开关系统并假设开关是带有延迟的二元部件,见表1.5的最后一行。假设系统的断路时间不大于恒定的 $W(J = W - G(t))$。观察到对于 $W \geq 0.6$,第二个开关是相关的,因为当第一个和第三个开关都不工作时,系统的断开依赖于第二个开关的状态。对于 $W < 0.6$,第二个开关是无关的,因为当第一个和第三个开关都不工作时,仅依靠第二个开关的状态,系统无法满足需求。(根据式(1.5),第二个开关总是相关的。)

利用接受函数,还可以给系统一致性下个定义,此定义与二元系统的更为接近。实际上,二元系统一致性的定义与故障和正常运行有关,当应用于多状态系统时所需的就是结构函数的单调性。在可靠性方面,多状态系统一致性意味着系统部件性能的提升不会导致系统整体由一个可接受态转移至不可接受态:

若 $F(f(\widetilde{G}_1(t),\cdots,\widetilde{G}_n(t)),W) \geq 0$,且不存在 j 使得 $\widetilde{G}_j \geq G_j$,则有

$$F(f(G_1(t),\cdots,G_n(t)),W) \geq 0 \qquad (1.8)$$

1.3.3　多状态系统可靠性指标

多状态系统可靠性指标可以看作是二状态系统可靠性指标的推广。

有些指标是以考虑时间域内的系统变化为基础的。例如,需要研究由两个对应的随机过程表征的系统输出性能和需求之间的关系。图 1.4 是以多状态系统的性能和需求为随机过程的一个例子。

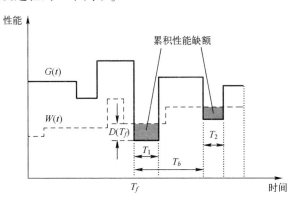

图 1.4　作为随机过程的多状态系统行为

当系统在给定的时刻或处于稳态时(其输出性能分布不依赖于时间),其性能表示为一个随机变量。

需要注意的是稳态中,需求变化的分布可以由两个向量 (w, q) 表示,其中 $w = [w_1, \cdots, w_M]$ 是可能的需求水平 $w_j (j=1, \cdots, M)$ 的向量, $q = [q_1, \cdots, q_M]$ 是对应需求水平 $q_j = \Pr\{W = w_j\} (j=1, \cdots, M)$ 的稳态概率向量。

当在系统运行期 T 内考虑状态空间内多状态系统的演化时,下面的随机变量有重要意义:

(1) 故障前时间 T_f:从系统寿命开始到首次进入不可接受状态集的时间。

(2) 故障间隔时间 T_b:从可接受状态子集到不可接受状态子集的两个连续转移间的时间。

(3) 故障数 N_T:时间 $[0, T]$ 内,系统进入不可接受状态子集的次数。

在图 1.4 中,可以看到由两个随机过程 $G(t)$ 和 $W(t)$ 构成的例子。假设系统性能值超过需求值:$F(G(t), W(t)) = G(t) - W(t)$。此例中,过程 $G(t)$ 首次降低到需求水平以下,$W(t)$ 确定了系统故障前的时间,此时间就是 T_f。随机变量 T_f 由下列指标表征:

无故障运行的概率或可靠性函数 $R(t)$ 是 T_f 大于或等于数值 $t (t>0)$ 的概率,其中在初始状态下($t=0$ 时刻),多状态系统处于可接受状态之一:

$$R(t) = \Pr\{T_f \geq t \mid F(G(0), W(0))\} \geq 0 \tag{1.9}$$

平均故障前时间(MTTF)是系统首次进入不可接受状态集前的平均时间:

$$E\{T_f\} \tag{1.10}$$

对于随机变量 T_b 可以类似地定义这两个指标:

(1)故障间时间大于或等于 t 的概率:

$$\Pr\{T_b \geq t\} \tag{1.11}$$

(2)平均故障间隔时间(MTBF):

$$E\{T_b\} \tag{1.12}$$

与随机变量 N_T 相关的可靠性指标如下:

(1)N_T 不大于某个特定数值 n 的概率:

$$\Pr\{N_T \leq n\} \tag{1.13}$$

(2)区间 $[0, T]$ 内系统故障次数的期望值:

$$E\{N_T\} \tag{1.14}$$

当考虑与多状态系统运行相关的保障问题时,式(1.13)和式(1.14)中的指标往往是重要的(如确定备件的所需数量)。

多状态系统瞬时(点)可用度 $A(t, w)$ 是时刻 $t>0$ 时,多状态系统处于可接受状态的概率:

$$A(t, w) = \Pr\{F(G(t), W(t)) \geq 0\} \tag{1.15}$$

时间区间 $[0, T]$ 内的多状态系统可用度定义为

$$A_T = \frac{1}{T} \int_0^T 1\{F[G(t), W(t)] \geq 0\} \, \mathrm{d}t \tag{1.16}$$

其中

$$1\{F[G(t), W(t)] \geq 0\} = \begin{cases} 1, & \text{若 } F[G(t), W(t)] \geq 0 \\ 0, & \text{若 } F[G(t), W(t)] < 0 \end{cases}$$

随机变量 A_T 表示多状态系统输出性能处于可接受域的时间部分。例如,图 1.4 中 $A_T = (T - T_1 - T_2)/T$。这个指标表征了多状态系统输出性能不低于需求水平的时间部分。

A_T 的期望值称为需求可用度[21]:

$$A_D = E\{A_T\} \tag{1.17}$$

对于足够大的 $t(t \to \infty)$,系统初始状态实际上对其可用度没有影响。因此,对于恒定需求水平 $W(t) = w$ 的稳态多状态系统可用度 $A_\infty(w)$,可以在系统稳态性能分布的基础上确定:

$$A_\infty(w) = \sum_{k=1}^{K} p_k \boldsymbol{I}(F(g_k, w) \geq 0) \tag{1.18}$$

其中

$$I\left(F(g_i,w)\geqslant 0\right)=\begin{cases}1,&F(g_i,w)\geqslant 0\\0,&F(g_i,w)<0\end{cases}$$

且 $p_k = \lim_{t\to\infty} p_k(t)$ 为多状态系统对应输出性能水平为 g_k 的状态 k 的稳态概率。

由 $F(G(t),W(t)) = G(t) - W(t)$，我们有 $F(g_k,w) = g_k - w$，且

$$A_\infty(w) = \sum_{k=1}^{K} p_k I(g_k \geqslant w) = \sum_{g_k \geqslant w} p_k \tag{1.19}$$

图 1.5 展现了多状态系统在稳态下的累积性能曲线。图中固定可用度与累积性能曲线穿过值 w 的点对应。

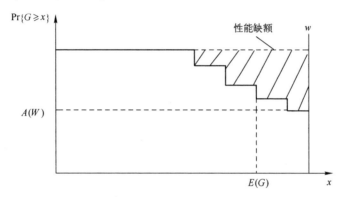

图 1.5　多状态系统稳态累积性能曲线

如上所述，需求变量的稳态分布可由两个向量 $\boldsymbol{w}$ 和 $\boldsymbol{q}$ 表示，其中 $\boldsymbol{w} = [w_1,\cdots,w_M]$ 为可能的需求水平 $w_j(j=1,\cdots,M)$ 的向量，$\boldsymbol{q} = [q_1,\cdots,q_M]$ 为对应需求水平 $q_j = \Pr\{W=w_j\}$ 的稳态概率向量，其中 $j=1,\cdots,M$。

因此，这种情况下获得稳态可用度指标为

$$A_\infty(\boldsymbol{w},\boldsymbol{q}) = \sum_{m=1}^{M} A(w_m)q_m = \sum_{m=1}^{M} q_m \sum_{k=1}^{K} p_k I(F(g_k,w_m)\geqslant 0) \tag{1.20}$$

其中

$$q_m = T_m \Big/ \sum_{m=1}^{M} T_m = T_m/T, m = 1,2,\cdots,M \tag{1.21}$$

如在电力系统中，常会用到指标 $1 - A(\boldsymbol{w},\boldsymbol{q})$。该指标称为负荷损失概率（LOLP）[22]。多状态系统的性能在此例中为电力系统发电能力，其需求为载荷。

为了得到表征多状态系统平均输出性能的指标，可以使用性能期望。多状态系统在时刻 t 的瞬时输出性能的平均值为

$$G_{\text{mean}}(t) = E\{G(t)\} \tag{1.22}$$

若长期运行的概率 $p_k = \lim\limits_{t \to \infty} p_k(t)$ 存在,则稳态期望性能有如下形式:

$$G_\infty = \sum_{k=1}^{K} p_k g_k \tag{1.23}$$

多状态系统在固定时间区间 $[0,T]$ 内的平均期望输出性能定义为

$$G_T = \frac{1}{T} \int_0^T G_{\text{mean}}(t) \, \mathrm{d}t \tag{1.24}$$

需要注意的是多状态系统平均性能不依赖于需求。

在一些例子中会用到条件期望性能,此指标表示多状态系统处于可接受态条件下的平均性能。稳态时其形式为

$$G_\infty^* = \frac{\sum\limits_{k=1}^{K} g_k p_k \boldsymbol{I}(F(g_k, W) \geqslant 0)}{\sum\limits_{k=1}^{K} p_k \boldsymbol{I}(F(g_k, W) \geqslant 0)} \tag{1.25}$$

在需求得不到满足时,了解系统性能偏差的指标往往很重要。当 $F(G(t), W(t)) = G(t) - W(t)$ 时,瞬时性能偏差可表示为

$$D(t,w) = \max\{W(t) - G(t), 0\} \tag{1.26}$$

且称为时刻 t 的瞬时性能缺额。例如,在电力系统中 $D(t)$ 解释为发电能力的缺额,并可确定须立即从系统切断的用户总功率。

由于 $D(t,w)$ 是在瞬时 t 的随机变量,它可以由以下指标表征:

(1) t 时刻,$D(t,w)$ 不超过某个特定水平 d 的概率:

$$\Pr\{D(t,w) \leqslant d\} \tag{1.27}$$

(2) t 时刻,多状态系统性能缺额(偏差)的平均值:

$$D_m(t,w) = E\{D(t,w)\} \tag{1.28}$$

当多状态系统处于稳态,且需求为恒定 $W(t) = w$ 时,性能缺额不是一个时间函数且可由系统稳态性能分布(图 1.5,虚线区域)得到

$$D_\infty = \sum_{k=1}^{K} p_k \max(w - g_k, 0) \tag{1.29}$$

对于一个由两个向量 $(\boldsymbol{w}, \boldsymbol{q})$ 表示的需求变量,稳态性能缺额 D_∞ 的形式为

$$D_\infty(\boldsymbol{w}, \boldsymbol{q}) = \sum_{m=1}^{M} \sum_{i=1}^{K} p_k g_m \max(w_m - g_i, 0) \tag{1.30}$$

固定区间 $[0,T]$ 内的多状态系统平均期望性能缺额定义为

$$D_T = \frac{1}{T} \int_0^T D_t \, \mathrm{d}t \tag{1.31}$$

固定区间 $[0,T]$ 内的累积性能缺额定义为

$$D_{\sum T} = \int_0^T D(t,w) \, \mathrm{d}t \tag{1.32}$$

例如,电力系统中 $D_{\sum T}$ 是指时间区间 $[0,T]$ 内不能供应给用户的那部分电量。(图 1.4 中累积性能缺额为阴影区域之和)

在某些情况下,当系统使用存储设备来积累产品时,瞬时性能缺额没有意义。当系统性能不满足需求时,缺额并不一定会出现,而是当区间 $[0,T]$ 内的累积性能输出低于累积需求时才会出现。累积性能缺额形式如下

$$D_{\sum T} = \int_0^T (W(t) - G(t)) \, dt = \int_0^T W(t) \, dt - \int_0^T G(t) \, dt \qquad (1.33)$$

由于 $D_{\sum T}$ 是一个随机变量,可以定义如下指标:

(1) 随机变量不超过某个特定水平 ℓ 的概率:

$$\Pr\{D_{\sum T} \leq \ell\} \qquad (1.34)$$

(2) 区间 $[0,T]$ 内不能供应给用户的产品数量的期望值:

$$D_{\sum m} = E\{D_{\sum T}\} \qquad (1.35)$$

上述可靠性指标的计算往往非常困难。为了说明上述的可靠性指标,我们看下例。

例 1.4 考虑两个额定功率 100MW 的发电系统作为两个独立的多状态系统。在第一个系统中,一些类型的故障会使产能降到 60MW,而其余类型的故障则会导致系统完全失效。在第二个系统中,一些类型的故障会使产能降到 80MW,另一些故障会使其降到 40MW,余下的故障则会导致系统完全失效。

此处用三个相对的可能的产能水平来表征第一个系统的性能水平:$g_{11} = 0.0$,$g_{12} = 60/100 = 0.6$,$g_{13} = 100/100 = 1.0$。用四个相对的可能的产能水平来表征第二个系统的性能水平:$g_{21} = 0.0$,$g_{21} = 40/100 = 0.4$,$g_{23} = 80/100 = 0.8$,$g_{24} = 100/100 = 1.0$。

假设对应的稳态概率如下:第一个系统的概率为 $p_{11} = 0.1$,$p_{12} = 0.6$,$p_{13} = 0.3$,第二个系统的概率为 $p_{21} = 0.05$,$p_{22} = 0.25$,$p_{23} = 0.3$,$p_{24} = 0.4$。

产能需求水平为 50MW,$w = 50/100 = 0.5$。

则多状态系统的稳态可用度为

$$\begin{cases} A_{\infty 1}(w) = A_1(0.5) = \sum_{g_{1k} \geq 0.5} p_{1k} = 0.6 + 0.3 = 0.9 \\ A_{\infty 2}(w) = A_2(0.5) = \sum_{g_{2k} \geq 0.5} p_{2k} = 0.3 + 0.4 = 0.7 \end{cases}$$

多状态系统稳态期望性能为

$$\begin{cases} G_{1\infty} = \sum_{k=1}^3 p_{1k} g_{1k} = 0.1 \times 0 + 0.6 \times 0.6 + 0.3 \times 1.0 = 0.66 \\ G_{2\infty} = \sum_{k=1}^4 p_{2k} g_{2k} = 0.05 \times 0 + 0.25 \times 0.4 + 0.3 \times 0.8 + 0.4 \times 1.0 = 0.74 \end{cases}$$

稳态性能缺额为

$$
\begin{cases}
D_{1\infty}(0.5) = \sum_{g_{1k}-W<0} p_{1k}(W-g_{1k}) = 0.1 \times (0.5-0.0) = 0.05 \\
D_{2\infty}(0.5) = \sum_{g_{2k}-W<0} p_{2k}(W-g_{2k}) = 0.05 \times (0.5-0.0) + 0.25 \times (0.5-0.4) = 0.05
\end{cases}
$$

此例中，D_{∞} 解释为非供应用户的预计用电量。对于两个系统，非供应需求量的绝对值均为 5MW。将此指标与系统运行时间 T 相乘，可以得到指标 L_T，此指标解释为预计非供应电量。

需要注意的是，由于得到的可靠性指标有不同属性，它们不能混用。例如，在本例中，当考虑可用度时，系统一的性能优于系统二（$A_1(0.5) > A_2(0.5)$）；当考虑预期产能时，系统二比系统一的表现更好（$G_{1\infty} < G_{2\infty}$）；两个系统拥有相同的非供应需求量（$D_{1\infty} = D_{2\infty}$）。

参考文献

[1] BARTON R M, DAMON W W. Reliability in a multi-state system[C]. The Sixth Annual Southeastern Symposium on Systems Theory. Louisiana, USA, 1974.

[2] MURCHLAND J. Reliability and fault tree analysis[M]. Philadelphia：Springer, 1975.

[3] BARLOW R E, WU A S. Coherent systems with multi-state components[J]. Mathematics of Operations Research, 1978, 3(04)：275-281.

[4] LISNIANSKI A, LEVITIN G, BEN-HAIM H, et al. Power system structure optimization subject to reliability constraints[J]. Electric Power Systems Research, 1996, 39(02)：145-152.

[5] LEVITIN G, LISNIANSKI A, ELMAKIS D. Structure optimization of power system with different redundant elements[J]. Electric Power Systems Research, 1997, 43(1)：19-27.

[6] LEVITIN G, LISNIANSKI A. Structure optimization of power system with bridge topology[J]. Electric Power Systems Research, 1998, 45(3)：201-208.

[7] 周金宇, 谢里阳, 王学敏. 多状态系统共因失效分析及可靠性模型[J]. 机械工程学报, 2005, 41(6)：60-70.

[8] 钱文学, 尹晓伟, 谢里阳. 多状态机械系统可靠性的离散化建模方法[J]. 东北大学学报（自然科学版）, 2008, 29(11)：1609-1632.

[9] 周金宇, 谢里阳. 多状态系统共因失效机理与定量分析[J]. 机械工程学报, 2008, 44(10)：77-82.

[10] 尹晓伟, 钱文学, 谢里阳. 基于贝叶斯网络的多状态系统可靠性建模与评估[J]. 机械工程学报, 2009, 45(2)：206-212.

[11] 高鹏, 谢里阳. 基于改进发生函数方法的多状态系统可靠性分析[J]. 航空学报, 2010, 31(5)：934-939.

[12] PATRA S, MISRA R B. Reliability evaluation of flow networks considering multi-state model-

ing of network elements[J]. Microelectronics and Reliability, 1993, 33(14): 2161-2164.

[13] LIN Y K. System capacity for a two-commodity multi-state flow network with unreliable nodes and capacity weight[J]. Computers and Operations Research, 2007, 34(10): 3043-3054.

[14] AMARI S V, XING L, SHRESTHA A, et al. Performability analysis of multi-state computing systems using multi-valued decision diagrams[J]. IEEE Transactions on Computers, 2010, 59(10): 1419-1433.

[15] AI-BATTAINEH H T. Infrastructure intermediate-level modeling and optimization of budget allocation[D]. Alberta, Canada: University of Alberta, 2007.

[16] ZIO E, MARELLA M, PODOFILLINI L. Importance measures-based prioritization for improving the performance of multi-state systems: application to the railway industry[J]. Reliability Engineering & System Safety, 2007, 92(10): 1303-1314.

[17] HAUSKEN K, LEVITIN G. Defense of homogeneous parallel multi-state systems subject to two sequential attacks[J]. Journal of Risk and Reliability, 2010, 224(3): 171-183.

[18] RAMIREZ-MARQUEZ J E, ROCCO C, LEVITIN G. Optimal protection of general source-sink networks via evolutionary techniques[J]. Reliability Engineering & System Safety, 2009, 94(10): 1676-1684.

[19] BILLINTON R, ALLAN R. Reliability evaluation of power systems [M]. New York: Plenum, 1996.

[20] LISNIANSKI A, LEVITIN G. Multi-state system reliability: assessment, optimization and applications[M]. Singapore: World Scientific, 2003.

[21] AVEN T, JENSEN U. Stochastic models in reliability[M]. New York: Springer, 1999.

[22] BILLINTON R, ALLAN R. Reliability evaluation of power systems [M]. New York: Plenum, 1996.

第 2 章

随机过程基础

马尔可夫过程广泛应用于可靠性分析,因为在许多实际案例中,任意时间间隔内的故障数量可用泊松过程描述,而故障以及维修的时间经常用指数分布描述。本章对离散型马尔可夫链及连续型马尔可夫链相关基础理论进行介绍,旨在为读者提供理论以及工程应用方面的基础知识。

2.1　随机过程基本概念

本质上讲,随机过程是一系列给定顺序的随机变量。例如,一个气象站里每日最高温度形成一列随机变量,并且这一给定顺序的序列可以看作是一个随机过程。另一个例子是车站售票窗口前不断变化的排队人数,这也构成一个随机过程。

一个过程中的随机变量序列可用 $X(t)$ 表示,其中 t 是此过程的自变量。

随机变量 $X(t)$ 所表示的值称为状态,并且所有可能值构成此过程的状态空间。因此,一个随机过程是由随机变量 $\{X(t) \mid t \in T\}$ 组成的序列,该随机变量定义在给定的概率空间上,自变量为 t,其中 t 的变化范围是集合 T。本书中,主要关注 t 表示时间的随机过程。

一个随机变量 X 可以看作是依赖于参数 ς 的时间函数值的集合,或者说 X 是关于参数 t 和 ς 的函数。其中 ς 的范围是所有可能的观测结果的集合, t 的范围是非负实数集合。对随机过程 $X(t, \varsigma)$,若 t 固定,它是随机变量,工程上有时称为随机过程在 t 时刻的状态;若 ς 固定,它是 t 的函数,称为随机过程的样本函数或样本曲线。

例如,一辆汽车从点 A 运动到点 B 的瞬时速度可看作是一个随机过程。每次行驶的速度可以看作是观测结果 ς ,并且每次行驶都有其自身的速度 $X(t, \varsigma)$ 。由于许多随机因素的影响,此函数与其他此类函数有所区别。图 2.1 中可以看到对应于三次行驶的三个不同的速度函数。值得注意的是,此随机过程在瞬时 t_1 的截取表示随机变量 V_m 。在现实世界中,许多参数(如温度,电压,频率等)都可看作是随机过程。

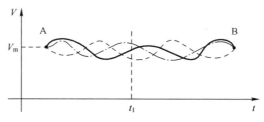

图 2.1　随机过程 $V(t)$ 的三种观测结果

随机过程可以根据参数集 T 和状态空间的情况进行分类。参数集 T 可分为离散集(即它所包含的数有可列无限多个)和连续集两种情况,状态空间也可分为离散与连续两种情况。因此随机过程可分为四类:离散参数、离散状态的随机过程;离散参数、连续状态的随机过程;连续参数、离散状态的随机过程;连续参数、连续状态的随机过程。若随机过程的状态空间离散,那么称其为一个离散状态过程,通常指一个链。

随机过程 $X(t,\varsigma)$ 有以下解释:

(1) 随机过程 $X(t,\varsigma)$ 是函数 $X(t,\varsigma)$ 的集合,其中 t 和 ς 是变量。

(2) 若 t 是变量且 ς 是固定值,则此随机过程 $X(t,\varsigma)$ 是一个单时间函数或给定过程的观测结果(样本)。

(3) 当 t 固定且 ς 是变量时,在 t 时刻, $X(t,\varsigma)$ 是等价于给定过程的状态的随机变量。

(4) 若 t 和 ς 固定,则随机过程 $X(t,\varsigma)$ 为一个实数。

可以用标记 $X(t)$ 简略代表随机过程,在随机变量的例子里,其依赖于 ς 。

对于固定的时间 $t=t_1$, $X(t_1)$ 是描述过程在时刻 t_1 的状态的简单随机变量。对于固定数 x_1,事件 $X(t_1)\leqslant x_1$ 的概率给出了随机变量 $X(t_1)$ 的分布函数,有如下表示:

$$F(x_1;t_1)=F_{X(t_1)}(x_1)=\Pr\{X(t_1)\leqslant x_1\} \qquad (2.1)$$

分布函数 $F(x_1;t_1)$ 被称作随机过程 $\{X(t)\,|\,t\geqslant 0\}$ 的一维分布函数。对任意两个固定的时刻 $t_1,t_2\in T$, $X(t_1)$ 和 $X(t_2)$ 是相同概率空间中的两个随机变量。它们的联合分布称为过程的二维分布函数,并且有如下表示:

$$F(x_1,x_2;t_1,t_2)=F_{X(t_1)X(t_2)}(x_1,x_2)=\Pr\{X(t_1)\leqslant x_1,X(t_2)\leqslant x_2\} \qquad (2.2)$$

一般来说,随机过程 $\{X(t)\,|\,t\geqslant 0\}$ 的 n 维分布函数对于任意固定的 $t_1<t_2<\cdots<t_n$,有

$$
\begin{aligned}
F(x_1,x_2,\cdots,x_n;t_1,t_2,\cdots,t_n)&=F_{X(t_1)X(t_2),\cdots,X(t_n)}(x_1,x_2,\cdots,x_n)\\
&=\Pr\{X(t_1)\leqslant x_1,X(t_2)\leqslant x_2,\cdots,X(t_n)\leqslant x_n\}
\end{aligned}
\qquad (2.3)
$$

描述过程在任意 n 个时刻状态的统计特性。

联合分布最简洁的形式对应于相互独立的随机变量族,联合分布由单个分布的积得出。

定义 2.1 随机过程 $\{X(t) \mid t \geq 0\}$ 看作是独立过程,如果其 n 维联合分布满足以下状态:

$$F(x_1, x_2, \cdots, x_n; t_1, t_2, \cdots, t_n) = \prod_{i=1}^{n} F(x_i; t_i) = \prod_{i=1}^{n} \Pr\{X(t_i) \leq x_i\} \quad (2.4)$$

独立随机过程的假设大大简化了分析,但此假设往往是无法得证的,所以我们不得不考虑某种相关性。一阶依赖或马尔可夫依赖是最简单且重要的一种依赖形式。

定义 2.2 一个随机过程 $\{X(t) \mid t \geq 0\}$ 称作马尔可夫过程,若对任意 $t_0 < t_1 < t_2 < \cdots < t_{n-1} < t_n < t$,对于给定的 $X(t_0), X(t_1), \cdots, X(t_n), X(t)$ 的条件分布仅依赖于 $X(t_n)$:

$$\Pr\{X(t) \leq x \mid X(t_n) = x_n, X(t_{n-1}) = x_{n-1}, \cdots, X(t_1) = x_1, X_0 = x_0\}$$
$$= \Pr\{X(t) \leq x \mid X(t_n) = x_n\} \quad (2.5)$$

这是一个总的定义,适用于连续状态空间的马尔可夫过程。当研究多状态系统可靠性时,大多情况下会用到离散状态马尔可夫过程或马尔可夫链。在 2.2 节中我们将对离散时间及连续时间马尔可夫链进行研究。

马尔可夫过程是具有无后效性的随机过程。所谓"无后效性"是指当过程在时刻 t_n 所处状态为已知时,过程在大于 t_n 的时刻 t 所处状态的概率特性只与过程在 t_n 时刻所处的状态有关,而与过程在 t_n 时刻之前的状态无关。

在许多例子中,条件分布式(2.5)具有相对于时间原点 t_n 的不变的性质:

$$\Pr\{X(t) \leq x \mid X(t_n) = x_n\} = \Pr\{X(t-t_n) \leq x \mid X(0) = x_n\} \quad (2.6)$$

此类马尔可夫过程称为同质的。

另外,考虑两种重要的随机过程:点过程和更新过程。

点过程是时间轴上的一组随机点 t_i。每一个点过程都关联一个随机过程 $X(t)$,$X(t)$ 等于区间 $(0, t)$ 上点 t_i 的数量。在可靠性理论中点过程广泛应用于事件的发生时间(如故障、终止维修等)。

泊松过程是大家熟知的点过程。泊松过程通常是通过引入泊松点来使用。这些泊松点与某些事件相关联,并且长度为 $t = t_2 - t_1$ 的区间 (t_1, t_2) 内,点的数量 $N(t_1, t_2)$ 是参数为 λt 的泊松随机变量,其中 λ 是事件平均发生率:

$$\Pr\{N(t_1, t_2) = k\} = \frac{e^{-\lambda t}(\lambda t)^k}{k!} \quad (2.7)$$

若区间 (t_1, t_2) 和 (t_3, t_4) 不重叠,那么随机变量 $N(t_1, t_2)$ 和 $N(t_3, t_4)$ 是独立的。

用点 t_i 可以形成随机过程 $X(t) = N(0, t)$。

在可靠性分析中泊松过程具有重要作用,类似于正态分布在概率论中的地位。许多现实的情景可用泊松过程很好地描述。

一个著名的点过程是大家熟知的更新过程。此过程可以被描述为一系列的事件,它是独立同分布随机变量之间的间隔。在可靠性理论中,此类数学模型被用于描述失效时间的过程。

对于每一个点过程 t_i 可以与一系列随机变量 y_n 相关联,例如 $y_1 = t_1, y_2 = t_2 - t_1, \cdots,$ $y_n = t_n - t_{n-1}$,其中 t_1 是原点右边的第一个随机点。此序列称为一个更新过程,例如不可修部件的寿命。在该例中,y_i 是第 i 个部件运行的总时间,而 t_i 是其故障时刻。

在下面三个过程中,可以看到一个对应关系:

(1) 点过程 t_i;

(2) 在点 t_i 增加 1(或减少 1)的离散状态随机过程 $X(t)$;

(3) 由随机变量 y_i 组成的更新过程,$t_n = y_1 + \cdots + y_n$。

对于此类过程的总的概括是交替更新过程。此过程由两种轮流交替的独立同分布的随机变量组成。这类过程对于描述可修系统来说很方便。对于此种系统,运行期与空闲期相交替。

2.2　离散时间马尔可夫链

2.2.1　基本定义与性质

当状态空间 S 是离散的(有限或可数无穷),那么马尔可夫过程被认为是一个马尔可夫链。由于状态空间是离散且可数的,可以假设 $S = \{0, 1, 2, 3, \cdots\}$。若参数空间 T 也是离散的(通常将时间作为参数),那么可以得到一个离散时间马尔可夫链。由于参数空间是离散的,令 $T = \{0, 1, 2, 3, \cdots\}$。因此,一个马尔可夫链 $\{X(n),$ $n = 0, 1, 2, \cdots\}$ 由一系列随机变量 $X(0) = x_0, X(1) = x_1, X(2) = x_2, \cdots$ 描述,其中 $x_0,$ $x_1, x_2, \cdots$ 是整数。若系统在时间步长 n 的状态是 j,我们将其表示为 $X(n) = j$。那么 X_0 是系统在时间步长 0 时刻的初始状态。与式(2.5)类比,马尔可夫性有如下定义:

$$\Pr\{X_n = x_n \mid X_0 = x_0, X_1 = x_1, \cdots, X_{n-1} = x_{n-1}\} = \Pr\{X_n \leqslant x_n \mid X_{n-1} = x_{n-1}\} \quad (2.8)$$

在一般马尔可夫过程的情况下,式(2.8)表明未来的链行为仅仅依赖于其现有的状态且与其过去的状态无关。

需要指出,在步长 n 马尔可夫链在状态 j 的概率为 $p_j(n)$。因此,可以作如下

表示:

$$p_j(n) = \Pr\{X_n = j\} \qquad (2.9)$$

我们也可以定义概率 $p_{ij}(m,n)$:马尔可夫链在 m 步时处于状态 i,而 n 步时转移至状态 j 的概率。此概率为条件概率,有如下表示:

$$p_{ij}(m,n) = \Pr\{X(n)=j \mid X(m)=i\}, \qquad 0 \leqslant m \leqslant n \qquad (2.10)$$

条件概率 $p_{ij}(m,n)$ 称为马尔可夫链的概率转移函数。

本书仅考虑齐次马尔可夫链: $p_{ij}(m,n)$ 仅依赖于 $n-m$ 的差值。对于这样的链,更为简洁地记为

$$p_{ij}(n) = \Pr\{X(m+n)=j \mid X(m)=i\}, \qquad 0 \leqslant m \leqslant n \qquad (2.11)$$

$p_{ij}(n)$ 通常用于表示 n 步转移概率。通俗来讲, $p_{ij}(n)$ 是一个齐次马尔可夫链经过 n 步由状态 i 转移到状态 j 的概率。

若 $n=1$,对于齐次马尔可夫链,也可以得到一步转移概率:

$$p_{ij}(1) = \Pr\{X(m+1)=j \mid X(m)=i\} = p_{ij} = \mathrm{const} \qquad (2.12)$$

对于工程应用,我们仅考虑有限且可数状态空间 $S = \{0,1,2,\cdots,M\}$。一步转移概率可以简化成一个概率(一步)转移矩阵 $\boldsymbol{P}$,有如下表示:

$$\boldsymbol{P} = [p_{ij}] = \begin{bmatrix} p_{00} & p_{01} & \cdots & p_{0M} \\ p_{10} & p_{11} & \cdots & p_{1M} \\ \vdots & \vdots & & \vdots \\ p_{M0} & p_{M1} & \cdots & p_{MM} \end{bmatrix} \qquad (2.13)$$

由于对所有 $i,j \in S, 0 \leqslant p_{ij} \leqslant 1$,且 $\boldsymbol{P}$ 每一行的和为 1,矩阵 $\boldsymbol{P}$ 是一个随机矩阵。

随机值 $X(0)$ 代表了马尔可夫链的初始状态。其概率分布称为初始概率行向量,表示为

$$\boldsymbol{p}(0) = [p_0(0), p_1(0), \cdots, p_M(0)] \qquad (2.14)$$

2.2.2 n 步转移概率与状态概率的计算

如何由一步转移概率 $p_{ij} = p_{ij}(1)$ 得到 n 步转移概率 $p_{ij}(n)$? 考虑一个齐次马尔可夫链的表达式(2.11),得到 $p_{ij}(n) = \Pr\{X(m+n)=j \mid X(m)=i\}, 0 \leqslant m \leqslant n$。

考虑此过程经过 $(m+n)$ 步到达状态 j 的转移概率 $p_{ij}(m+n)$,已知经过 0 步时的状态为 i。为了经过 $(m+n)$ 步到达状态 j,此过程首先通过 m 步到达某个中间状态 k,转移概率为 $p_{im}(k)$,然后在 $(m+n)$ 时由状态 k 到达状态 j,转移概率为 $p_{kj}(n)$。马尔可夫性表明此处存在两个独立事件。应用全概率公式可以得到

$$p_{ij}(m+n) = \sum_k p_{ik}(m) p_{kj}(n) \qquad (2.15)$$

式(2.15)是查普曼-柯尔莫格洛夫方程的一种形式,提供了 n 步转移概率的计算方法。

令 n 步转移概率矩阵为 $\boldsymbol{P}(n)$,在式(2.15)中若令 $m=1$ 并且用 $n-1$ 代替 n ,可得式(2.15)的矩阵形式：

$$\boldsymbol{P}(n) = \boldsymbol{P} \cdot \boldsymbol{P}(n-1) = \boldsymbol{P}^n \tag{2.16}$$

这里 $\boldsymbol{P}$ 是马尔可夫链的一步转移概率矩阵。 n 步转移概率矩阵是一步转移概率矩阵的 n 次方。

基于此结论,可得到状态概率 $p_j(n)$,它们的值依赖于 $n=0$ 时的初始状态概率以及之后经过的步数。可以写为如下形式：

$$p_j(n) = \Pr\{X(n) = j\} = \sum_i \Pr(X(0) = i)\Pr(X(n) = j | X(0) = i) = \sum_i p_i(0)p_{ij}(n)$$

$$\tag{2.17}$$

式(2.17)的矩阵形式为

$$\boldsymbol{p}(n) = \boldsymbol{p}(0) \cdot \boldsymbol{P}^n \tag{2.18}$$

其中, $\boldsymbol{p}(0)$ 为初始状态概率的行向量($n=0$ 时),而 $\boldsymbol{p}(n)$ 是经过 n 步转移之后得到的。

这表明一个齐次马尔可夫链的状态概率完全由一步转移概率矩阵 $\boldsymbol{P}$ 及初始概率向量 $\boldsymbol{p}(0)$ 决定。

例 2.1　假设一个二态马尔可夫链,其状态由 0 和 1 表示(图 2.2)。

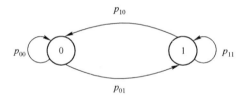

图 2.2　二态离散时间马尔可夫链

其一步转移概率矩阵为 $\boldsymbol{P} = \begin{bmatrix} p_{00} & p_{01} \\ p_{10} & p_{11} \end{bmatrix} = \begin{bmatrix} 1-p_{01} & p_{01} \\ p_{10} & 1-p_{10} \end{bmatrix}$

且必须满足 $p_{00}+p_{01}=1$ 及 $p_{10}+p_{11}=1$ 。假设 $p_{01}=\alpha$, $p_{10}=\beta$,那么 $\boldsymbol{P} = \begin{bmatrix} 1-\alpha & \alpha \\ \beta & 1-\beta \end{bmatrix}$

在 $n=0$ 时的初始状态为 $p_0(0)=a$ 及 $p_1(0)=1-a$,因此得到初始状态概率行向量：

$$\boldsymbol{p}(0) = [p_0(0), p_1(0)] = [a, 1-a]$$

求 n 步转移概率矩阵及 n 步时状态 0 和状态 1 各自的状态概率 $p_0(n)$ 和 $p_1(n)$ 。

解：根据给定的一步转移概率矩阵 $\boldsymbol{P}$,可以得到

$$p_{00}(1) = p_{00} = 1-\alpha, \quad p_{01}(1) = p_{01} = \alpha,$$
$$p_{10}(1) = p_{10} = \beta, \quad p_{11}(1) = p_{11} = 1-\beta$$

对于 $n>1$，运用式(2.16)，得到

$$p_{00}(n) = p_{00}(1)p_{00}(n-1) + p_{10}(1)p_{01}(n-1) = (1-\alpha)p_{00}(n-1) + \beta p_{01}(n-1)$$

由于矩阵 $\boldsymbol{P}^{n-1}$ 的行向量和为 1，有 $p_{01}(n-1) = 1-p_{00}(n-1)$。

将 $p_{01}(n-1)$ 代入前面的等式，可以得到，对 $n>1$ 有

$$p_{00}(n) = (1-\alpha)p_{00}(n-1) + \beta[1-p_{00}(n-1)] = \beta + (1-\alpha-\beta)p_{00}(n-1)$$

综合上述分析，可以得到

$$\begin{cases} p_{00}(1) = 1-\alpha \\ p_{00}(2) = \beta + (1-\alpha-\beta)(1-\alpha) \\ p_{00}(3) = \beta + \beta(1-\alpha-\beta)^2(1-\alpha) \\ \quad\quad\vdots \\ p_{00}(n) = \beta + \beta(1-\alpha-\beta) + \beta(1-\alpha-\beta)^2 + \cdots + \beta(1-\alpha-\beta)^{n-2} + (1-\alpha-\beta)^{n-1}(1-\alpha) \\ \quad\quad = \beta\left[\sum_{k=0}^{n-2}(1-\alpha-\beta)^k\right] + (1-\alpha-\beta)^{n-1}(1-\alpha) \end{cases}$$

基于有限几何级数的求和公式，可以得到

$$\sum_{k=0}^{n-2}(1-\alpha-\beta)^k = \frac{1-(1-\alpha-\beta)^{n-1}}{1-(1-\alpha-\beta)} = \frac{1-(1-\alpha-\beta)^{n-1}}{\alpha+\beta}$$

现在得到 $p_{01}(n)$：

$$p_{01}(n) = 1-p_{00}(n) = \frac{\alpha}{\alpha+\beta} - \frac{\alpha(1-\alpha-\beta)^n}{\alpha+\beta}$$

通过相似的方法能够得到 $p_{10}(n)$ 和 $p_{11}(n)$ 的表达式。

因此，n 步转移概率矩阵可以写成

$$\boldsymbol{P}(n) = \boldsymbol{P}^n = \begin{bmatrix} \dfrac{\beta+\alpha(1-\alpha-\beta)^n}{\alpha+\beta} & \dfrac{\alpha-\alpha(1-\alpha-\beta)^n}{\alpha+\beta} \\ \dfrac{\beta-\beta(1-\alpha-\beta)^n}{\alpha+\beta} & \dfrac{\alpha+\beta(1-\alpha-\beta)^n}{\alpha+\beta} \end{bmatrix}$$

基于此 n 步转移概率矩阵及给定的初始状态概率行向量 $\boldsymbol{p}(0)$，通过等式(2.8)可以得到第 n 步后的状态概率

$$\boldsymbol{p}(n) = \boldsymbol{p}(0)\boldsymbol{P}^n = [a, 1-a] \times \begin{bmatrix} \dfrac{\beta+\alpha(1-\alpha-\beta)^n}{\alpha+\beta} & \dfrac{\alpha-\alpha(1-\alpha-\beta)^n}{\alpha+\beta} \\ \dfrac{\beta-\beta(1-\alpha-\beta)^n}{\alpha+\beta} & \dfrac{\alpha+\beta(1-\alpha-\beta)^n}{\alpha+\beta} \end{bmatrix}$$

$$= \left[\frac{\beta+(1-\alpha-\beta)^n}{\alpha+\beta}[a(\alpha+\beta)-\beta], \frac{\alpha-(1-\alpha-\beta)^n}{\alpha+\beta}[a(\alpha+\beta)-\beta]\right]$$

因此,第 n 步后的状态概率如下:

$$\begin{cases} p_0(n) = \dfrac{\beta + (1-\alpha-\beta)^n}{\alpha+\beta}\left[a(\alpha+\beta)-\beta\right] \\[3mm] p_1(n) = \dfrac{\alpha - (1-\alpha-\beta)^n}{\alpha+\beta}\left[a(\alpha+\beta)-\beta\right] \end{cases}$$

2.3　连续时间马尔可夫链

2.3.1　基本定义与性质

连续时间马尔可夫链与离散时间的例子类似,不同的是从任一给定状态到另一状态的转换可以在任意时刻发生。因此,对于一个离散状态连续时间马尔可夫链来说,$X(t)$ 的值是离散的,$X(t) \in \{1,2,\cdots\}$。并且参数 t 的取值范围是连续的,$t \in [0,\infty)$。在可靠性方面的应用中,状态集 S 通常是有限的,$S=\{1,2,\cdots,K\}$,因此也就有 $X(t) \in \{1,2,\cdots,K\}$。

一个离散状态连续时间随机过程 $\{X(t) \mid t \geq 0\}$ 被称为马尔可夫链,若对于所有 $t_0 < t_1 < \cdots < t_{n-1} < t_n$,满足如下关系:

$$\Pr\{X(t_n)=x_n \mid X(t_{n-1})=x_{n-1},\cdots,X(t_1)=x_1,X(t_0)=x_0\}$$
$$= \Pr\{X(t_n)=x_n \mid X(t_{n-1})=x_{n-1}\} \tag{2.19}$$

引入记号 $t=t_{n-1}$ 及 $t_n=t_{n-1}+\Delta t$,将式(2.19)简化为

$$\Pr\{X(t+\Delta t)=i \mid X(t)=j\} = \pi_{ji}(t,t+\Delta t) \tag{2.20}$$

下列记号通常用于简化:

$$\pi_{ji}(t,t+\Delta t) = \pi_{ji}(t,\Delta t)$$

这些条件概率称为转移概率。若概率 $\pi_{ji}(t,\Delta t)$ 不依赖于 t,仅与时间差 Δt 有关,那么马尔可夫过程就是(时间)齐次的。$\pi_{jj}(t,\Delta t)$ 是过程在区间的初始就处于状态 j 且在长度为 Δt 的时间内状态不变的概率。作如下标记:

$$\pi_{ji}(t,t) = \begin{cases} 1,\text{如果 } i=j \\ 0,\text{其他} \end{cases} \tag{2.21}$$

由式(2.21)可以对每个 j 定义一个非负连续函数 $a_j(t)$:

$$a_j(t) = \lim_{\Delta t \to 0}\frac{\pi_{jj}(t,t)-\pi_{jj}(t,t+\Delta t)}{\Delta t} = \lim_{\Delta t \to 0}\frac{1-\pi_{jj}(t,t+\Delta t)}{\Delta t} \tag{2.22}$$

并且对每个 j 及 $i \neq j$ 有非负连续函数 $a_{ji}(t)$:

$$a_{ji}(t) = \lim_{\Delta t \to 0}\frac{\pi_{ji}(t,t)-\pi_{ji}(t,t+\Delta t)}{\Delta t} = \lim_{\Delta t \to 0}\frac{\pi_{ji}(t,t+\Delta t)}{\Delta t} \tag{2.23}$$

函数 $a_{ji}(t)$ 被称作 t 时刻从状态 i 到 j 的转移强度。对于齐次马尔可夫过程,转移强度不依赖于 t,因此为常数。

若在某个给定的时刻,过程处于状态 j,那么在接下来的 Δt 时间区间内,此过程不是从状态 j 到某个状态 i,就是过程仍处于状态 j。因此

$$\pi_{jj}(\Delta t) + \sum_{i \neq j} \pi_{ji}(\Delta t) = 1 \qquad (2.24)$$

指定 $a_{jj} = -a_j$,合并式(2.24)及式(2.22)可以得到

$$a_{jj} = -a_j = \lim_{\Delta t \to 0} -\frac{1}{\Delta t} \sum_{i \neq j} \pi_{ji}(\Delta t) = -\sum_{i \neq j} a_{ji} \qquad (2.25)$$

令 $p_i(t)$ 为 $X(t)$ 在 t 时刻的状态概率:

$$p_i(t) = \Pr\{X(t) = i\}, \qquad j = 1, \cdots, K; t \geq 0 \qquad (2.26)$$

式(2.26)定义了 $X(t)$ 在时刻 t 的概率函数。因此在任一给定时刻 $t \geq 0$,此过程必定处于 K 个状态之一,故

$$\sum_{i=1}^{K} p_i(t) = 1 \qquad (2.27)$$

根据全概率理论,对给定的 $t > t_1$,可以依据转移概率 $\pi_{ij}(t_1, t)$ 及 $X(t_1)$ 的概率函数来表达 $X(t)$ 的概率函数:

$$\begin{aligned} p_j(t) = \Pr(X(t) = j) &= \sum_{i \in S} \Pr\{X(t) = j \mid X(t_1) = i\} \Pr\{X(t_1) = i\} \\ &= \sum_{i \in S} \pi_{ij}(t_1, t) p_i(t_1) \end{aligned} \qquad (2.28)$$

若在式(2.28)中令 $t_1 = 0$,可以得到如下等式:

$$p_j(t) = \sum_{i \in S} \pi_{ij}(0, t) p_i(0) \qquad (2.29)$$

这意味着一个连续时间马尔可夫链在将来的概率行为将完全由转移概率 $\pi_{ij}(0, t)$ 及初始概率向量 $\boldsymbol{p}(0) = [p_1(0), \cdots, p_K(0)]$ 所决定。

连续时间马尔可夫链 $\{X(t) \mid t \geq 0\}$ 的转移概率满足所有 $i, j \in S$,切普曼-柯尔莫哥洛夫等式可以写成如下形式:

$$\pi_{ij}(t_1, t) = \sum_{k \in S} \pi_{ik}(t_1, t_2) \pi_{kj}(t_2, t), \qquad 0 \leq t_1 \leq t_2 \leq t \qquad (2.30)$$

此等式的证明基于全概率理论:

$$\Pr\{X(t) = j \mid X(t_1) = i\}$$
$$= \sum_{k \in S} \Pr\{X(t) = j \mid X(t_2) = k, X(t_1) = i\} \Pr\{X(t_2) = k \mid X(t_1) = i\} \qquad (2.31)$$

在时刻 $t + \Delta t$ 的状态概率以瞬时 t 的状态概率为基础,公式为

$$p_j(t + \Delta t) = p_j(t) \left[1 - \sum_{i \neq j} a_{ji} \Delta t \right] + \sum_{i \neq j} p_i(t) a_{ij} \Delta t, i, \qquad j = 1, \cdots, K \qquad (2.32)$$

此过程可以通过两种途径在瞬时 $t+\Delta t$ 到达状态 j：

（1）过程在时刻 t 可能已经处于状态 j，且在 $t+\Delta t$ 前不改变此状态。该事件的概率是 $p_j(t)\left(1-\sum\limits_{i\neq j}a_{ji}\Delta t\right)$；

（2）在时刻 t，过程可能处于某一状态 $i\neq j$，且在经过时间 Δt 由状态 i 转移到 j。这些事件发生的概率分别为 $p_i(t)a_{ij}\Delta t$。综上，可得到式（2.32）。

通过式（2.29）可以重写式（2.32）并得到以下结果：

$$p_j(t+\Delta t)=p_j(t)\left[1+a_{jj}\Delta t\right]+\sum_{i\neq j}p_i(t)a_{ij}\Delta t \tag{2.33}$$

或

$$p_j(t+\Delta t)-p_j(t)=\sum_{\substack{i=1\\i\neq j}}^{K}p_i(t)a_{ij}\Delta t+p_j(t)a_{jj}\Delta t=\sum_{\substack{i=1\\i\neq j}}^{K}p_i(t)a_{ij}\Delta t-p_j(t)\sum_{\substack{i=1\\i\neq j}}^{K}a_{ji}\Delta t \tag{2.34}$$

通过 Δt 将式（2.34）两边分离并取极限 $\Delta t\rightarrow 0$，得到

$$\frac{\mathrm{d}p_j(t)}{\mathrm{d}t}=\sum_{\substack{i=1\\i\neq j}}^{K}p_i(t)a_{ij}-p_j(t)\sum_{\substack{i=1\\i\neq j}}^{K}a_{ji},\qquad j=1,2,\cdots,K \tag{2.35}$$

式（2.35）用于寻找齐次马尔可夫过程的状态概率 $p_j(t)(j=1,\cdots,K)$，当初始条件给定如下：

$$p_j(t)=\alpha_j,\qquad j=1,\cdots,K \tag{2.36}$$

关于式（2.35）的更多细节可参阅文献[1]和文献[2]。

引入向量 $\boldsymbol{P}(t)=[p_1(t),p_2(t),\cdots,p_K(t)]$ 及转移强度矩阵 $\boldsymbol{a}$：

$$\boldsymbol{a}=\begin{bmatrix} a_{11} & a_{12} & \cdots & a_{1K}\\ a_{21} & a_{22} & \cdots & a_{2K}\\ \vdots & \vdots & & \vdots\\ a_{K1} & a_{K2} & \cdots & a_{KK} \end{bmatrix} \tag{2.37}$$

其中对角元素定义为 $a_{jj}=-a_j$，可以用矩阵的形式重写式（2.35）：

$$\frac{\mathrm{d}p(t)}{\mathrm{d}t}=\boldsymbol{P}(t)\boldsymbol{a} \tag{2.38}$$

注意到矩阵元素每行的和为 0：$\sum\limits_{j=1}^{K}a_{ij}=0$，对任一 i 都成立（$1\leqslant i\leqslant K$）。

当系统的状态转移由故障或部件的修理所致时，则对应的转移强度由部件的故障率或维修率表示。

鉴于部件在时刻 t 前并未故障，此部件的故障率 $\lambda(t)$ 是 t 时初始工作部件故障概率的瞬时条件密度。简单来说，可以认为 $\lambda(t)$ 是失效条件概率密度函数（pdf）。它表达了 t 时刻故障的危害，在此之前并没有故障发生。t 时刻部件的故障率定义如下：

$$\lambda(t) = \lim_{\Delta t \to 0} \frac{1}{\Delta t} \left[\frac{F(t+\Delta t) - F(t)}{R(t)} \right] = \frac{f(t)}{R(t)} \tag{2.39}$$

其中：$R(t) = 1 - F(t)$ 为部件的可靠度函数；$F(t)$ 为部件故障的条件密度函数；$f(t)$ 为部件故障的条件概率密度函数。

对于齐次马尔可夫过程，故障率不依赖于 t 且有如下表示：

$$\lambda = \text{MTTF}^{-1} \tag{2.40}$$

其中：MTTF 为平均故障前时间。维修率 $\mu(t)$ 为修理时间的条件概率密度函数。对于齐次马尔可夫过程，维修率不依赖于 t 且有如下表示：

$$\mu = \text{MTTR}^{-1} \tag{2.41}$$

其中：MTTR 为平均故障维修时间。

状态 i 被认为是吸收状态：若一旦进入，过程必定维持在此状态。

状态 j 被认为是可由状态 i 到达的，若对于某个 $t > 0$，$\pi_{ij}(t) > 0$。

一个连续时间马尔可夫链被认为是不可约的，若每个状态可由其余任一状态到达。

在许多应用中，长期（最终）或稳态概率 $p_i = \lim_{t \to \infty} p_i(t)$ 很有意义。对于一个不可约连续时间马尔可夫链来说，这些极限对每个状态 $i \in S$ 总是存在的：

$$p_i = \lim_{t \to \infty} p_i(t) = \lim_{t \to \infty} \pi_{ij}(t) = \lim_{t \to \infty} \pi_i(t) \tag{2.42}$$

且它们均独立于初始状态 $j \in S$。若稳态概率存在，则此过程称为遍历的。对于稳态概率，计算将变得简单。微分方程（2.35）简化为 K 个代数线性方程，因为对于常数概率所有的时间导数为零，即 $\dfrac{\mathrm{d}p_i(t)}{\mathrm{d}t} = 0 (i = 1, \cdots, K)$。

假设稳态概率 $p_i = \lim_{t \to \infty} p_i(t)$ 存在。在稳定状态下，式（2.35）左边的状态概率的导数将全部为零。因此，为了找出长期概率，需解如下方程：

$$\sum_{\substack{i=1 \\ i \neq j}}^{k} p_i(t) a_{ij} - p_j(t) \sum_{\substack{i=1 \\ i \neq j}}^{K} a_{ji}, \qquad j = 1, 2, \cdots, K \tag{2.43}$$

式（2.43）中的 K 个等式是线性相关的（系统的行列式为零）。另外，任一时刻状态的概率总和等于 1。

$$\sum_{i=1}^{K} p_i = 1 \tag{2.44}$$

因此，遍历的连续时间马尔可夫链的稳态概率可由式（2.43）和式（2.44）得到。

2.3.2 稳态过程中的几个参数

现在考虑稳态过程中的几个参数：状态频率和状态逗留的平均时间。状态 i

的频率 f_i 定义为单位时间内到达此状态的次数的期望数量。通常频率的概念与系统的长期(稳态)行为有关。为了将频率、概率以及逗留状态 i 的平均时间联系起来,考虑系统状态空间的演化由两个交替的周期组成,停留在状态 i 之内和状态 i 之外。因此,过程可由两个状态表示。指定逗留在状态 i 的平均时间为 $\overline{T_i}$,在状态 i 之外的时间为 $\overline{T_{oi}}$。平均周期时间为 $\overline{T_{ci}}$,有

$$\overline{T_{ci}} = \overline{T_i} + \overline{T_{oi}} \qquad (2.45)$$

由状态频率的定义,长期来看,f_i 等于平均周期时间的倒数:

$$f_i = \frac{1}{\overline{T_{ci}}} \qquad (2.46)$$

等式(2.46)两边都乘 $\overline{T_i}$,有

$$\overline{T_i} f_i = \frac{\overline{T_i}}{\overline{T_{ci}}} = p_i \qquad (2.47)$$

因此

$$f_i = \frac{p_i}{\overline{T_i}} \qquad (2.48)$$

这是一个基础等式,提供了稳态时的三个状态参数间的关系。

若转移是由状态 i 到任意状态 $j \neq i$,T_{ij} 表征了处于状态 i 的随机时间。T_i 是所有随机值 T_{ij} 中最小的。

$$T_i = \min\{T_{i1}, \cdots, T_{ij}\} \qquad (2.49)$$

时间 T_{ij} 为指数分布,具有累积分布函数 $F_{ij}(T_{ij} \leq t) = 1 - \mathrm{e}^{-a_{ij}t}$。由状态 i 起始的所有转移都是独立的,因此可知处于状态 i 的时间 T_i 的累积分布函数可如下计算:

$$F_i(T_i \leq t) = 1 - \mathrm{Pr}\{T_i > t\} = 1 - \prod_{j \neq i} \mathrm{Pr}\{T_{ij} > t\}$$

$$= 1 - \prod_{j \neq i} [1 - F_{ij}(T_{ij} \leq t)] = 1 - \prod_{j \neq i} \mathrm{e}^{-a_{ij}t} = 1 - \mathrm{e}^{-\sum_{j \neq i} a_{ij}t} \qquad (2.50)$$

这意味着时间 T_i 是以 $a_i = \sum_j a_{ij}$ 为参数的指数分布,且处于状态 i 的平均逗留时间为

$$\overline{T_i} = \frac{1}{\sum_{j \neq i} a_{ij}} \qquad (2.51)$$

将式(2.48)中的 $\overline{T_i}$ 替换,得到

$$f_i = p_i \sum_{j \neq i} a_{ij} \qquad (2.52)$$

当状态概率 p_i 或 $p_i(t)$ 被计算出来,可靠性指标通常是这些参数的函数。

📖 参考文献

[1] TRIVEDI K. Probability and statistics with reliability, queuing and computer science applications[M]. New York：Wiley, 2002.

[2] ROSS S. Stochastic Processes[M]. New York：Wiley, 1995.

[3] GIHMAN I, SKOROHOD A. Theory of stochastic processes[M]. Berlin ：Springer, 2004.

[4] 张景肖,李贞贞. 随机过程基础[M]. 北京:机械工业出版社,2014.

[5] 何书元. 随机过程[M]. 北京:北京大学出版社,2008.

[6] PAPOULIS A. 概率、随机变量与随即过程[M].4 版. 西安:西安交通大学出版社,2012.

第3章

基于随机过程的多状态系统可靠性分析方法

随机过程在多状态系统可靠性分析方面的应用非常广泛。本章重点介绍马尔可夫过程、马尔可夫报酬模型及半马尔可夫过程在多状态系统可靠性分析中的应用。

3.1 基于马尔可夫过程的多状态系统可靠性模型

3.1.1 多状态部件可靠性评估马尔可夫模型

根据一般多状态系统模型,系统中任一部件 j 有 k_j 个与性能水平相一致的不同的状态,由集合 $g_j = \{g_{j1}, \cdots, g_{jk_j}\}$ 表示。因此,在部件 j 的当前状态,任一瞬时时刻 t,部件性能水平 $G_j(t)$ 的值是随机变量。$G_j(t)$ 从 g_j 中取值:$G_j(t) \in g_j$。因此,对于时间区间 $[0, T]$,部件 j 的性能水平定义为一个随机过程,其中 T 为多状态系统的运行期。认为只有在马尔可夫过程中,未来某个时刻的状态概率不依赖于过去的状态。

当考虑一个多状态部件时,可以省略一组部件性能水平的指定索引。因此,这一集合表示为 $g = \{g_1, \cdots, g_k\}$。

1. 不可修多状态部件

不可修部件的寿命周期是由开始运行持续到首次进入不可接受状态子集为止。总的来说,部件状态的接受程度取决于部件的性能和所期望的性能(要求)水平之间的关系。需求 $W(t)$ 也是一个随机过程,从集合 $w = \{w_1, \cdots, w_M\}$ 中取离散值。系统性能和需求之间的联系可以用接受函数 $F(G(t), W(t))$ 表示。

首先考虑一个多状态部件,只存在部件由状态 i 转移至相邻状态 $i-1$ 的逐级退化。此部件的状态空间如图 3.1 所示。

部件在状态空间中的演化是由随机过程 $\{G(t) | t \geqslant 0\}$ 表征的唯一的性能退化。对于由状态 i 到状态 $i-1$ 的任一转移,其强度为 $\lambda_{i,i-1}(i = 2, \cdots, k)$。

当部件在任一状态 i 的逗留时间是参数为 $\lambda_{i,i-1}$ 的指数分布时,此过程为一个

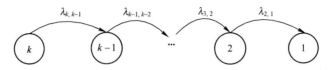

图 3.1 逐级退化不可修部件状态转移图

连续时间马尔可夫链。此外,它被称为纯灭过程[1]。让我们定义辅助离散状态连续时间随机过程 $\{X(t)\,|\,t\geqslant 0\}$,其中 $X(t)\in\{1,\cdots,k\}$。此过程与随机过程 $\{G(t)\,|\,t\geqslant 0\}$ 是严格相关的。当 $X(t)=i$ 时,多状态部件相对应的性能水平为 $g_i(G(t)=g_i)$。当相应的转移出现时,在点 $t_i(i=1,\cdots,k)$,过程 $X(t)$ 是一个减 1 的离散状态随机过程。对于任一 $t\geqslant 0$,$X(t)$ 的状态概率为

$$p_i(t)=\mathrm{Pr}\{X(t)=i\},i=1,\cdots,k,\qquad t\geqslant 0 \tag{3.1}$$

由于

$$\sum_{i=1}^{k}p_i(t)=1 \tag{3.2}$$

因此在任一给定时刻,此过程必定处于某一状态。

根据式(2.35),可以写出下面的微分方程组以找出图 3.1 中呈现的马尔可夫过程的状态概率:

$$\begin{cases} \dfrac{\mathrm{d}p_k(t)}{\mathrm{d}t}=-\lambda_{k,k-1}p_k(t) \\[2mm] \dfrac{\mathrm{d}p_i(t)}{\mathrm{d}t}=\lambda_{i+1,i}p_{i+1}(t)-\lambda_{i,i-1}p_i(t), \qquad i=2,3,\cdots,k-1 \\[2mm] \dfrac{\mathrm{d}p_1(t)}{\mathrm{d}t}=\lambda_{2,1}p_2(t) \end{cases} \tag{3.3}$$

可以看到在状态 k 时,到达状态 $k-1$ 仅有一个强度为 $\lambda_{k,k-1}$ 的转移,且并不存在到达状态 k 的转移。在每一个状态 $i(i=2,3,\cdots,k-1)$,存在由前一状态 $i+1$ 到达此状态的强度为 $\lambda_{i+1,i}$ 的转移,且存在由此状态到达状态 $i-1$ 强度为 $\lambda_{i,i-1}$ 的转移。观察到没有从状态 1 起始的转移。这意味着若过程进入此状态,它永远不会离开。对于不可修多状态部件,状态 1 是吸收态。

假设过程由最佳的状态 k 起始,部件有最高的性能水平 g_k。因此,初始状态为

$$p_k(0)=1,p_{k-1}(0)=p_{k-2}(0)=\cdots=p_1(0)=0 \tag{3.4}$$

利用软件工具,可以获得在初始条件式(3.4)下的微分方程组(3.3)的数值解。方程组(3.3)也可以通过 Laplace-Stieltjes 变换[2]转化为方程组(3.5)。

$$\begin{cases} s\widetilde{p}_k(s)-1=-\lambda_{k,k-1}\widetilde{p}_k(s) \\[2mm] s\widetilde{p}_i(s)=\lambda_{i+1,i}\widetilde{p}_{i+1}(s)-\lambda_{i,i-1}\widetilde{p}_i(s), \qquad i=2,3,\cdots,k-1 \\[2mm] s\widetilde{p}_1(s)=\lambda_{2,1}\widetilde{p}_2(t) \end{cases} \tag{3.5}$$

其中 $\tilde{p}_k(s) = L\{p_k(t)\} = \int_0^\infty \mathrm{e}^{-st} p_k(t)$ 是函数 $p_k(t)$ 的 Laplace-Stieltjes 变换；

$L\left\{\dfrac{\mathrm{d}p_k(t)}{\mathrm{d}t}\right\} = s\,\tilde{p}_k(s) - p_k(0)$ 是函数 $p_k(t)$ 导数的 Laplace-Stieltjes 变换。方程组(3.5)可改写为如下形式：

$$
\begin{cases}
\tilde{p}_k(s) = \dfrac{1}{s+\lambda_{k,k-1}} \\[3mm]
\tilde{p}_i(s) = \dfrac{\lambda_{i+1,i}}{s+\lambda_{i,k-1}}\tilde{p}_{i+1}(s), \qquad i=2,3,\cdots,k-1 \\[3mm]
\tilde{p}_1(s) = \dfrac{\lambda_{2,1}}{s}\tilde{p}_2(s)
\end{cases} \tag{3.6}
$$

解上述方程组得到

$$
\begin{cases}
\tilde{p}_k(s) = \dfrac{1}{s+\lambda_{k,k-1}} \\[3mm]
\tilde{p}_i(s) = \dfrac{\lambda_{i+1,i}}{s+\lambda_{i,k-1}}\dfrac{\lambda_{i+2,i+1}}{s+\lambda_{i+1,i}}\cdots\dfrac{\lambda_{k,k-1}}{s+\lambda_{k-1,k-2}}\dfrac{1}{s+\lambda_{k,k-1}}, \qquad i=2,3,\cdots,k-1 \\[3mm]
\tilde{p}_1(s) = \dfrac{\lambda_{2,1}}{s}\dfrac{\lambda_{3,2}}{s+\lambda_{2,1}}\dfrac{\lambda_{4,3}}{s+\lambda_{3,2}}\cdots\dfrac{\lambda_{k,k-1}}{s+\lambda_{k-1,k-2}}\dfrac{1}{s+\lambda_{k,k-1}}
\end{cases} \tag{3.7}
$$

为求函数 $p_k(t)$，应用 Laplace-Stieltjes 逆变换形式 $L^{-1}\{\tilde{p}_k(s)\} = p_k(t)$[3]。

当要求部件的性能不小于需求时，即 $F(g_i,w) = g_i - w$，对于固定的需求 $g_{i+1} \geqslant w > g_i (i=2,3,\cdots,k-1)$，可接受的状态包括状态 $i+1,\cdots,k$，这些状态的部件性能高于 g_i。

对于固定的性能需求 $g_2 \geqslant w > g_1$，部件处于状态 1 的概率 $p_1(t)$ 决定了多状态部件的不可靠函数。因此，可靠度函数为

$$
R_1(t) = 1 - p_1(t) \tag{3.8}
$$

如果性能需求恒定，且 $g_{i+1} \geqslant w > g_i (i=2,3,\cdots,k-1)$，则多状态系统的可靠度函数为

$$
R_i(t) = 1 - \sum_{j=1}^{i} p_j(t) \tag{3.9}
$$

对于性能需求恒定的多状态部件，其平均故障前时间等于过程进入状态 i 前的平均时间：

$$
\mathrm{MTTF}_i = \sum_{j=i+1}^{k} \frac{1}{\lambda_{j,j-1}}, \qquad i=1,2,\cdots,k-1 \tag{3.10}
$$

并可以得到部件在时刻 t 的平均瞬时性能：

$$E_t = \sum_{i=1}^{k} g_i p_i(t) \qquad (3.11)$$

对于恒定的性能需求 w，部件的平均瞬时性能缺额为

$$D_t = \sum_{i=1}^{k} p_i(t) \max(w - g_i, 0) \qquad (3.12)$$

例 3.1 考虑某型飞机的发电机，设该发电机只存在逐级退化，且具有 4 种可能的性能水平（分别为状态 4、3、2、1，其对应的性能分别为 $g_4 = 10\mathrm{kW}$，$g_3 = 8\mathrm{kW}$，$g_2 = 5\mathrm{kW}$，$g_1 = 0$），各状态间转移率为 $\lambda_{4,3} = 2/$年，$\lambda_{3,2} = 1/$年，$\lambda_{2,1} = 0.7/$年，初始状态为状态 4。飞机每次飞行时间为 $T_{\mathrm{fight}} = 10\mathrm{h}$，飞机每飞行 $N_{\mathrm{fight}} = 50$ 架次进行地面检修。因此，检修时间间隔为 $T_{\mathrm{service}} = 500\mathrm{h}$，故障定义为发电能力小于 $6\mathrm{kW}$。

求检修间隔期内发电机不能满足用户需求的期望、故障发生概率以及平均故障前时间。

解：依据式（3.3），列如下微分方程组：

$$
\begin{cases}
\dfrac{\mathrm{d}p_4(t)}{\mathrm{d}t} = -\lambda_{4,3} p_4(t) \\[2mm]
\dfrac{\mathrm{d}p_3(t)}{\mathrm{d}t} = \lambda_{4,3} p_4(t) - \lambda_{3,2} p_3(t) \\[2mm]
\dfrac{\mathrm{d}p_2(t)}{\mathrm{d}t} = \lambda_{3,2} p_3(t) - \lambda_{2,1} p_2(t) \\[2mm]
\dfrac{\mathrm{d}p_1(t)}{\mathrm{d}t} = \lambda_{2,1} p_2(t)
\end{cases}
$$

初始状态 $p_4(0) = 1, p_3(0) = p_2(0) = p_1(0) = 0$。应用 Laplace-Stieltjes 变换，得

$$
\begin{cases}
\tilde{p}_4(s) = \dfrac{1}{s + \lambda_{4,3}} \\[3mm]
\tilde{p}_3(s) = \dfrac{\lambda_{4,3}}{(s + \lambda_{3,2})(s + \lambda_{4,3})} \\[3mm]
\tilde{p}_2(s) = \dfrac{\lambda_{3,2} \lambda_{4,3}}{(s + \lambda_{2,1})(s + \lambda_{3,2})(s + \lambda_{4,3})} \\[3mm]
\tilde{p}_1(s) = \dfrac{\lambda_{2,1} \lambda_{3,2} \lambda_{4,3}}{s(s + \lambda_{2,1})(s + \lambda_{3,2})(s + \lambda_{4,3})}
\end{cases}
$$

采用 Laplace-Stieltjes 逆变换，得到各状态的概率，是时间 t 的函数。

$$
\begin{cases}
p_4(t) = \mathrm{e}^{-\lambda_{4,3}t} \\[3mm]
p_3(t) = \dfrac{\lambda_{4,3}}{\lambda_{4,3} - \lambda_{3,2}} (\mathrm{e}^{-\lambda_{3,2}t} - \mathrm{e}^{-\lambda_{4,3}t})
\end{cases}
$$

$$\begin{cases} p_2(t) = \dfrac{\lambda_{3,2}\lambda_{4,3}\left[\left(\lambda_{4,3}-\lambda_{3,2}\right)\mathrm{e}^{-\lambda_{2,1}t}+\left(\lambda_{2,1}-\lambda_{4,3}\right)\mathrm{e}^{-\lambda_{3,2}t}+\left(\lambda_{3,2}-\lambda_{2,1}\right)\mathrm{e}^{-\lambda_{4,3}t}\right]}{\left(\lambda_{3,2}-\lambda_{2,1}\right)\left(\lambda_{4,3}-\lambda_{3,2}\right)\left(\lambda_{2,1}-\lambda_{4,3}\right)} \\ p_1(t) = 1 - p_2(t) - p_3(t) - p_4(t) \end{cases}$$

进而可得在不同的性能需求下部件的可靠度函数

$$\begin{cases} R_1(t) = 1 - p_1(t)\,, g_1 < w \leqslant g_2 \\ R_2(t) = 1 - p_1(t) - p_2(t)\,, g_2 < w \leqslant g_3 \\ R_3(t) = 1 - p_1(t) - p_2(t) - p_3(t)\,, g_3 < w \leqslant g_4 \end{cases}$$

由式(3.11),可得部件在时刻 t 的平均瞬时性能为

$$E_t = \sum_{i=1}^{4} g_i p_i(t) = 10 p_4(t) + 8 p_3(t) + 5 p_2(t) + 0 p_1(t)$$

性能需求恒定 $w = 6\mathrm{KW}$,由式(3.12),可得部件的平均瞬时性能缺额为

$$D_t = \sum_{i=1}^{4} p_i(t)\max(w - g_i, 0) = 1 p_2(t) + 6 p_1(t)$$

检修间隔期内,发电机性能缺额的期望值为 $\mathrm{EENS} = \displaystyle\int_0^{T_{\mathrm{service}}} D_t \mathrm{d}t \approx 0.547\mathrm{kW}\cdot\mathrm{h}$。

依据式(3.10),可得平均故障前时间为

$$\begin{cases} \mathrm{MTTF}_1 = \dfrac{1}{\lambda_{4,3}} + \dfrac{1}{\lambda_{3,2}} + \dfrac{1}{\lambda_{2,1}} = 2.93 \text{ 年}\,, g_1 < w \leqslant g_2 \\[4mm] \mathrm{MTTF}_2 = \dfrac{1}{\lambda_{4,3}} + \dfrac{1}{\lambda_{3,2}} = 1.5 \text{ 年}\,, g_2 < w \leqslant g_3 \\[4mm] \mathrm{MTTF}_3 = \dfrac{1}{\lambda_{4,3}} = 0.5 \text{ 年}\,, g_3 < w \leqslant g_4 \end{cases}$$

对于恒定的性能需求 $w = 6\mathrm{kW}$,部件的平均故障前时间 $\mathrm{MTTF}_2 = 1.5$ 年,检修间隔期内,部件的可靠度为 $R_2(t = T_{\mathrm{service}}) = R_2(500\mathrm{h}) = 0.997$。

现在来考虑一个不可修多状态部件,该部件的性能状态存在逐级退化和越级退化,状态转移如图 3.2 所示。

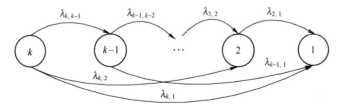

图 3.2   存在逐级退化和越级退化的状态转移

对于图 3.2 所示的连续时间马尔科夫链,由式(2.35),可得

$$
\begin{cases}
\dfrac{\mathrm{d}p_k(t)}{\mathrm{d}t} = -p_k(t)\sum_{e=1}^{k-1}\lambda_{k,e} \\[2mm]
\dfrac{\mathrm{d}p_i(t)}{\mathrm{d}t} = \sum_{e=i+1}^{k}\lambda_{e,i}p_e(t) - p_i(t)\sum_{e=1}^{k-1}\lambda_{i,e}, \quad i=2,3,\cdots,k-1 \\[2mm]
\dfrac{\mathrm{d}p_1(t)}{\mathrm{d}t} = \sum_{e=2}^{k}\lambda_{e,1}p_e(t)
\end{cases}
\tag{3.13}
$$

结合式(3.4)所示的初始状态,解上述方程组可得各状态的概率 $p_i(t)$($i=1,2,\cdots,k$),由式(3.11)和式(3.12)可得到平均瞬时性能和平均瞬时性能缺额。对于恒定的性能需求 w($g_i<w\leqslant g_{i+1}$),根据式(3.9)可得部件的可靠度函数。

2. 可修多状态部件

多状态部件更一般的模型是可修模型。修理有大修和小修之分,小修使部件由状态 i 到达 $i+1$,大修则使其由状态 j 到达 i,其中 $i>j+1$。

仅带有轻微故障和小修的部件是可修多状态部件的一个特殊情况。随机过程中与之相对应的称为生灭过程。此过程的状态空间见图 3.3(a)。

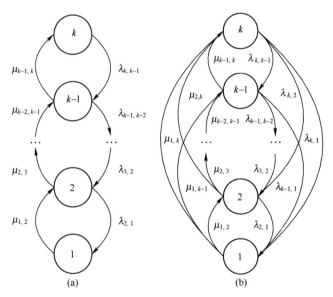

图 3.3　可修部件的状态转移图

可修多状态部件更具一般意义的状态空间见图 3.3(b)。此类部件状态概率的微分方程组表示如下:

$$\begin{cases} \dfrac{\mathrm{d}p_k(t)}{\mathrm{d}t} = \displaystyle\sum_{e=1}^{k-1} \mu_{e,k} p_e(t) - p_k(t) \sum_{e=1}^{k-1} \lambda_{k,e} \\[3mm] \dfrac{\mathrm{d}p_i(t)}{\mathrm{d}t} = \displaystyle\sum_{e=i+1}^{k} \lambda_{e,i} p_e(t) + \sum_{e=1}^{i-1} \mu_{e,i} p_e(t) - p_i(t)\Big(\sum_{e=1}^{i-1} \lambda_{i,e} + \sum_{e=i+1}^{k} \mu_{i,e} \Big), \qquad i = 2,3,\cdots,k-1 \\[3mm] \dfrac{\mathrm{d}p_1(t)}{\mathrm{d}t} = \displaystyle\sum_{e=2}^{k} \lambda_{e,1} p_e(t) - p_1(t) \sum_{e=2}^{k} \mu_{1,e} \end{cases}$$

$$(3.14)$$

其初始状态为式(3.4)。解此方程组可以得到状态概率 $p_i(t)(i=1,\cdots,k)$。

对于恒定需求水平 $w(g_i < w \leqslant g_{i+1})$，当 $F(g_i,w) = g_i - w$ 时，部件性能高于 g_i 的可接受状态为 $i+1,\cdots,k$。因此，瞬时可用度为

$$A_i(t) = \sum_{e=i+1}^{k} p_e(t) \tag{3.15}$$

部件的平均瞬时性能和平均瞬时性能缺陷可由式(3.11)及式(3.12)确定。

在许多应用中，稳态概率 $\lim\limits_{t\to\infty} p_i(t)$ 对于可修部件是有意义的。正如上面所说，若稳态概率存在，则此过程称为遍历的。对于稳态概率，计算变得简便。微分方程组(3.14)被简化为 k 个线性代数等式。对于常数概率，所有的时间导数都等于零，故 $\dfrac{\mathrm{d}p_i(t)}{\mathrm{d}t} = 0(i=1,\cdots k)$。

令稳态概率 $p_i = \lim\limits_{t\to\infty} p_i(t)$ 存在。为找出此概率，解如下方程组：

$$\begin{cases} 0 = \displaystyle\sum_{e=1}^{k-1} \mu_{e,k} p_m - p_k \sum_{e=1}^{k-1} \lambda_{k,e} \\[3mm] 0 = \displaystyle\sum_{e=i+1}^{k} \lambda_{e,i} p_e + \sum_{e=1}^{i-1} \mu_{e,i} p_e - p_i\Big(\sum_{e=1}^{i-1} \lambda_{i,e} + \sum_{e=i+1}^{k} \mu_{i,e} \Big), \qquad i = 2,3,\cdots,k-1 \\[3mm] 0 = \displaystyle\sum_{e=2}^{k} \lambda_{e,1} p_e - p_1 \sum_{e=2}^{k} \mu_{1,e} \end{cases} \tag{3.16}$$

式(3.16)中的 k 个等式是线性相关的(方程组的行列式为零)。且状态概率之和在任一时刻都为 1，即

$$\sum_{i=1}^{k} p_i = 1 \tag{3.17}$$

可修多状态部件可靠度函数的确定依赖于部件何时首次进入不可接受状态集事件的概率，而最先进入哪个不可接受状态并不重要，且部件首次进入不可接受状态后的行为也不重要。

对于恒定需求 $w(g_i < w \leqslant g_{i+1})$，为了得出部件的可靠度函数 $R_i(t)$，需要建立另

一个马尔可夫模型。部件所有状态 $1,2,\cdots,i$ 对应低于需求 w 的性能水平都合并为一个吸收态。此吸收态可以被认为是状态 0，且所有能使部件由此状态返回可接受状态集的维修都被禁止，即从状态 0 到状态任一可接受状态 $m(m=i+1,\cdots,k)$ 的转移强度 $\mu_{0,m}=0$。从任意可接受状态 $m(m>i)$ 到联合吸收态 0 的转移率 $\lambda_{m,0}$ 等于由状态 m 到所有不可接受状态（状态 $1,2,\cdots,i$）的转移率之和。

$$\lambda_{m,0} = \sum_{j=1}^{i} \lambda_{m,j}, \qquad m=k,k-1,\cdots,i+1 \tag{3.18}$$

可靠度函数计算的状态转移图见图 3.4。对于该图，状态概率 $p_0(t)$ 表征了部件的可靠度函数，因为在首次进入吸收态 0 后，此部件从未离开过：$R_i(t)=1-p_0(t)$。

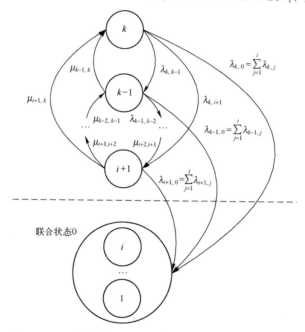

图 3.4 可修部件确定可靠度函数的状态转移图

确定部件可靠度函数的微分方程组具有如下形式：

$$\begin{cases} \dfrac{\mathrm{d}p_k(t)}{\mathrm{d}t} = \sum_{e=i+1}^{k-1} \mu_{e,k}p_e(t) - p_k(t)\left(\sum_{e=i+1}^{k-1}\lambda_{k,e} + \lambda_{k,0}\right) \\ \dfrac{\mathrm{d}p_j(t)}{\mathrm{d}t} = \sum_{e=j+1}^{k}\lambda_{e,j}p_e(t) + \sum_{e=1}^{j-1}\mu_{e,j}p_e(t) - p_j(t)\left(\sum_{e=i+1}^{j-1}\lambda_{j,e} + \lambda_{j,0} + \sum_{e=j+1}^{k}\mu_{j,e}\right), \qquad i<j<k \\ \dfrac{\mathrm{d}p_0(t)}{\mathrm{d}t} = \sum_{e=i+1}^{k}\lambda_{e,0}p_e(t) \end{cases}$$

$$\tag{3.19}$$

初始条件为
$$p_k(0)=1, p_{k-1}(0)=\cdots=p_i(0)=p_0(0)=0$$
可得可靠度函数如下：
$$R_i(t)=1-p_0(t)=\sum_{j=i+1}^{k} p_j(t) \tag{3.20}$$
当 $t\to\infty$ 时，部件总是进入吸收态的，故方程组(3.19)最终的状态概率为
$$p_k=p_{k-1}=\cdots=p_{i+1}=0, p_0=1$$
　　当部件性能首次下降至需求水平 w 以下时（ $g_i<w\leqslant g_{i+1}$ ），根据可靠度函数 $R_i(t)=\sum_{j=i+1}^{k} p_j(t)$ ，可得首次故障前平均时间为
$$\mathrm{MTTF}_i=\int_0^\infty R_i(t)\mathrm{d}t \tag{3.21}$$
　　一旦计算出状态概率 p_i 或 $p_i(t)$ ，可靠性指标通常可以由这些概率得到。

　　例 3.2 [4] 考虑一个具有四种性能水平的数据处理单元，与之相对应的任务处理速度为： $g_4=100/\mathrm{s}, g_3=80/\mathrm{s}, g_2=50/\mathrm{s}, g_1=0/\mathrm{s}$ 。

　　此单元有如下故障率：
$$\lambda_{4,3}=2/年, \lambda_{3,2}=1/年, \lambda_{2,1}=0.7/年（对于小故障）$$
$$\lambda_{3,1}=0.4/年, \lambda_{4,2}=0.3/年, \lambda_{4,1}=0.1/年（对于大故障）$$
并且维修率如下：
$$\mu_{3,4}=100/年, \mu_{2,3}=80/年, \mu_{1,2}=50/年（对于小维修）$$
$$\mu_{1,4}=32/年, \mu_{1,3}=40/年, \mu_{2,4}=45/年（对于大维修）$$
需求恒定为 $w=60/\mathrm{s}$ 。

　　求此类部件的可靠性指标：可用度、平均性能、平均性能缺额、可靠度函数以及首次故障前的平均时间。

　　解：此单元的状态空间图见图 3.5(a)。假设最好的状态 4 为初始状态。

　　为了得到状态概率，解如下微分方程组：
$$\begin{cases} \dfrac{\mathrm{d}p_4(t)}{\mathrm{d}t}=-(\lambda_{4,3}+\lambda_{4,2}+\lambda_{4,1})p_4(t)+\mu_{3,4}p_3(t)+\mu_{2,4}p_2(t)+\mu_{1,4}p_1(t) \\[2mm] \dfrac{\mathrm{d}p_3(t)}{\mathrm{d}t}=\lambda_{4,3}p_4(t)-(\lambda_{3,2}+\lambda_{3,1}+\mu_{3,4})p_3(t)+\mu_{1,3}p_1(t)+\mu_{2,3}p_2(t) \\[2mm] \dfrac{\mathrm{d}p_2(t)}{\mathrm{d}t}=\lambda_{4,2}p_4(t)+\lambda_{3,2}p_3(t)-(\lambda_{2,1}+\mu_{2,3}+\mu_{2,4})p_2(t)+\mu_{1,2}p_1(t) \\[2mm] \dfrac{\mathrm{d}p_1(t)}{\mathrm{d}t}=\lambda_{4,1}p_4(t)+\lambda_{3,1}p_3(t)+\lambda_{2,1}p_2(t)-(\mu_{1,2}+\mu_{1,3}+\mu_{1,4})p_1(t) \end{cases}$$
初始状态为 $p_4(0)=1, p_3(0)=p_2(0)=p_1(0)=0$ 。

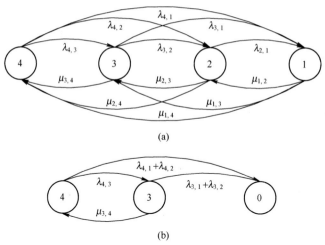

(a)

(b)

图 3.5 部件状态转移图

可得不同恒定需求水平下,部件的瞬时可用度:

$$\begin{cases} A_3(t) = p_4(t), g_3 < w < g_4 \\ A_2(t) = p_4(t) + p_3(t), g_2 < w < g_3 \\ A_1(t) = p_4(t) + p_3(t) + p_2(t) = 1 - p_1(t), g_1 < w < g_2 \end{cases}$$

这些部件瞬时可用度见图 3.6。

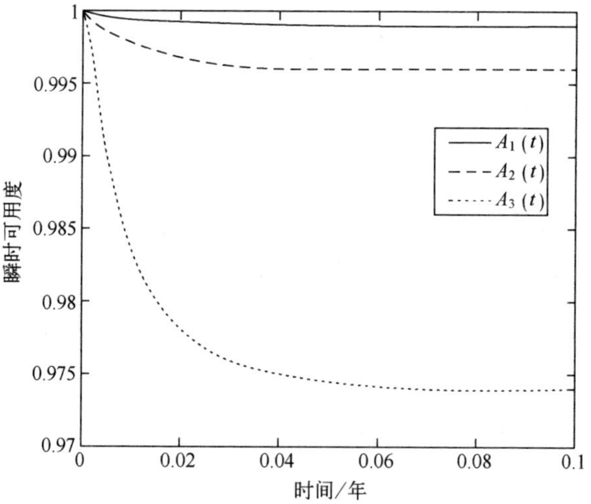

图 3.6 部件的瞬时可用度

部件处于 t 时刻的平均瞬时性能为

$$E_t = \sum_{k=1}^{4} g_k p_k(t) = 100 p_4(t) + 80 p_3(t) + 50 p_2(t) + 0 p_1(t)$$

对于需求 $w=60/\mathrm{s}$,部件可用度如下:
$$A_w(t)=A_2(t)$$
平均性能缺额(对于恒定需求为 $w=60/\mathrm{s}$)为
$$D_t=\sum_{k=1}^{4}p_k(t)\max(w-g_k,0)=10p_2(t)+60p_1(t)$$
指标 D_t 及 E_t 作为时间函数,见图 3.7。

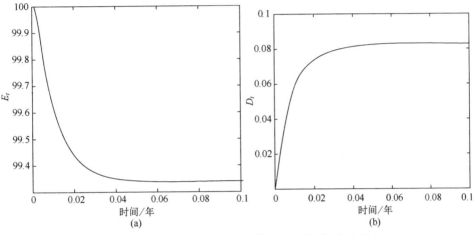

图 3.7　部件的瞬时平均性能(a)及性能缺陷(b)

若只求最终的状态概率,则不需要求解微分方程组。最终的状态概率可通过求解方程组(3.16)得到,此方程组中的一个等式被式(3.17)所替代。在本例中,方程组为
$$\begin{cases}(\lambda_{4,3}+\lambda_{4,2}+\lambda_{4,1})p_4=\mu_{3,4}p_3+\mu_{2,4}p_2+\mu_{1,4}p_1\\(\lambda_{3,2}+\lambda_{3,1}+\mu_{3,4})p_3=\lambda_{4,3}p_4+\mu_{2,3}p_2+\mu_{1,3}p_1\\(\lambda_{2,1}+\mu_{2,3}+\mu_{2,4})p_2=\lambda_{4,2}p_4+\lambda_{3,2}p_3+\mu_{1,2}p_1\\p_1+p_2+p_3+p_4=1\end{cases}$$
求此方程组,得到最终状态概率为
$$\begin{cases}p_1=\dfrac{\mu_{1,4}(b_2c_3-b_3c_2)+\mu_{1,2}(a_2b_3-a_3b_2)+\mu_{1,3}(a_3c_2-a_2c_3)}{a_1b_2c_3+a_2b_3c_1+a_3b_1c_2-a_3b_2c_1-a_1b_3c_2-a_2b_1c_3}\\[4mm]p_2=\dfrac{\mu_{2,3}(a_1c_3-a_3c_1)+\mu_{2,4}(b_3c_1-b_1c_3)+(\lambda_{2,1}+\mu_{2,3}+\mu_{2,4})(a_1b_3-a_3b_1)}{a_1b_2c_3+a_2b_3c_1+a_3b_1c_2-a_3b_2c_1-a_1b_3c_2-a_2b_1c_3}\\[4mm]p_3=\dfrac{\lambda_{3,2}(a_1b_2-a_2b_1)+(\lambda_{3,2}+\lambda_{3,1}+\mu_{3,4})(a_1c_2-a_2c_1)+\mu_{3,4}(b_1c_2-b_2c_1)}{a_1b_2c_3+a_2b_3c_1+a_3b_1c_2-a_3b_2c_1-a_1b_3c_2-a_2b_1c_3}\\[4mm]p_4=1-p_1-p_2-p_3\end{cases}$$

其中

$$\begin{cases} a_1 = \mu_{1,4} - \mu_{2,4}, a_2 = \mu_{1,4} - \mu_{3,4}, a_3 = \mu_{1,4} + \lambda_{4,3} + \lambda_{4,2} + \lambda_{4,1} \\ b_1 = \mu_{1,3} - \mu_{2,3}, b_2 = \mu_{1,3} + \lambda_{3,2} + \lambda_{3,1} + \mu_{3,4}, b_3 = \mu_{1,3} - \lambda_{4,3} \\ c_1 = \mu_{1,2} + \lambda_{2,1} + \mu_{2,3} + \mu_{2,4}, c_2 = \mu_{1,2} - \lambda_{3,2}, c_3 = \mu_{1,2} - \lambda_{4,2} \end{cases}$$

对于恒定需求 $w = 60/s$ 时,部件的稳态可用度为

$$A = p_4 + p_3$$

平均稳态性能为

$$E_\infty = \sum_{k=1}^4 g_k p_k = 100 p_4 + 80 p_3 + 50 p_2 + 0 p_1$$

平均性能缺额为

$$D_\infty = \sum_{k=1}^4 p_k \max(w - g_k, 0) = 10 p_2 + 60 p_1$$

由图 3.6 及图 3.7 可以看出,状态概率的稳态值能够在很短的时间内达到。经过 0.07 年后,此过程变稳定。基于此,在许多实际案例中,只有最终的结果才是重要的。对于具有相对较长寿命的部件尤其如此。然而,假如处理极为重要的部件并且在过程开始之初,即使是很小的故障损失也需考虑,则应采用微分方程组进行分析。

对于恒定需求 $w = 60/s$ ($g_2 < w \leqslant g_3$),为了找出部件可靠度函数 $R_w(t)$,还应建立附加的马尔可夫模型。性能率低于需求 w 的状态 1 和 2 应该合并为一个吸收态。此吸收态可被认为是状态 0,且使得部件从此状态返回可接受状态的维修都被禁止,即 $\mu_{0,3} = \mu_{0,4} = 0$。从可接受状态 3、4 到联合吸收态 0 的转移率等于这些状态到不可接受状态 1、2 的转移率之和。根据式(3.18)得到 $\lambda_{4,0} = \lambda_{4,1} + \lambda_{4,2}$,$\lambda_{3,0} = \lambda_{3,1} + \lambda_{3,2}$。

计算可靠度函数 $R_w(t)$ 的状态空间图见图 3.5(b),由于首次进入吸收态 0 之后,部件从未离开此状态,所以状态概率 $p_0(t)$ 表征了部件的可靠度函数。

确定部件可靠度函数的微分方程组有如下形式:

$$\begin{cases} \dfrac{dp_4(t)}{dt} = -(\lambda_{4,3} + \lambda_{4,2} + \lambda_{4,1}) p_4(t) + \mu_{3,4} p_3(t) \\[2mm] \dfrac{dp_3(t)}{dt} = \lambda_{4,3} p_4(t) - (\lambda_{3,2} + \lambda_{3,1} + \mu_{3,4}) p_3(t) \\[2mm] \dfrac{dp_0(t)}{dt} = (\lambda_{4,1} + \lambda_{4,2}) p_4(t) + (\lambda_{3,1} + \lambda_{3,2}) p_3(t) \end{cases}$$

在初始条件 $p_4(0) = 1$,$p_3(0) = p_0(0) = 0$ 下求解此方程组,可得可靠度函数 $R_w(t) = 1 - p_0(t)$。此函数见图 3.8。

当可靠度函数已知,利用式(3.21)可以发现部件到首次故障前(部件的性能

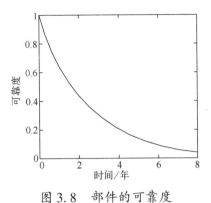

图 3.8　部件的可靠度

下降到需求 $w = 60/\mathrm{s}$ 以下)的平均时间为

$$\mathrm{MTTF}_w = \int_0^\infty R_w(t)\,\mathrm{d}t \approx 2.3 \text{ 年}$$

3.1.2　多状态系统可靠性评估马尔可夫模型

考虑一个由若干多状态部件构成的系统。这些部件所处状态的每个组合构成一个独特的系统状态。任一系统部件 j 有 k_j 个不同状态,与之对应的性能水平由集合 $g_j = \{g_{j1}, g_{j2}, \cdots, g_{jk_j}\}$ 表示。因此,在任一时刻 t,部件 j 的当前状态及性能值 $G_j(t)$ 为随机变量。$G_j(t)$ 从 g_j 中取值:$G_j(t) \in g_j$。在区间 $[0, T]$ 上,任一部件 j 的性能水平被定义为一个连续状态马尔可夫过程,其中 T 为多状态系统的运行时间。

根据一般多状态系统模型,假设

$$L^n = \{g_{11}, \cdots, g_{1k_1}\} \times \{g_{21}, \cdots, g_{2k_2}\} \times \cdots \times \{g_{n1}, \cdots, g_{nk_n}\}$$

是所有 n 个系统部件性能水平组合构成的状态空间,且 $g = \{g_1, g_2, \cdots, g_K\}$ 是系统整体性能水平可能的取值空间。在任一时刻 t,变换 $\varphi(G_1(t), \cdots, G_n(t)): L^n \to g$ 将部件性能水平的空间映射到系统性能水平的空间,定义了系统的结构函数。因此,多状态系统整体性能水平可通过应用结构函数由多状态部件的性能水平计算得到。因此,在任一时刻 t,多状态系统的状态及系统输出性能水平的值 $G(t)$ 为随机变量。$G(t)$ 是一个连续时间马尔可夫链,从 g 中取值:$G(t) \in g = \{g_1, g_2, \cdots g_K\}$。

假设不同部件的马尔可夫过程是独立的,且任何不同部件都不存在同时刻的状态转移。即在任意时刻 t,在一个系统中仅有一项故障或维修发生。

在多状态系统可靠性评估方面,传统马尔可夫技术的应用由两个步骤构成:系统整体状态空间的构建和通过求解对应微分方程组进行系统可靠性评估。

在马尔可夫分析中,状态转移图的合理设计是一项重要任务,尤其对于多状态系统更是如此。当建模的系统足够大时,状态数量的爆炸式增长是主要问题。在此情况下,状态空间的图形化表示往往是不可能的。解决此问题的途径之一是对系统进行形式化描述。当运用此类描述,状态空间实际上并没有以图的形式呈现,但多状态系统的演化规则能使我们利用计算机研究系统的状态空间。此外,状态空间图仅仅是起到了一个辅助作用。主要目的是确定转移强度矩阵 a,它定义了微分方程组(2.38),及由此对应的马尔可夫模型。因此,我们关注转移强度矩阵形式化生成和马尔可夫模型的生成。基于此,可建立可靠性评估的高效算法。以下是多状态系统马尔可夫模型一个可能的生成算法。

1. 故障率和维修率的设置

对于多状态系统的每个部件 j,给定部件的故障率和维修率如下:

故障率有序集 $\{\lambda_{k_j,k_j-1}^{(j)}, \lambda_{k_j,k_j-2}^{(j)}, \cdots, \lambda_{k_j,1}^{(j)}, \lambda_{k_j-1,k_j-2}^{(j)}, \cdots, \lambda_{k_j-1,k_j-3}^{(j)}, \cdots, \lambda_{k_j-1,1}^{(j)}, \cdots, \lambda_{3,2}^{(j)},$ $\lambda_{3,1}^{(j)}, \lambda_{2,1}^{(j)}\}$;

维修率有序集 $\{\mu_{1,2}^{(j)}, \cdots, \mu_{1,k_j-1}^{(j)}, \mu_{1,k_j}^{(j)}, \mu_{2,3}^{(j)}, \cdots, \mu_{2,k_j-1}^{(j)}, \mu_{2,k_j}^{(j)}, \cdots, \mu_{k_j-2,k_j-1}^{(j)}, \mu_{k_j-2,k_j}^{(j)},$ $\mu_{k_j-1,k_j}^{(j)}\}$。

对于部件 j,若没有导致性能水平由 g_{jm} 下降至 $g_{jm-\Delta m}$ 的故障,则对应的故障率 $\lambda_{m,m-\Delta m}^{(j)}$ 在故障率集中等于零。同样地,若不存在使部件 j 的性能由 $g_{jm-\Delta m}$ 返回到 g_{jm} 的维修,则对应的维修率 $\mu_{m-\Delta m,n}^{(j)}$ 在维修率集中等于零。

2. 多状态系统状态生成

多状态系统的 $K=k_1 k_2 \cdots k_n$ 个可能状态,是系统部件所有可能性能水平的不同组合。对于每个系统状态集合 $\{g_{1i}, \cdots, g_{nl}\}, (i \in [1, k_1], \cdots, l \in [1, k_n])$,有系统部件的状态与之相对应。

3. 系统状态枚举及多状态系统输出性能的计算

穷举系统的所有状态。对于以计算机为基础的算法,枚举顺序并不重要,重要的是三者之间的对应关系:系统状态 $n_s (n_s \in [1, K])$、此状态中部件的一组性能水平 $\{g_{1i}, \cdots, g_{nl}\}$ 及此状态下由系统结构函数确定的多状态系统性能水平 g_{n_s},其中 $g_{n_s} = \varphi(g_{1i}, \cdots, g_{nl}), (n_s = 1, \cdots, K)$。

4. 状态转移分析及转移矩阵生成

此阶段,必须确定任一系统状态 n_s 和其他状态之间是否相关。这些关联由系统部件的故障及维修决定。

根据假设,在任何不同部件中状态转移不可能同时发生,由部件性能 $\{g_{1i}, \cdots, g_{jm}, \cdots, g_{nh}\}$ 表征的任意系统状态发生转移仅仅是某一部件的性能发生了变化:

$$\{g_{1i}, \cdots, g_{jm}, \cdots, g_{nh}\} \rightarrow \{g_{1i}, \cdots, g_{jf}, \cdots, g_{nh}\}, \text{其中} m \neq f, 1 \leq j \leq n$$

$f<m$ 时,转移对应于部件发生故障(转移强度为 $\lambda_{m,f}^{(j)}$),而 $f>m$ 时,转移对应于部件维修(转移强度为 $\mu_{m,f}^{(j)}$)。

若系统从状态 n_1 转移到 n_2 是由于任意部件 j 的一个故障,其强度为 $\lambda_{m,f}^{(j)} (f<m)$,

那么位于转移矩阵 a 第 n_1 行与 n_2 列交叉点的元素 a_{n_1,n_2} 为

$$a_{n_1,n_2} = \lambda_{m,f}^{(j)} \qquad (3.22)$$

若系统从状态 n_1 转移到 n_2 是由于任意部件 j 的一个维修,其强度为 $\mu_{m,f}^{(j)}(f > m)$,那么位于转移矩阵 a 第 n_1 行与 n_2 列交叉点的元素 a_{n_1,n_2} 为

$$a_{n_1,n_2} = \mu_{m,f}^{(j)} \qquad (3.23)$$

若由状态 n_1 到达 n_2 的转移不存在,那么位于转移矩阵 a 第 n_1 行与 n_2 列交叉点的元素 a_{n_1,n_2} 为 0:

$$a_{n_1,n_2} = 0 \qquad (3.24)$$

5. 转移强度矩阵对角线元素的确定

生成转移强度矩阵 a 的最后一步是其对角线元素的确定。矩阵 a 每一行的元素之和为 0,因此转移强度矩阵的对角线元素应定义如下:

$$a_{ii} = -\sum_{\substack{n=1 \\ n \neq i}}^{K} a_{in}, \qquad i = 1, \cdots, K \qquad (3.25)$$

通过上述五步,可以得到多状态系统的一个转移强度矩阵。以此矩阵为基础,描述系统运行的微分方程组(2.38)就可以直接推导。

如同多状态部件一样,多状态系统可靠性参数如瞬时可用度、瞬时期望性能及瞬时性能缺额可以以相同的方式得到。

首先,必须求解微分方程组,并且对于所有的系统状态 $i = 1, \cdots, K$,必须得到概率 $p_i(t)$。

对于恒定的需求水平 w,多状态系统瞬时可用度可以由所有可接受状态(系统输出性能高于或等于 w 的状态)的概率之和而得到。因此,多状态系统瞬时可用度可以定义为

$$A(t) = \sum_{i=1}^{K} p_i(t) \cdot 1(g_i \geq w) \qquad (3.26)$$

多状态系统平均瞬时性能定义为

$$E_t = \sum_{i=1}^{K} g_i p_i(t) \qquad (3.27)$$

多状态系统平均瞬时性能缺额为

$$D_t = \sum_{i=1}^{K} p_i(t) \max(w - g_i, 0)$$

为了得到恒定需求 $w(g_i < w \leq g_{i+1})$ 的多状态系统可靠度函数 $R_i(t)$,需要对马尔可夫模型进行修改。来自于性能水平低于需求 w 的不可接受状态应合并为一个吸收态 0。从状态 0 到任一可接受状态的转移应被禁止。从任一可接受状态 j 到吸收态的转移率应被确定为状态 j 到所有不可接受状态的转移率之和。完成这些

修改,可得到新的转移强度矩阵。通过求解此矩阵的微分方程可以得到状态 0 的概率 $p_0(t)$,且可确定系统可靠度函数为 $R(t)=1-p_0(t)$。

例 3.3 考虑第 1 章中图 1.3(a)呈现的例 1.2 的系统。它由三部分(管道)组成。油流从点 C 传输到点 E。管道的性能由其传输性能(t/min)衡量。部件 1 和 2 是可维修的且都有两种可能的状态。两个部件完全失效的状态相对应的输送能力为 0 且两部件运行状态的性能分别为 1.5t/min 和 2t/min。因此 $G_1(t) \in \{g_{11},g_{12}\} = \{0,1.5\}$ 且 $G_2(t) \in \{g_{21},g_{22}\} = \{0,2\}$。

这两个部件对应的故障率和维修率为

$$部件 1:\lambda_{2,1}^{(1)}=7/年,\mu_{1,2}^{(1)}=100/年$$
$$部件 2:\lambda_{2,1}^{(2)}=10/年,\mu_{1,2}^{(2)}=80/年$$

部件 3 是仅有轻微故障和小修的多状态部件。它有三种状态:对应能力为 0 的完全失效状态、对应能力为 1.8t/min 的部分失效状态及输送能力为 4t/min 的满负荷运行状态。因此,$G_3(t) \in \{g_{31},g_{32},g_{33}\} = \{0,1.8,4\}$。

部件 3 相应的故障率及维修率为

$$\lambda_{3,2}^{(3)}=10/年,\lambda_{2,1}^{(3)}=7/年,$$
$$\mu_{1,2}^{(3)}=120/年,\mu_{2,3}^{(3)}=110/年$$

系统输出性能定义为从点 C 到点 E 的最大流量。如例 1.2 所示,多状态系统结构函数为

$$G_s(t)=f(G_1(t),G_2(t),G_3(t))=\min\{G_1(t)+G_2(t),G_3(t)\}$$

需求是恒定的:$w=1.0t/min$。

多状态系统结构见图 3.9。

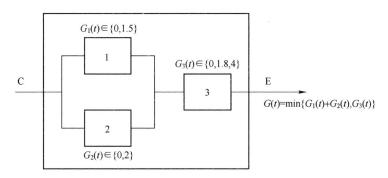

图 3.9 多状态系统结构

系统部件的状态转移图见图 3.10。

为了导出多状态系统的微分方程组,我们运用上面描述的运算法则:

(1) 系统的故障率及维修率集合:

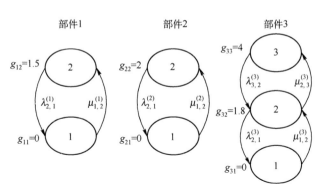

图 3.10　系统部件的状态转移图

部件 1：$\{\lambda_{2,1}^{(1)}\}$，$\{\mu_{1,2}^{(1)}\}$

部件 2：$\{\lambda_{2,1}^{(2)}\}$，$\{\mu_{1,2}^{(2)}\}$

部件 3：$\{\lambda_{3,2}^{(3)},\lambda_{1,3}^{(3)}=0,\lambda_{2,1}^{(1)}\}$，$\{\mu_{2,3}^{(3)},\mu_{1,3}^{(3)}=0,\mu_{2,3}^{(3)}\}$

（2）所有系统状态由部件的一切可能状态（由其性能水平表征）组合产生。系统不同状态总数为 $K=k_1 k_2 k_3=2\times2\times3=12$。

（3）每个系统状态都有指定的唯一编号。编号为 n_s 的系统状态对应的性能水平见表 3.1 的 1~5 栏。对于每个状态，系统输出性能由多状态系统结构函数计算。例如，在状态 1 我们有 $G_1(t)=g_{12}=1.5,G_2(t)=g_{22}=2.0,G_3(t)=g_{33}=4.0$。利用系统结构函数，得到状态 1 的整体输出性能：

$$G(t)=g_1=f(g_{12},g_{22},g_{33})=\min\{g_{12}+g_{22},g_{33}\}=\min\{1.5+2.0,4.0\}=3.5$$

（4）对所有系统状态成对进行状态转移分析。例如，对于编号为 2 的系统状态，部件的状态为 $\{g_{11},g_{22},g_{33}\}=\{2,4,2\}$，到达状态 1、5 和 6 对应的强度分别为 $\mu_{1,2}^{(1)},\lambda_{2,1}^{(2)},\lambda_{3,2}^{(3)}$。所有转移及相应的转移强度同样见表 3.1。在表 3.1 的基础上，容易发现转移强度矩阵的非对角线元素描述了状态空间中多状态系统的演化（矩阵中未发生转移的元素为 0）。

（5）矩阵的每行元素之和为零，转移强度矩阵的对角线元素由此确定。

$$a_{11}=-(\lambda_{2,1}^{(1)}+\lambda_{2,1}^{(2)}+\lambda_{3,2}^{(3)})$$

$$a_{77}=-(\mu_{2,3}^{(3)}+\mu_{1,2}^{(1)}+\lambda_{2,1}^{(1)}+\lambda_{2,1}^{(3)})$$

$$a_{22}=-(\mu_{1,2}^{(1)}+\lambda_{2,1}^{(2)}+\lambda_{3,2}^{(3)})$$

$$a_{88}=-(\mu_{1,2}^{(3)}+\lambda_{2,1}^{(1)}+\lambda_{2,1}^{(2)})$$

$$a_{33}=-(\mu_{1,2}^{(1)}+\lambda_{2,1}^{(1)}+\lambda_{3,2}^{(3)})$$

$$a_{99}=-(\mu_{2,3}^{(3)}+\mu_{1,2}^{(2)}+\mu_{1,2}^{(1)}+\lambda_{2,1}^{(3)})$$

$$a_{44}=-(\mu_{2,3}^{(3)}+\lambda_{2,1}^{(1)}+\lambda_{2,1}^{(2)}+\lambda_{2,1}^{(3)})$$

$$a_{10,10}=-(\mu_{1,2}^{(3)}+\mu_{1,2}^{(1)}+\lambda_{2,1}^{(2)})$$

$$a_{55}=-(\lambda_{2,1}^{(1)}+\mu_{1,2}^{(1)}+\mu_{3,2}^{(3)})$$

$$a_{11,11}=-(\mu_{1,2}^{(3)}+\mu_{1,2}^{(2)}+\lambda_{2,1}^{(1)})$$

$$a_{66}=-(\mu_{2,3}^{(3)}+\mu_{1,2}^{(1)}+\lambda_{2,1}^{(2)}+\lambda_{2,1}^{(3)})$$

$$a_{12,12}=-(\mu_{1,2}^{(3)}+\mu_{1,2}^{(2)}+\mu_{1,2}^{(1)})$$

表 3.1　例 3.3 中多状态系统马尔可夫模型的生成

性　能					n_s											
n_s	G_1	G_2	G_3	G	1	2	3	4	5	6	7	8	9	10	11	12
1	1.5	2.0	4.0	3.5		$\lambda_{2,1}^{(1)}$	$\lambda_{2,1}^{(2)}$	$\lambda_{3,2}^{(3)}$								
2	0	2.0	4.0	2.0	$\mu_{1,2}^{(1)}$				$\lambda_{2,1}^{(2)}$	$\lambda_{3,2}^{(3)}$						
3	1.5	0	4.0	1.5	$\mu_{1,2}^{(2)}$				$\lambda_{2,1}^{(1)}$		$\lambda_{3,2}^{(3)}$					
4	1.5	2.0	1.8	1.8	$\mu_{2,3}^{(3)}$				$\lambda_{2,1}^{(1)}$	$\lambda_{2,1}^{(2)}$	$\lambda_{2,1}^{(3)}$					
5	0	0	4.0	0		$\mu_{1,2}^{(2)}$	$\mu_{1,2}^{(1)}$						$\lambda_{3,2}^{(3)}$			
6	0	2.0	1.8	1.8		$\mu_{2,3}^{(3)}$		$\mu_{1,2}^{(1)}$					$\lambda_{2,1}^{(2)}$	$\lambda_{2,1}^{(3)}$		
7	1.5	0	4.0	1.5			$\mu_{2,3}^{(3)}$	$\mu_{1,2}^{(2)}$					$\lambda_{2,1}^{(1)}$		$\lambda_{2,1}^{(3)}$	
8	1.5	2.0	0	0				$\mu_{1,2}^{(3)}$					$\lambda_{2,1}^{(1)}$	$\lambda_{2,1}^{(2)}$		
9	0	0	4.0	0					$\mu_{2,3}^{(3)}$	$\mu_{1,2}^{(2)}$	$\mu_{1,2}^{(1)}$					$\lambda_{2,1}^{(3)}$
10	0	2.0	0	0						$\mu_{1,2}^{(3)}$		$\mu_{1,2}^{(1)}$				$\lambda_{2,1}^{(2)}$
11	1.5	0	0	0						$\mu_{1,2}^{(3)}$	$\mu_{1,2}^{(2)}$					$\lambda_{2,1}^{(1)}$
12	0	0	0	0									$\mu_{1,2}^{(3)}$	$\mu_{1,2}^{(2)}$	$\mu_{1,2}^{(1)}$	

根据式(2.37)和式(2.38)状态概率相应的微分方程组有如下形式：

$$\frac{\mathrm{d}p_1(t)}{\mathrm{d}t} = -(\lambda_{2,1}^{(1)} + \lambda_{2,1}^{(2)} + \lambda_{3,2}^{(3)})p_1(t) + \mu_{1,2}^{(1)}p_2(t) + \mu_{1,2}^{(2)}p_3(t) + \mu_{2,3}^{(3)}p_4(t)$$

$$\frac{\mathrm{d}p_2(t)}{\mathrm{d}t} = \lambda_{2,1}^{(1)}p_1(t) - (\mu_{1,2}^{(1)} + \lambda_{2,1}^{(2)} + \lambda_{3,2}^{(3)})p_2(t) + \mu_{1,2}^{(2)}p_5(t) + \mu_{2,3}^{(3)}p_6(t)$$

$$\frac{\mathrm{d}p_3(t)}{\mathrm{d}t} = \lambda_{2,1}^{(2)}p_1(t) - (\mu_{1,2}^{(2)} + \lambda_{2,1}^{(1)} + \lambda_{3,2}^{(3)})p_3(t) + \mu_{1,2}^{(1)}p_5(t) + \mu_{2,3}^{(3)}p_7(t)$$

$$\frac{\mathrm{d}p_4(t)}{\mathrm{d}t} = \lambda_{3,2}^{(3)}p_1(t) - (\mu_{2,3}^{(3)} + \lambda_{2,1}^{(1)} + \lambda_{2,1}^{(2)} + \lambda_{2,1}^{(3)})p_4(t) + \mu_{1,2}^{(1)}p_6(t) + \mu_{1,2}^{(2)}p_7(t) + \mu_{1,2}^{(3)}p_8(t)$$

$$\frac{\mathrm{d}p_5(t)}{\mathrm{d}t} = \lambda_{2,1}^{(2)}p_2(t) + \lambda_{2,1}^{(1)}p_3(t) - (\mu_{1,2}^{(2)} + \mu_{1,2}^{(1)} + \lambda_{3,2}^{(3)})p_5(t) + \mu_{2,3}^{(3)}p_9(t)$$

$$\frac{\mathrm{d}p_6(t)}{\mathrm{d}t} = \lambda_{3,2}^{(3)}p_2(t) + \lambda_{2,1}^{(1)}p_4(t) - (\mu_{2,3}^{(3)} + \mu_{1,2}^{(1)} + \lambda_{2,1}^{(2)} + \lambda_{2,1}^{(3)})p_6(t) + \mu_{1,2}^{(2)}p_9(t) + \mu_{1,2}^{(3)}p_{10}(t)$$

$$\frac{\mathrm{d}p_7(t)}{\mathrm{d}t} = \lambda_{3,2}^{(3)}p_3(t) + \lambda_{2,1}^{(2)}p_4(t) - (\mu_{2,3}^{(3)} + \mu_{1,2}^{(2)} + \lambda_{2,1}^{(1)} + \lambda_{2,1}^{(3)})p_7(t) + \mu_{1,2}^{(1)}p_9(t) + \mu_{2,3}^{(3)}p_{11}(t)$$

$$\frac{\mathrm{d}p_8(t)}{\mathrm{d}t} = \lambda_{2,1}^{(3)}p_4(t) - (\mu_{1,2}^{(3)} + \lambda_{2,1}^{(1)} + \lambda_{2,1}^{(2)})p_8(t) + \mu_{1,2}^{(1)}p_{10}(t) + \mu_{1,2}^{(2)}p_{11}(t)$$

$$\frac{\mathrm{d}p_9(t)}{\mathrm{d}t} = \lambda_{3,2}^{(3)}p_5(t) + \lambda_{2,1}^{(2)}p_6(t) + \lambda_{2,1}^{(1)}p_7(t) - (\mu_{2,3}^{(3)} + \mu_{1,2}^{(2)} + \mu_{1,2}^{(1)} + \lambda_{2,1}^{(3)})p_9(t) + \mu_{1,2}^{(3)}p_{12}(t)$$

$$\frac{\mathrm{d}p_{10}(t)}{\mathrm{d}t} = \lambda_{2,1}^{(3)}p_6(t) + \lambda_{2,1}^{(1)}p_8(t) - (\mu_{1,2}^{(3)} + \mu_{1,2}^{(1)} + \lambda_{2,1}^{(2)})p_{10}(t) + \mu_{1,2}^{(2)}p_{12}(t)$$

$$\frac{\mathrm{d}p_{11}(t)}{\mathrm{d}t} = \lambda_{2,1}^{(3)}p_7(t) + \lambda_{2,1}^{(2)}p_8(t) - (\mu_{1,2}^{(3)} + \mu_{1,2}^{(2)} + \lambda_{2,1}^{(1)})p_{11}(t) + \mu_{1,2}^{(1)}p_{12}(t)$$

$$\frac{\mathrm{d}p_{12}(t)}{\mathrm{d}t} = \lambda_{2,1}^{(3)}p_9(t) + \lambda_{2,1}^{(2)}p_{10}(t) + \lambda_{2,1}^{(1)}p_{11}(t) - (\mu_{1,2}^{(3)} + \mu_{1,2}^{(2)} + \mu_{1,2}^{(1)})p_{12}(t)$$

在初始条件 $p_1(0) = 1, p_i(0) = 0,\ 2 \leqslant i \leqslant 12$ 下，求解此方程组可得 t 时刻每一状态的概率。

根据表 3.1，多状态系统在不同的状态下有如下性能水平：在状态 1, $g_1 = 3.5$；在状态 2, $g_2 = 2.0$；在状态 4 和 6, $g_4 = g_6 = 1.8$；在状态 3 和 7, $g_3 = g_7 = 1.5$；在状态 5、8、9、10、11 和 12, $g_5 = g_8 = g_9 = g_{10} = g_{11} = g_{12} = 0$。因此

$$\Pr\{G = 3.5\} = p_1(t)$$
$$\Pr\{G = 2.0\} = p_2(t)$$
$$\Pr\{G = 1.5\} = p_3(t) + p_7(t)$$
$$\Pr\{G = 1.8\} = p_4(t) + p_6(t)$$
$$\Pr\{G = 0\} = p_5(t) + p_8(t) + p_9(t) + p_{10}(t) + p_{11}(t) + p_{12}(t)$$

对于恒定需求 $w = 1$，可得多状态系统的瞬时可用度是系统输出性能大于或等于 1 的状态概率的总和。状态 1、2、3、4、6 和 7 是可接受的。因此

$$A(t) = p_1(t) + p_2(t) + p_3(t) + p_4(t) + p_6(t) + p_7(t)$$

多状态系统平均瞬时输出性能为

$$E_t = \sum_{i=1}^{12} p_i(t)g_i$$

多状态系统平均瞬时性能缺额为

$$D_t = \sum_{i=1}^{12} p_i(t)\max(w - g_i, 0)$$

流体传输多状态系统可靠性参数见图 3.11。

为了找到 $w = 1$ 时的可靠度函数 $R(t)$，须将所有不可接受状态合并为一个吸收态，禁止维修，且通过状态 j 到状态 0 的故障率之和得到每个可接受态 j 到吸收态 0 的故障率。

对应的微分方程组如下：

$$\frac{\mathrm{d}p_1(t)}{\mathrm{d}t} = -(\lambda_{2,1}^{(1)} + \lambda_{3,2}^{(3)} + \lambda_{2,1}^{(2)})p_1(t) + \mu_{1,2}^{(1)}p_2(t) + \mu_{1,2}^{(2)}p_3(t) + \mu_{2,3}^{(3)}p_4(t)$$

$$\frac{\mathrm{d}p_2(t)}{\mathrm{d}t} = \lambda_{2,1}^{(1)}p_1(t) - (\lambda_{2,1}^{(2)} + \mu_{1,2}^{(1)} + \lambda_{3,2}^{(3)})p_2(t) + \mu_{2,3}^{(3)}p_6(t)$$

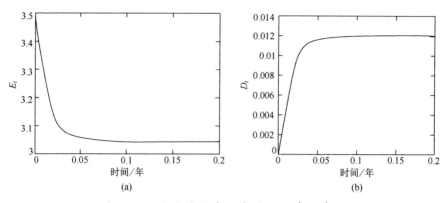

图 3.11 流体传输多状态系统可靠性参数

$$\frac{\mathrm{d}p_3(t)}{\mathrm{d}t} = \lambda_{2,1}^{(2)}p_1(t) - (\lambda_{2,1}^{(1)} + \mu_{1,2}^{(2)} + \lambda_{3,2}^{(3)})p_3(t) + \mu_{2,3}^{(3)}p_7(t)$$

$$\frac{\mathrm{d}p_4(t)}{\mathrm{d}t} = \lambda_{3,2}^{(3)}p_1(t) - (\lambda_{2,1}^{(1)} + \mu_{2,3}^{(3)} + \lambda_{2,1}^{(2)} + \lambda_{2,1}^{(3)})p_4(t) + \mu_{1,2}^{(1)}p_6(t) + \mu_{1,2}^{(2)}p_7(t)$$

$$\frac{\mathrm{d}p_6(t)}{\mathrm{d}t} = \lambda_{3,2}^{(3)}p_2(t) + \lambda_{2,1}^{(1)}p_4(t) - (\mu_{2,3}^{(3)} + \lambda_{2,1}^{(2)} + \lambda_{2,1}^{(3)} + \mu_{1,2}^{(1)})p_6(t)$$

$$\frac{\mathrm{d}p_7(t)}{\mathrm{d}t} = \lambda_{3,2}^{(3)}p_3(t) + \lambda_{2,1}^{(2)}p_4(t) - (\mu_{2,3}^{(3)} + \lambda_{2,1}^{(3)} + \lambda_{2,1}^{(1)} + \mu_{1,2}^{(2)})p_7(t)$$

$$\frac{\mathrm{d}p_0(t)}{\mathrm{d}t} = \lambda_{2,1}^{(2)}p_2(t) + \lambda_{2,1}^{(1)}p_3(t) + \lambda_{2,1}^{(3)}p_4(t) + (\lambda_{2,1}^{(2)} + \lambda_{2,1}^{(3)})p_6(t) + (\lambda_{2,1}^{(3)} + \lambda_{2,1}^{(1)})p_7(t)$$

在初始条件 $p_1(0)=1, p_0(0)=p_2(0)=p_3(0)=p_4(0)=p_6(0)=p_7(0)=0$ 下求解此方程组,可得到吸收态 0 的概率 $p_0(t)$。此概率表征了 $w=1$ 时的可靠度函数 $R(t)=1-p_0(t)$。可靠度函数见图 3.12。

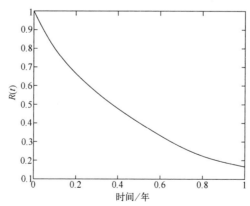

图 3.12 流体传输多状态系统可靠度函数

3.2　马尔可夫报酬模型及其在多状态系统可靠性分析中的应用

3.2.1　基本定义与模型描述

前面的章节介绍了如何利用马尔可夫方法得到一些重要的多状态系统可靠性参数,这里我们考虑额外的参数,如状态频率及一个运行周期内系统故障的平均数。此处考虑的马尔可夫报酬模型对于多状态系统生命周期成本分析及可靠性相关成本计算也非常重要。本书介绍基于一般马尔可夫报酬模型的计算方法,此模型最初由 Howard[5] 引入,在 Mine,Osaki[6] 及其他许多研究工作的不同应用中有了重要拓展,相应的概述参见文献[7]等。

此模型考虑了具有状态集合 $\{1,\cdots,K\}$ 及转移强度矩阵 $\boldsymbol{a}=[a_{ij}](i,j=1,\cdots,K)$ 的连续时间马尔可夫链。这表明在时间单元内,若过程处于任一状态 i,一定数量的费用 r_{ii} 应被支付。它还表明每次过程由状态 i 到 j,一定数量的费用应被支付。这些费用 r_{ii} 和 r_{ij} 称为报酬(当其表征失败或惩罚时报酬为负)。报酬也可能考虑为其他形式,不仅仅局限于金钱。例如,电力系统生成的能源、通信系统的信息量、生产线的产量等。与其状态和转移相关的带有报酬的马尔可夫过程称为带报酬的马尔可夫过程。对于这些过程,需要确定一个附加的报酬矩阵 $\boldsymbol{r}=[r_{ij}](i,j=1,\cdots,K)$。若所有报酬为零,过程退化为一般连续时间离散状态马尔可夫过程。

需要注意的是,报酬 r_{ii} 及 r_{ij} 有不同的量纲。例如,若 r_{ij} 以成本单位衡量,则报酬 r_{ii} 以每一单位时间内的成本单位衡量。特定初始条件下,累计到时刻 t 的总期望报酬往往是人们关注的结果。

令 $V_i(t)$ 为累计至时刻 t 的总期望报酬,在时刻 $t=0$ 给定的过程状态为 i。根据文献[5],为了得到总期望报酬,下面的微分方程组须在特定初始条件下求解:

$$\frac{\mathrm{d}V_i(t)}{\mathrm{d}t} = r_{ii} + \sum_{\substack{j=1\\j\neq i}}^{K} a_{ij}r_{ij} + \sum_{j=1}^{K} a_{ij}V_j(t), \qquad i=1,\cdots,K \qquad (3.28)$$

方程组(3.28)可以用下面的方法得到。假设在时刻 $t=0$,过程处于状态 i。在时间增量 Δt,过程可以停留在此状态或转移至其他某个状态 j。若在时间增量 Δt 内保持状态 i,此阶段累计的期望报酬为 r_{ii}。由于在时间区间 $[\Delta t,\Delta t+t]$ 的开头,过程仍处于状态,此区间内的期望报酬为 $V_i(t)$ 且整体区间 $[0,\Delta t+t]$ 内的期望报酬为 $V_i(\Delta t+t) = r_{ii}\Delta t + V_i(t)$。在时间区间 Δt 内,过程停留状态 i 的概率等于 1 减去转移到其他任意状态 $j\neq i$ 的概率。

$$\pi_{ii}(0, \Delta t) = 1 - \sum_{\substack{j=1 \\ j \neq i}}^{K} a_{ij} \Delta t = 1 + a_{ii} \Delta t \tag{3.29}$$

另一方面,在时间 Δt 内,过程转移至其他某一状态 $j \neq i$ 的概率为 $\pi_{ij}(0, \Delta t) = a_{ij} \Delta t$。此例中区间 $[0, \Delta t]$ 的期望报酬为 r_{ij}。在区间 $[\Delta t, \Delta t + t]$ 的开头,此过程处于状态 j。因此,此区间内的期望报酬为 $V_j(t)$ 且区间 $[0, \Delta t + t]$ 内的期望报酬为 $V_i(\Delta t + t) = r_{ij} + V_j(t)$。

为了获得总的期望报酬,须求出所有状态的报酬及相应的概率。因此,对于很小的时间 Δt 有

$$V_i(\Delta t + t) \approx (1 + a_{ii}\Delta t)[r_{ii}\Delta t + V_i(t)] + \sum_{\substack{j=1 \\ j \neq i}}^{K} a_{ij}\Delta t [r_{ij} + V_j(t)], i = 1, \cdots, K \tag{3.30}$$

忽略上式中比 Δt 的高阶项,可得

$$\frac{V_i(\Delta t + t) - V_i(t)}{\Delta t} = r_{ii} + \sum_{\substack{j=1 \\ j \neq i}}^{K} a_{ij}r_{ij} + \sum_{j=1}^{K} a_{ij}V_j(t), i = 1, \cdots, K \tag{3.31}$$

此等式取极限即得式(3.28)。

以 $V_1(t), \cdots, V_K(t)$ 定义总期望报酬 $V(t)$ 的列向量,且列向量 u 的组成如下:

$$u_i = r_{ii} + \sum_{\substack{j \neq i \\ j=1}}^{K} a_{ij}r_{ij}, i = 1, \cdots, K \tag{3.32}$$

可以得到式(3.28)的矩阵表示:

$$\frac{\mathrm{d}}{\mathrm{d}t} V(t) = u + aV(t) \tag{3.33}$$

通常式(3.28)应在初始条件 $V_i(0) = 0 (i = 1, \cdots, K)$ 下求解。

为了得到式(3.28)长期(稳态)的结果,必须求解下式:

$$\mathbf{0} = u + aV(t) \tag{3.34}$$

式中: $\mathbf{0}$ 为由零组成的列向量。

例3.4 考虑一条产品生产线,此生产线的额定生产能力(性能)为 $N_{ic} = 280$ 个/h。此产品从销售中得到的利润为 $r_{prf} = 15$ 元/h。此生产线仅有彻底故障一种情形,故障率为 $\lambda = 0.1/$年。若生产线失效,每小时经营者须为每个未能交货的产品支付3元,即 $c_p = 3$ 元/个产品/h。生产线失效后,将进行维修率 $\mu = 200/$年的维修。维修的平均成本为 $c_r = 14000$ 元。

求对时间区间 $[0, T]$ 内与生产线运作相联系的总期望报酬 R_T。

解:产品生产线的状态空间图见图3.13。它仅有两个状态:以额定功率完全运行(状态2)和单元生产能力为零的彻底故障(状态1)。产品销售中得到的利润定

义了状态 2 的报酬,因此 $r_{22} = r_{prf}$。由状态 2 到 1 的转移与故障相关,且转移强度为 λ。若生产线处于状态 1,惩罚性成本 $c_p N_{ic}$ 应以每一时间单位(h)进行支付。因此,与状态 1 相关的报酬 r_{11} 为 $r_{11} = c_p N_{ic}$。由状态 1 到 2 的转移与维修相关联,并且转移强度为 μ。维修成本是 c_r,因此从状态 1 到状态 2 与转移相关的报酬为 $r_{12} = c_r$。没有报酬与状态 2 到状态 1 的转移关联,所以 $r_{21} = 0$。

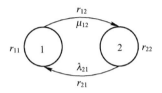

图 3.13　产品生产线的马尔可夫报酬模型

报酬矩阵有如下形式:

$$\boldsymbol{r} = \left[\, r_{ij} \,\right] = \begin{bmatrix} r_{11} & r_{12} \\ r_{21} & r_{22} \end{bmatrix} = \begin{bmatrix} c_p N_{ic} & c_r \\ 0 & r_{prf} \end{bmatrix}$$

转移强度矩阵为

$$\boldsymbol{a} = \left[\, a_{ij} \,\right] = \begin{bmatrix} a_{11} & a_{12} \\ a_{21} & a_{22} \end{bmatrix} = \begin{bmatrix} -\mu & \mu \\ \lambda & -\lambda \end{bmatrix}$$

为了得到总期望报酬,利用式(3.33)可以写出如下微分方程组:

$$\begin{cases} \dfrac{\mathrm{d}V_1(t)}{\mathrm{d}t} = c_p N_{ic} + \mu c_r - \mu V_1(t) + \mu V_2(t) \\[2mm] \dfrac{\mathrm{d}V_2(t)}{\mathrm{d}t} = r_{prf} + \lambda V_1(t) - \lambda V_2(t) \end{cases}$$

区间 $[0, T]$ 内生产线相关联的总期望报酬 R_T 等于时间 t 前累计的期望报酬 $V_2(t)$,在时刻 $t = 0$ 时,过程给定的初始状态为状态 2。

在初始条件 $V_1(0) = V_2(0) = 0$ 下,利用拉普拉斯–斯蒂尔切斯变换,将微分方程组转换为下面的方程组:

$$\begin{cases} s v_1(s) = \dfrac{c_p L + \mu c_r}{s} - \mu v_1(s) + \mu v_2(s) \\[2mm] s v_2(s) = \lambda v_1(s) - \lambda v_2(s) \end{cases}$$

其中:$v_k(s)$ 为函数 $V_k(t)$ 的拉普拉斯–斯蒂尔切斯变换。

此方程组的解为

$$v_2(s) = \frac{\lambda c_p L + \lambda \mu c_r}{s^2 (s + \lambda + \mu)}$$

通过运用拉普拉斯–斯蒂尔切斯逆变换,得到

$$V_2(t) = L^{-1}\{v_2(s)\} = \frac{\lambda c_p L + \lambda \mu c_r}{(\mu+\lambda)^2}[e^{-(\lambda+\mu)t} + (\mu+\lambda)t - 1]$$

运行时间 T 内的总的期望成本 C_T 为

$$C_T = V_2(T) = \frac{\lambda c_p L + \lambda \mu c_r}{(\mu+\lambda)^2}[e^{-(\lambda+\mu)t} + (\mu+\lambda)T - 1]$$

对于足够大的 T,$e^{-(\lambda+\mu)T}$ 可以忽略且可以用到如下近似:

$$C_T \approx \frac{\lambda(c_p L + \mu c_r)}{\mu+\lambda}T$$

因此,对于比较大的 T,总期望报酬是一个与时间有关的函数,且系数

$$c_{un} = \frac{\lambda(c_p L + \mu c_r)}{\mu+\lambda}$$

定义了每年生产线不可靠的相关成本。对于本例中给定的数据,$c_{un} = 13.14 \times 10^6$ 元/年。

3.2.2 基于马尔可夫报酬模型的多状态系统可靠性指标计算

马尔可夫报酬模型的一般形式原本是为金融和财政提供研究工具。从前面的章节和例 3.4 可以看到,马尔可夫报酬模型在生命周期成本分析方面是非常有用的工具。然而,文献[8]等研究表明,此工具对可靠性分析同样适用,且重要的可靠性指标可以通过相应矩阵 r 中报酬的确定而得到。在这些工作中均假设需求 w 是恒定的。此方法被 Lisnianski[9] 拓展至需求量变化的多状态系统中,其中需求被假定为一个带有 m 个不同状态(水平)$w_1, \cdots, w_m$ 的连续时间马尔可夫链,并且对应的连续转移强度由给定矩阵 $b = |b_{ij}|(i,j=1,2,\cdots,m)$ 来表示。我们将此方法用于多状态系统可靠性分析。

1. 性能需求变化的多状态系统

在此前的章节中,假设多状态系统性能需求是恒定的,实际情况并非经常如此。一个多状态系统可由两条路径进入一系列不可接受状态:由于故障使得性能降低或是性能需求有所提高。例如,考虑电力系统典型的需求变化,通常来说需求量可以由每天的需求曲线表示[10-11],这条曲线是周期性的,白天有最高用电量(峰值),晚上有最低用电量。另一个例子是一个单位时间内,到达电话站的呼叫次数。周期性的需求变化可以近似地由一条双水平需求曲线来表示,如图 3.14(a)所示。

此模型中,需求量由一个两状态 $w = \{w_1, w_2\}$ 连续时间马尔可夫链表示(图 3.14(b)),其中 w_2 为需求的峰值而 w_1 为较低的需求水平。当周期时间 T_c 及峰值持续的平均时长 t_p 都已知(通常 T_c 为 24h),可以得到此模型的转移强度:

$$\begin{cases} \lambda_p = \dfrac{1}{T_c - t_p} \\[2mm] \lambda_l = \dfrac{1}{t_p} \end{cases} \quad (3.35)$$

其中:λ_p 为由低需求水平到峰值水平的转移强度;λ_l 为由峰值水平到低水平的转移强度。

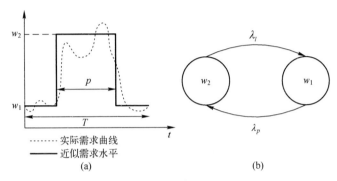

图 3.14　双需求水平模型

在变化需求模型的进一步拓展中,需求过程可通过定义一组离散值$\{w_1, w_2, \cdots, w_m\}$来近似。这些离散值代表了不同的需求水平且确定了不同需求水平之间的转移强度(通常根据需求数据得到)。对某一特定时期需求的随机过程的实现及对应的状态空间图见图 3.15。b_{ij}是从需求水平 w_i 到 w_j 的转移强度。

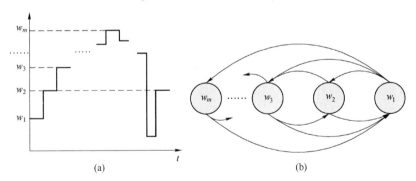

图 3.15　离散变化需求

(a) 一般马尔可夫需求过程;(b) 一般马尔可夫需求过程的状态转移图。

因此,对于一般性例子,假设需求 $W(t)$ 也是一个随机过程,其离散值取自集合 $w = \{w_1, \cdots, w_m\}$。在任一时刻 t,多状态系统输出性能及需求量之间期望的关系由可接受函数 $\Phi(G(t), W(t))$ 表达。可接受状态对应于 $\Phi(G(t), W(t)) \geqslant 0$,不可接

受状态对应于 $\Phi(G(t),W(t))<0$。后一个不等式定义了系统的失效准则。譬如在电力系统中,系统的产能应等于或高于需求。因此,在这样的例子中,可接受函数有如下形式:

$$\Phi(G(t),W(t)) = G(t)-W(t) \qquad (3.36)$$

状态接受准则表示如下:

$$\Phi(G(t),W(t)) = G(t)-W(t) \geqslant 0 \qquad (3.37)$$

下面给出一个计算系统可靠性指标的一般方法,当多状态系统输出性能和需求量是独立的离散状态连续时间马尔可夫过程时,证明此方法是行之有效的。

2. 性能–需求综合模型

考虑一个多状态系统,其输出性能由一个随机过程 $G(t)$ 表示。此随机过程被描述为一个带有 K 个不同状态 $g_1,\cdots,g_K$ 的连续时间马尔可夫链 Ch_1,对应的转移强度矩阵为 $\boldsymbol{a}=[a_{ij}](i,j=1,2,\cdots,K)$。因此,$Ch_1$ 是随机过程 $G(t)$ 的数学模型,代表了多状态系统的输出性能。此过程如图 3.16 所示。拥有最大性能 g_K 的状态是最佳的状态并且所有的状态都按照性能进行排序,所以 $g_K>g_{K-1}>\cdots>g_1$。

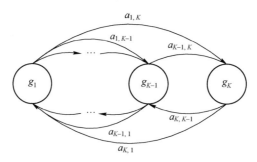

图 3.16　多状态系统输出性能的马尔可夫模型

需求过程 $W(t)$ 也被看作一个连续时间马尔可夫链模型 Ch_2,具有 m 个不同状态 $w_1,\cdots,w_m$ 且对应的恒定转移强度矩阵为 $\boldsymbol{b}=[b_{ij}](i,j=1,2,\cdots,m)$。$Ch_2$ 是需求随机过程 $W(t)$ 的数学模型,见图 3.17。状态 m 是具有最大需求量的状态,所有状态依据需求水平进行排序,因此 $w_m>w_{m-1}>\cdots>w_1$。

在这两个模型中,性能及需求模型可以通过事件的独立性相结合。每个模型的转移概率不受另一模型事件的影响。将 m 状态需求模型及 K 状态输出能力模型相结合的状态空间如图 3.18 所示。图中的每一个状态都由需求水平 $w\in\{w_1,\cdots,w_m\}$ 和系统性能水平 $g\in\{g_1,g_2,\cdots,g_K\}$ 两个标记。每一状态的这些指标位于对应圆圈的下半部分。组合模型拥有 mK 个状态。每一状态对应一个唯一的组合,此组合由需求水平 w_i 及系统性能 g_j 构成,且按照如下规则编号:

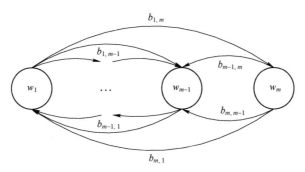

图 3.17　多状态系统需求的马尔可夫模型

$$z=(i-1)K+j \tag{3.38}$$

其中:z 为性能需求联合模型中的一个状态编号,$z=1,\cdots,mK$;i 为需求水平编号,$i=1,\cdots,m$;j 为多状态系统输出性能水平编号,$j=1,\cdots,K$。

为了表明性能需求联合模型中的状态 z 对应于需求水平 w_i 及性能水平 g_i,有如下表示形式:

$$z\sim\{w_i,g_j\} \tag{3.39}$$

在图 3.18 中每一状态的编号位于对应圆圈的上半部分。除了不同性能水平的状态之间的转移,还存在相同性能水平不同需求状态之间的转移。图中水平方向转移的所有强度都由马尔可夫需求模型 Ch_2 中的转移强度 $b_{i,j}(i,j=1,\cdots,m)$ 定义。垂直方向转移的所有强度都由性能模型 Ch_1 中的转移强度 $a_{i,j}(i,j=1,\cdots,K)$ 定义。其他转移(对角线)都是禁止的。我们用转移强度矩阵 $\pmb{c}=[c_{ij}]$ 描述性能需求联合模型,其中 $i,j=1,2,\cdots,mK$。

因此,基于分离性能和需求模型 Ch_1 及 Ch_2 的性能需求联合模型的运算法则见以下步骤。

运算法则:

(1) 性能需求联合模型的状态转移图见图 3.18,其中节点表示系统状态,弧表示对应的转移。

(2) 图由位于 K 行 m 列的 mK 个节点组成。

(3) 每一状态(节点)都应按规则(3.38)编号。

(4) 由状态 z_1(对应于需求 w_i 及性能 g_j)到 z_2(根据规则式(3.38)对应于需求 w_s 及相同的性能 g_j)的水平转移强度由性能转移强度矩阵 $\pmb{b}$ 决定:

$$c_{z_1,z_2}=b_{i,s} \tag{3.40}$$

其中 $z_1\sim\{w_i,g_j\}$,$z_2\sim\{w_s,g_j\}$ $(i,s=1,\cdots,m;j=1,\cdots,K)$。

(5) 由状态 z_1(对应于需求 w_i 及性能 g_j)到 z_3(根据规则式(3.38)对应于相同的需求 w_i 及性能 g_t)的垂直转移强度由性能转移强度矩阵 $\pmb{a}$ 决定:

57

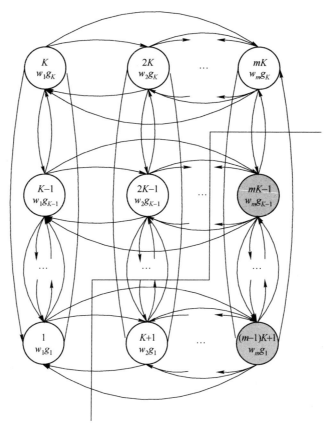

图 3.18　性能需求联合模型(不可接受态为灰色)

$$c_{z_1,z_3} = a_{j,t} \tag{3.41}$$

其中

$$z_1 \sim \{w_i, g_j\}, z_3 \sim \{w_i, g_t\}, i = 1, \cdots, m, j, t = 1, \cdots, K \tag{3.42}$$

(6) 所有的斜向转移都是禁止的,因此矩阵 **c** 中对应的转移强度为零。

3. 基于报酬模型的多状态系统可靠性指标计算

在前面的章节建立了性能需求联合模型,且在性能和需求过程矩阵 **a** 和 **b** 的基础上定义了它的转移强度矩阵 **c**。当性能需求联合模型建立之后,可以将它看作是一个具有状态集 $\{1, \cdots, mK\}$ 和转移强度矩阵 $\boldsymbol{c} = [c_{ij}](i, j = 1, \cdots, mK)$ 的连续时间马尔可夫链。一般来说,假设在单位时间内,一个适当的报酬 r_{ii} 与停留在任一状态 i 的过程相关。也假定每次过程由状态 i 到 j,报酬 r_{ii} 是与此转移相关的。

令 $V_i(t)$ 为累积到时刻 t 的总期望报酬,给定的初始条件为时刻 $t = 0$ 时,此过程处于状态 i。为了得到性能需求联合模型的总期望报酬,根据式(3.28),需在特定初始条件下求解如下微分方程:

$$\frac{\mathrm{d}V_i(t)}{\mathrm{d}t} = r_{ii} + \sum_{\substack{j=1 \\ j \neq i}}^{mK} c_{ij}r_{ij} + \sum_{j=1}^{mK} c_{ij}V_j(t) \qquad i = 1, \cdots, mK \qquad (3.43)$$

一般情况下,时刻 $t=0$ 之后多状态系统开始累积报酬,因此,初始条件为

$$V_i(0) = 0 \qquad i = 1, \cdots, mK \qquad (3.44)$$

假如带有最高性能水平和最低需求水平的编号 K 状态(图 3.18)被定义为初始状态,则结果 $V_K(t)$ 应被视为式(3.43)的一个解。

为了得到多状态系统的可靠性指标,应对每一指标定义具体的报酬矩阵 r。基于性能需求联合模型,马尔可夫报酬过程的理论可应用于马尔可夫多状态系统的可靠性指标计算中。正如上所述,假设需求 $W(t)$ 及多状态系统输出性能 $G(t)$ 为相互独立的马尔可夫链,当系统在时间区间 $[0,T]$ 内的可接受状态集之中,多状态系统平均可用度 $\overline{A}(T)$ 定义为平均时间的比值:

$$\overline{A}(T) = \frac{1}{T} \int_0^T A(t)\,\mathrm{d}t \qquad (3.45)$$

其中:$A(t)$ 为瞬时(点)可用度,是指多状态系统在时刻 $t>0$ 时处于某一可接受状态的概率。

$$A(t) = \Pr\{\Phi(G(t), W(t)) \geqslant 0\} \qquad (3.46)$$

如前所述,$A(t)$ 能够通过求解微分方程得到。然而,在马尔可夫报酬模型基础上,不利用表达式(3.45)多状态系统平均可用度 $\overline{A}(T)$ 或许会更容易得到。为此,性能需求联合模型矩阵 r 中的报酬应如下确定:

(1)与所有可接受态相关联的报酬应定义为 1。

(2)与所有不可接受态相关联的报酬应为零,且所有与转移相关的报酬也都为零。

区间 $[0,T]$ 内累积的平均报酬 $V_i(T)$ 定义了系统在可接受状态集中的停留时长,其中状态 i 为初始状态。此报酬应视为式(3.43)在初始条件(3.44)下的一个解。求解式(3.43)并得到 $V_i(t)$ 后,多状态系统平均可用度可由每一不同初始状态($i=1,2,\cdots,mK$)获得:

$$\overline{A}_i(T) = \frac{V_i(T)}{T} \qquad (3.47)$$

通常带有最佳性能水平及最低需求水平的状态 K 被定为一个初始状态。

若状态 i 为初始状态,时间区间 $[0,T]$ 内多状态系统故障的平均数 $N_{fi}(T)$ 可以看作多状态系统在此区间内进入不可接受状态集的平均次数。为计算,从可接受状态集到不可接受状态集每一转移相关联的报酬应定义为 1。其他所有报酬应为零。

此例中,通过求解式(3.43)所得到的平均累积报酬 $V_i(T)$ 提供了时间区间 $[0,$

T]内进入不可接受状态区域的平均次数:

$$N_{fi}(T) = V_i(T) \tag{3.48}$$

当计算出系统故障的平均次数后,就能获得对应的故障频率或进入不可接受状态集的频率:

$$f_{fi}(T) = \frac{1}{N_{fi}(T)} \tag{3.49}$$

累积期望性能缺额(EAPD)可以定义为区间[0,T]内累积的平均性能缺额。在一个联合模型中,任一状态编号$z = (i-1)K+j$的报酬应定义为$r_{zz} = w_j - g_i$,其中$w_j - g_i > 0$。其他所有报酬应为零。因此,若状态i处于初始状态,则时间区间[0,T]内累积的平均报酬$V_i(T)$定义了平均累积性能缺额:

$$\mathrm{EAPD}_i = V_i(T) = E\left\{\int_0^T (W(t) - G(t))\,dt\right\} \tag{3.50}$$

平均故障前时间是系统首次进入不可接受状态集前的平均时间。为计算,性能需求联合模型应进行修改,所有使得多状态系统由不可接受态返回的转移应被禁止。此例中所有的不可接受态应被视为吸收态。

为了对多状态系统的平均故障前时间进行评估计算,转换后的性能需求联合模型的报酬矩阵r应确定如下:

(1)与所有可接受状态相关联的报酬应定义为1。

(2)与所有不可接受(吸收)状态相关联的报酬应为0,所有与转移相关的亦如此。

此例中,若状态i为初始状态,则平均累积报酬$V_i(t)$定义了系统首次进入不可接受状态集前的平均累积时间。

时间[0,T]内系统故障的概率。正如3.1节计算多状态系统可靠度函数,所有的不可接受态都应视为吸收态,且所有使系统由不可接受态返回的转移都应被禁止,因此性能需求联合模型应进行修改。

(3)所有到吸收态的转移相应报酬为1。

(4)其他所有转移报酬应为0。

此例中,若状态i为初始状态,则平均累积报酬$V_i(T)$定义了时间[0,T]内系统故障的概率。因此,得到如下的多状态系统可靠度函数:

$$R_i(T) = 1 - V_i(T), \qquad i = 1, \cdots, K \tag{3.51}$$

例3.5 考虑对一个电力系统的可靠性评估。此系统产能由一个三状态的连续时间马尔可夫链表示。状态1、2和3对应的产能水平分别为$g_1 = 0, g_2 = 70\mathrm{MW}$, $g_3 = 100\mathrm{MW}$,且转移强度矩阵如下:

$$\boldsymbol{a} = [a_{ij}] = \begin{bmatrix} -500 & 0 & 500 \\ 0 & -1000 & 1000 \\ 1 & 10 & -11 \end{bmatrix}$$

其中,所有强度 a_{ij} 都以每年为单位。

电力系统的需求也由一个具有三种生产水平 $w_1=0, w_2=60, w_3=90$ 的连续时间马尔可夫链表示。此需求在图 3.19 中表示。

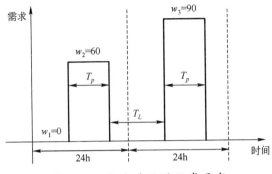

图 3.19　电力系统的日常需求

日常峰值 w_2 及 w_3 每周分别出现两次和五次,且日常峰值的平均持续时间为 $T_p=8h$。低需求水平 $w_1=0$ 的平均持续时间为 $T_L=24-8=16h$。对于一个电力系统来说,峰值持续时间和低谷持续时间假定为指数分布的随机变量是合理的。

给定可接受函数:$\Phi(G(t), W(t))=G(t)-W(t)$。因此,一次故障可以视为进入了可接受函数为负或 $G(t)<W(t)$ 的状态。

要求找出时间区间 $[0,T]$ 内,系统进入不可接受状态集的平均次数。

解:对应于给定产能水平 $g_1=0, g_2=70, g_3=100$ 及转移强度矩阵 a 的马尔可夫性能模型 Ch_1 见图 3.20(a)。

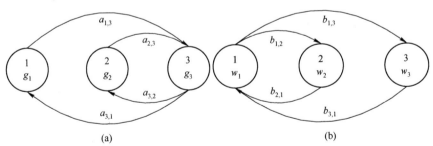

图 3.20　输出性能模型(a)及需求模型(b)

马尔可夫需求模型 Ch_2 见图 3.20(b),状态 1、2 和 3 代表了对应的需求水平 $w_1、w_2$ 和 w_3。转移强度如下:

$$b_{21}=b_{31}=\frac{1}{T_p}=\frac{1}{8}/h=1110/年$$

$$b_{12} = \frac{2}{7} \cdot \frac{1}{T_L} = \frac{2}{7} \cdot \frac{1}{16} = 0.0179/h = 156/年$$

$$b_{13} = \frac{5}{7} \cdot \frac{1}{T_L} = \frac{5}{7} \cdot \frac{1}{16} = 0.0446/h = 391/年$$

图 3.20(b)中状态 2 和 3 之间不存在转移,因此 $b_{23} = b_{32} = 0$。考虑矩阵每一行元素的和为零,可以得到矩阵中的对角线元素。因此,需求的转移强度矩阵 b 有如下形式:

$$\boldsymbol{b} = \begin{bmatrix} b_{ij} \end{bmatrix} = \begin{bmatrix} -547 & 156 & 391 \\ 1110 & -1110 & 0 \\ 1110 & 0 & -1110 \end{bmatrix}$$

其中,所有的强度 b_{ij} 均以每年为单位。

若给定最大产能水平及最低需求水平的状态为初始状态,则通过适用建议的方法,可以得到系统在时间$[0, T]$内的平均故障次数 $N_f(T)$。

首先,性能需求联合模型应根据前述运算法则建立。此模型由 $mK = 3 \times 3 = 9$ 个状态(节点)组成,这些状态应位于 3 排和 3 列之中。每一状态应根据规则(2.41)编号。从状态 $z_1 \sim \{w_i, g_j\}$ 到状态 $z_2 \sim \{w_s, g_j\}$ 的所有水平转移强度由需求转移强度矩阵 b 定义:

$$c_{z_1 z_2} = b_{i,s}$$

由状态 $z_1 \sim \{w_i, g_j\}$ 到状态 $z_3 \sim \{w_i, g_t\}$ 的所有垂直强度转移由产能转移强度矩阵 a 定义:

$$c_{z_1 z_3} = a_{j,t}$$

所有的斜向转移都是禁止的,转移强度矩阵 c 中对应的转移强度为 0。

此例中性能需求联合模型的状态空间图见图 3.21。

性能需求联合模型对应的转移强度矩阵 c 可写成如下形式:

$$\boldsymbol{c} = \begin{bmatrix} c_{ij} \end{bmatrix} = \begin{bmatrix} x_1 & 0 & a_{1,3} & 0 & 0 & 0 & b_{1,3} & 0 & 0 \\ 0 & x_2 & a_{2,3} & 0 & 0 & 0 & 0 & b_{1,3} & 0 \\ a_{1,3} & a_{3,2} & x_3 & 0 & 0 & 0 & 0 & 0 & b_{1,3} \\ 0 & 0 & 0 & x_4 & 0 & a_{1,3} & b_{2,3} & 0 & 0 \\ 0 & 0 & 0 & 0 & x_5 & a_{2,3} & 0 & b_{2,3} & 0 \\ 0 & 0 & 0 & a_{3,1} & a_{3,2} & x_6 & 0 & 0 & b_{2,3} \\ b_{3,1} & 0 & 0 & b_{3,2} & 0 & 0 & x_7 & 0 & a_{1,3} \\ 0 & b_{3,1} & 0 & 0 & b_{3,2} & 0 & 0 & x_8 & a_{2,3} \\ 0 & 0 & b_{3,1} & 0 & 0 & b_{3,2} & a_{3,1} & a_{3,2} & x_9 \end{bmatrix}$$

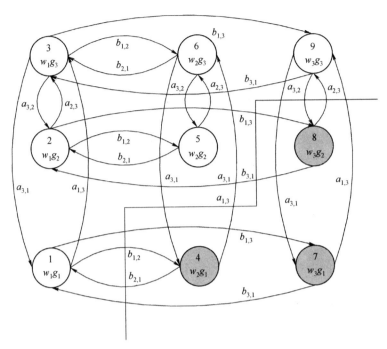

图 3.21　性能需求联合模型(不可接受状态为灰色)

其中

$$x_1 = -a_{1,3} - b_{1,3}, \qquad x_2 = -a_{2,3} - b_{3,1}, \qquad x_3 = -a_{1,3} - a_{3,2} - b_{1,3},$$

$$x_4 = -a_{1,3} - b_{2,3}, \qquad x_5 = -a_{2,3} - b_{2,3}, \qquad x_6 = -a_{3,1} - a_{3,2} - b_{2,3},$$

$$x_7 = -a_{1,3} - b_{3,1} - b_{3,2}, x_8 = -a_{2,3} - b_{3,1} - b_{3,2}, x_9 = -a_{3,1} - a_{3,2} - b_{1,3} - b_{3,2}.$$

带有最大性能及最小需求(状态 3)的状态为给定的初始状态。在状态 2、5 和 8 中多状态系统性能为 70MW,在状态 3、6 和 9 中为 100MW,而在状态 1、4 和 7 中为 0。在状态 4、7 和 8 中多状态系统的性能低于需求。这些状态是不可接受的且有性能缺额: $D_4 = w_2 - g_1 = -60\text{MW}$, $D_7 = w_3 - g_1 = -90\text{MW}$, $D_8 = w_3 - g_2 = -70\text{MW}$。状态 1、2、3、5、6 和 9 构成了可接受状态集。

为了得到系统故障的平均数,报酬矩阵应根据前述方法定义。与从可接受态到不可接受态转移相关联的报酬定义为 1,其余报酬为 0。因此,在报酬矩阵中 $r_{14} = r_{17} = r_{28} = r_{98} = r_{97} = 1$,且其余所有报酬均为 0。因此,得到报酬矩阵 r:

$$r = [\,r_{ij}\,] = \begin{bmatrix} 0 & 0 & 0 & 0 & 0 & 0 & 1 & 0 & 0 \\ 0 & 0 & 0 & 0 & 0 & 0 & 0 & 1 & 0 \\ 0 & 0 & 0 & 0 & 0 & 0 & 0 & 0 & 0 \\ 0 & 0 & 0 & 0 & 0 & 0 & 0 & 0 & 0 \\ 0 & 0 & 0 & 0 & 0 & 0 & 0 & 1 & 0 \\ 0 & 0 & 0 & 1 & 0 & 0 & 0 & 0 & 0 \\ 0 & 0 & 0 & 0 & 0 & 0 & 0 & 0 & 0 \\ 0 & 0 & 0 & 0 & 0 & 0 & 0 & 0 & 0 \\ 0 & 0 & 0 & 0 & 0 & 0 & 1 & 1 & 0 \end{bmatrix}$$

对应的微分方程组如下：

$$\begin{cases} \dfrac{\mathrm{d}V_1(t)}{\mathrm{d}t} = b_{1,3} - (a_{1,3} + b_{1,3})V_1(t) + a_{1,3}V_3(t) + b_{1,3}V_7(t) \\[2mm] \dfrac{\mathrm{d}V_2(t)}{\mathrm{d}t} = b_{1,3} - (a_{2,3} + b_{1,3})V_2(t) + a_{2,3}V_3(t) + b_{1,3}V_8(t) \\[2mm] \dfrac{\mathrm{d}V_3(t)}{\mathrm{d}t} = a_{1,3}V_1(t) + a_{3,2}V_2(t) - (a_{1,3} + b_{1,3} + a_{3,2})V_3(t) + b_{1,3}V_9(t) \\[2mm] \dfrac{\mathrm{d}V_4(t)}{\mathrm{d}t} = -(a_{1,3} + b_{2,3})V_4(t) + a_{1,3}V_6(t) + b_{2,3}V_7(t) \\[2mm] \dfrac{\mathrm{d}V_5(t)}{\mathrm{d}t} = b_{2,3} - (a_{2,3} + b_{2,3})V_5(t) + a_{2,3}V_6(t) + b_{2,3}V_8(t) \\[2mm] \dfrac{\mathrm{d}V_6(t)}{\mathrm{d}t} = a_{3,1} + a_{3,1}V_4(t) + a_{3,2}V_5(t) - (a_{3,1} + a_{3,2} + b_{2,3})V_6(t) + b_{2,3}V_9(t) \\[2mm] \dfrac{\mathrm{d}V_7(t)}{\mathrm{d}t} = b_{3,1}V_1(t) + b_{3,2}V_4(t) - (a_{1,3} + b_{3,1} + b_{3,2})V_7(t) + a_{1,3}V_9(t) \\[2mm] \dfrac{\mathrm{d}V_8(t)}{\mathrm{d}t} = b_{3,1}V_2(t) + b_{3,2}V_5(t) - (a_{2,3} + b_{3,1} + b_{3,2})V_8(t) + a_{2,3}V_9(t) \\[2mm] \dfrac{\mathrm{d}V_9(t)}{\mathrm{d}t} = a_{3,1} + a_{3,2} + b_{3,1}V_3(t) + b_{3,2}V_6(t) + a_{3,1}V_7(t) + a_{3,2}V_8(t) - (a_{3,1} + a_{3,2} + b_{3,1} + b_{3,2})V_9(t) \end{cases}$$

在初始条件 $V_i(t) = 0 (i = 1, \cdots, 9)$ 下，通过求解这些微分方程，所有的期望报酬 $V_i(t)(i = 1, \cdots, 9)$ 可以由时间函数得到。

带有最大产能水平及最低需求的状态 $K = 3$ 为给定的初始状态。那么，根据式(3.48)，数值 $V_3(T)$ 被看作时间 $[0, T]$ 内系统进入不可接受状态或系统发生故障的平均次数。函数 $N_{f3}(t) = V_3(t)$ (图3.22)，当状态3为初始状态，$N_{f3}(t)$ 为此例中系统故障的平均次数。

64

　　函数 $N_{f1}(t) = V_1(t)$ 表征了此例中当状态 1 为给定的初始状态时系统故障的平均次数。如图可见 $N_{f3}(t) < N_{f1}(t)$，因为状态 1 更为"接近"不可接受状态集，它可以直接转移到不可接受状态集，而状态 3 不能。因此，在过程的初始阶段，状态 1 比状态 3 更容易进入不可接受状态集。图 3.22(a) 描述了一个较短时期内电力系统的故障次数(仅 8 天)。然而，此阶段后函数 $N_{f3}(t)$ 将变为线性的。可靠性评估通常在一个较长周期内进行(年)，见图 3.22(b)。例如，对于评估周期为 1 年，可以得到 $N_{f3}(T = 1\ 年) \approx 132$。

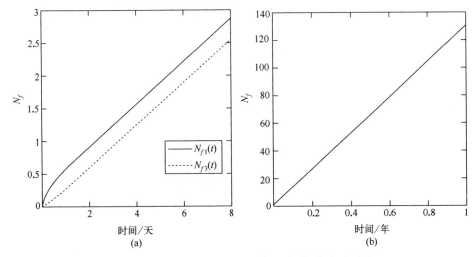

图 3.22　系统进入不可接受状态集的平均次数

根据式(3.49)可以得到电力系统故障的频率为

$$f_{f3} = \frac{1}{N_{f3}} = 0.0076/年$$

3.3　半马尔可夫模型及其在多状态系统可靠性分析中的应用

　　当任意状态之间的转移时间为指数分布时，一个离散状态连续时间随机过程才表示为一个连续时间马尔可夫链。这个条件严重制约了马尔可夫链模型在现实问题中的应用。研究任意过程分布逗留时间的方法是使用半马尔可夫模型。半马尔可夫模型的主要优势在于它允许状态之间的转移为非指数分布且包含了几种随机过程。因为在许多实际例子中，寿命和修理时间并不呈现指数分布，这一点非常重要。

　　半马尔可夫过程的相关理论非常复杂。本书研究的基于半马尔可夫过程的可靠性分析并不涉及十分复杂的计算。

3.3.1 嵌入式马尔可夫链及半马尔可夫过程的定义

考虑一个系统,此系统在任意瞬时时刻 $t \geq 0$ 时,处于各种可能状态 $g_1, g_2, \cdots, g_K$ 之一。系统行为由离散状态连续时间随机过程 $G(t) \in \{g_1, g_2, \cdots, g_K\}$ 定义。假设系统的初始状态 i 及一步转移概率如下:

$$\begin{cases} G(0) = g_i, & i \in \{1, \cdots, K\} \\ \pi_{jk} = P\{G(t_m) = g_k \mid G(t_{m-1}) = g_j\}, & j, k \in \{1, \cdots, K\} \end{cases} \quad (3.52)$$

这里 π_{jk} 是系统从性能为 g_j 的状态 j 转移到性能为 g_k 的状态 k 的概率。概率 $\pi_{jk}(j, k \in \{1, \cdots, K\})$ 定义了离散时间链 $G(t_m)$ 的一步转移概率矩阵 $\boldsymbol{\pi} = [\pi_{jk}]$,其中从一个状态到另一个状态的转移仅在离散时间的时刻 $t_1, t_2, \cdots, t_{m-1}, t_m, \cdots$ 发生,这样的马尔可夫链 $G(t_m)$ 称作嵌入随机过程 $G(t)$ 的马尔可夫链或简称嵌入式马尔可夫链。

对于每个 $\pi_{jk} \neq 0$,一个随机变量 T_{jk}^* 对应的累积分布函数为

$$F_{jk}^*(t) = F_{jk}^*(T_{jk}^* \leq t) \quad (3.53)$$

和概率密度函数 $f_{jk}^*(t)$。此随机变量 T_{jk}^* 称作状态 j 的条件逗留时间,表征了由状态 j 转移到状态 k 的条件下,系统在状态 j 的逗留时间。

图 3.23 展示了该过程可能出现的情况。在初始时刻 $G(0) = g_i$,过程由初始状态 i 转移到状态 j(性能水平为 g_j)的概率为 π_{ij}。因此,若接下来的状态为 j,过程在状态 i 的逗留时间为随机时间 T_{ij}^*,累积分布函数为 $F_{ij}^*(t)$。当过程转移到状态 j 后,由此状态到任意状态 k 的转移概率为 π_{jk}。若系统从状态 j 转移到 k,系统在状态 j 的停留时间为随机时间 T_{jk}^*,累积分布函数为 $F_{jk}^*(t)$。此过程可以在任意时期 T 内持续。

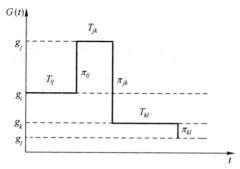

图 3.23   半马尔可夫随机过程

若每次下一状态及其在当前状态对应的逗留时间必须在之前过程的基础上独立选取,则上述随机过程 $G(t)$ 称为半马尔可夫过程。

　　此例中的链 $G(t_m)$ 是一步转移概率为 $\pi_{jk}(j,k \in \{1,\cdots,K\})$ 的马尔可夫链,且称作嵌入式马尔可夫链。

　　因此,为了定义半马尔可夫过程必须定义过程的初始状态及矩阵 $\boldsymbol{\pi} = [\pi_{jk}]$ 和 $\boldsymbol{F}^*(t) = [F_{ij}^*(t)]$,其中 $i,j \in \{1,\cdots,K\}$。

　　需要注意的是,该过程是齐次离散时间马尔可夫链,其中忽略了转移之间的时间是任意分布,仅关注了状态转移的时刻。然而,在一般例子中,如果考虑到不同状态中的逗留时间,过程就并不具有马尔可夫性(除非所有的逗留时间服从指数分布,此过程才具有马尔可夫性。)因此,只有在转移的时刻此过程才被视为马尔可夫过程,这也是将此过程命名为半马尔可夫过程的原因。

　　半马尔可夫过程最一般的定义是基于核矩阵 $\boldsymbol{Q}(t)$ 的,此矩阵中的元素 $Q_{ij}(t)$ 确定了时间 $[0,T]$ 内由状态 i 到 j 的一步转移概率。利用核矩阵,得到嵌入式马尔可夫链的一步转移概率如下:

$$\pi_{ij} = \lim_{t \to \infty} Q_{ij}(t) \tag{3.54}$$

且在状态 i 的条件逗留时间的累积分布函数 $F_{ij}^*(t)$ 为

$$F_{ij}^*(t) = \frac{1}{\pi_{ij}} Q_{ij}(t) \tag{3.55}$$

基于核矩阵,在任一状态 i 的非条件逗留时间 $T_i(t)$ 的累积分布函数 $F_i(t)$ 定义如下:

$$F_i(t) = \sum_{j=1}^{K} Q_{ij}(t) = \sum_{j=1}^{K} \pi_{ij} F_{ij}^*(t) \tag{3.56}$$

因此,对于性能水平为 g_i 的状态 i 的非条件逗留时间的概率密度函数有

$$f_i(t) = \frac{\mathrm{d}}{\mathrm{d}t} F_i(t) = \sum_{j=1}^{K} \pi_{ij} f_{ij}^*(t) \tag{3.57}$$

基于式(3.57),可以得到状态 i 的平均非条件逗留时间为

$$\overline{T_i} = \int_0^{\infty} t f_i(t) \mathrm{d}t = \sum_{j=1}^{K} \pi_{ij} \overline{T_{ij}^*} \tag{3.58}$$

其中: $\overline{T_{ij}^*}$ 为系统从状态 i 转移到状态 j 时,在状态 i 的平均条件逗留时间。

　　核矩阵 $\boldsymbol{Q}(t)$ 及初始状态完全定义了半马尔可夫过程的随机行为。

　　实际上,当研究多状态系统可靠性时,为了找到半马尔可夫过程的核矩阵,可以采用文献[12]的思路。系统在不同状态之间的转移通常是由故障、维修、检查等事件导致的结果。对每种类型的事件,它们之间的时间累积分布函数是已知的。状态转移是按照多个事件中首先发生的竞争性机制实现的。

　　在图 3.24 中,可以看到最简单半马尔可夫过程的一个状态转移图,此过程从初始状态 0 起始有三种可能的状态。当不同类型的事件 1、2 和 3 独立发生时,此

过程将分别从状态 0 转移至状态 1、2 和 3。1 类事件之间间隔时间为随机变量 $T_{0,1}$，其累积分布函数为 $F_{0,1}(t)$。若某个 1 类事件首先出现，则过程由状态 0 转移到状态 1。随机变量 $T_{0,2}$ 定义了 2 类事件之间间隔时间，其累积分布函数为 $F_{0,2}(t)$。若某个 2 类事件早于其他事件发生，则过程由状态 0 转移至状态 2。3 类事件之间间隔的时间为随机变量 $T_{0,3}$，其累积分布函数为 $F_{0,3}(t)$。若某个 3 类事件首先出现，则过程由状态 0 转移至状态 3。

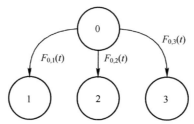

图 3.24　最简半马尔可夫过程的状态转移图

在 t 时刻(初始时间 $t=0$)之前，过程由状态 0 到状态 1 的概率 $Q_{01}(t)$ 可被确定为 $T_{0,1} \leq t$ 条件下，随机变量 $T_{0,1}$ 小于随机变量 $T_{0,2}$ 和 $T_{0,3}$ 的概率。因此，有

$$Q_{01}(t) = \Pr\{(T_{0,1} \leq t)\&(T_{0,2} > t)\&(T_{0,3} > t)\}$$

$$= \int_0^t \mathrm{d}F_{0,1}(u) \int_t^\infty \mathrm{d}F_{0,2}(u) \int_t^\infty \mathrm{d}F_{0,3}(u) \qquad (3.59)$$

$$= \int_0^t [1 - F_{0,2}(u)][1 - F_{0,3}(u)]\mathrm{d}F_{0,1}(u)$$

同样地，可得到

$$Q_{02}(t) = \int_0^t [1 - F_{0,1}(u)][1 - F_{0,3}(u)]\mathrm{d}F_{0,2}(u) \qquad (3.60)$$

$$Q_{03}(t) = \int_0^t [1 - F_{0,1}(u)][1 - F_{0,2}(u)]\mathrm{d}F_{0,3}(u) \qquad (3.61)$$

对于如图 3.24 所示的一个半马尔可夫过程，可得到如下的核矩阵：

$$\mathbf{Q}(t) = \begin{bmatrix} 0 & Q_{01}(t) & Q_{02}(t) & Q_{03}(t) \\ 0 & 0 & 0 & 0 \\ 0 & 0 & 0 & 0 \\ 0 & 0 & 0 & 0 \end{bmatrix} \qquad (3.62)$$

式(3.60)~式(3.62)可以推广到由初始状态 0 起始的任意数量的可能的转移。为了演示核矩阵的计算技巧，考虑下面的例子。

例 3.6　考虑最简单的系统，其状态转移图如图 3.24 所示。两个随机变量 $T_{0,1}$ 和 $T_{0,2}$ 为指数分布，其累积分布函数分别为 $F_{0,1}(t) = 1 - \mathrm{e}^{-\lambda_{0,1}t}$ 和 $F_{0,2}(t) = 1 - \mathrm{e}^{-\lambda_{0,2}t}$，且第三个随机变量 $T_{0,3}$ 的累积分布函数如下：

$$F_{0,3}(t) = \begin{cases} 0, t < T_c \\ 1, t \geq T_c \end{cases}$$

（此类累积分布函数与带有恒定周期 T_c 的事件的发生相对应。）

求：

（1）核矩阵的一步转移概率 $Q_{01}(t)$、$Q_{02}(t)$、$Q_{03}(t)$；

（2）状态 0 时的非条件逗留时间 T_0 的累积分布函数；

（3）嵌入式马尔可夫链的一步转移概率。

解：利用式（3.59）~式（3.61），得到核矩阵的一步转移概率：

$$\begin{cases} Q_{01}(t) = \begin{cases} \dfrac{\lambda_{0,1}}{\lambda_{0,1}+\lambda_{0,2}}\left[1-e^{-(\lambda_{0,1}+\lambda_{0,2})t}\right], t < T_c \\[2mm] \dfrac{\lambda_{0,1}}{\lambda_{0,1}+\lambda_{0,2}}\left[1-e^{-(\lambda_{0,1}+\lambda_{0,2})T_c}\right], t \geq T_c \end{cases} \\[6mm] Q_{02}(t) = \begin{cases} \dfrac{\lambda_{0,2}}{\lambda_{0,1}+\lambda_{0,2}}\left[1-e^{-(\lambda_{0,1}+\lambda_{0,2})t}\right], t < T_c \\[2mm] \dfrac{\lambda_{0,2}}{\lambda_{0,1}+\lambda_{0,2}}\left[1-e^{-(\lambda_{0,1}+\lambda_{0,2})T_c}\right], t \geq T_c \end{cases} \\[6mm] Q_{03}(t) = \begin{cases} 0, t < T_c \\ e^{-(\lambda_{0,1}+\lambda_{0,2})T_c}, t \geq T_c \end{cases} \end{cases}$$

根据式（3.56），状态 0 的非条件逗留时间 T_0 分布为

$$F_0(t) = \sum_{j=1}^{3} Q_{0j}(t) = \begin{cases} 1 - e^{-(\lambda_{0,1}+\lambda_{0,2})t}, t < T_c \\ 1, t \geq T_c \end{cases}$$

根据式（3.54），确定嵌入式马尔可夫链的一步转移概率：

$$\begin{cases} \pi_{01} = \dfrac{\lambda_{0,1}}{\lambda_{0,1}+\lambda_{0,2}}\left[1-e^{-(\lambda_{0,1}+\lambda_{0,2})T_c}\right] \\[3mm] \pi_{02} = \dfrac{\lambda_{0,2}}{\lambda_{0,1}+\lambda_{0,2}}\left[1-e^{-(\lambda_{0,1}+\lambda_{0,2})T_c}\right] \\[3mm] \pi_{03} = e^{-(\lambda_{0,1}+\lambda_{0,2})T_c} \end{cases}$$

3.3.2　基于半马尔可夫过程的可靠性指标评估

为了得到多状态系统可靠性指标，必须像之前章节那样建立马尔可夫过程的状态空间图。不同的是，在半马尔可夫模型下，转移的次数可能为任意分布。基于转移次数分布 $F_{i,j}(t)$，核矩阵 $\boldsymbol{Q}(t)$ 应根据前面章节的方法定义。

半马尔可夫过程分析的主要问题是找到状态概率。令 $\theta_{ij}(t)$ 为时刻 $t=0$ 时,处于初始状态 i 的过程在 t 时将处于状态 j 的概率。概率 $\theta_{ij}(t)$ $(i,j \in \{1,\cdots,K\})$ 可以由如下积分方程的求解中得到:

$$\theta_{ij}(t) = \delta_{ij}[1 - F_i(t)] + \sum_{k=1}^{K} \int_0^t q_{ik}(\tau)\theta_{kj}(t-\tau)\mathrm{d}\tau \qquad (3.63)$$

其中

$$q_{ik}(\tau) = \frac{\mathrm{d}Q_{ik}(\tau)}{\mathrm{d}\tau} \qquad (3.64)$$

$$F_i(t) = \sum_{j=1}^{K} Q_{ij}(t) \qquad (3.65)$$

$$\delta_{ij} = \begin{cases} 1, i=j \\ 0, i \neq j \end{cases} \qquad (3.66)$$

式(3.63)是半马尔可夫过程理论的主要方程。对于一个给定核矩阵 $[Q_{ij}(t)]$ 及初始状态的半马尔可夫过程,通过求解此方程,可以找到所有的概率 $\theta_{ij}(t)$,$i,j \in \{1,\cdots,K\}$。

在得到概率 $\theta_{ij}(t)$,$i,j \in \{1,\cdots,K\}$ 的基础上,可求得重要的可靠性指标。假设系统状态根据它们的性能水平 $g_K \geq g_{K-1} \geq \cdots \geq g_2 \geq g_1$ 排序且需求 $g_m \geq w \geq g_{m-1}$ 是恒定的。性能水平为 g_K 的状态 K 为初始状态。此例中系统瞬时可用度为系统在 $t=0$ 时由状态 K 起始,在时刻 $t \geq 0$ 时处于任意状态 $g_K,\cdots,g_m$ 的概率。因此,我们得到

$$A(t,w) = \sum_{j=m}^{K} \theta_{Ki}(t) \qquad (3.67)$$

系统平均瞬时输出性能及平均瞬时性能缺额分别为

$$E_t = \sum_{i=1}^{K} g_i \theta_{Ki}(t) \qquad (3.68)$$

及

$$D_t(w) = \sum_{i=1}^{m-1} (w - g_i)\theta_{Ki}(t)1(w > g_i) \qquad (3.69)$$

一般情况下,式(3.63)只能通过数值法求解。对于一些最简单的例子,可以运用 Laplace-Stieltjes 变换得到其方程组的解析解。指定函数 $f(x)$ 的 Laplace-Stieltjes 变换为

$$\tilde{f}(s) = L\{f(x)\} = \int_0^t \mathrm{e}^{-sx} f(x)\mathrm{d}x \qquad (3.70)$$

将 Laplace-Stieltjes 变换用于式(3.63)两边,得到

$$\tilde{\theta}_{ij}(s) = \delta_{ij}\tilde{\psi}_i(s) + \sum_{k=1}^{K} \pi_{ik}\tilde{f}_{ik}(s)\tilde{\theta}_{kj}(s), \qquad 1 \leq i,j \leq K \qquad (3.71)$$

其中 $\widetilde{\psi}_i(s)$ 为函数

$$\psi_i(t) = 1 - F_i(t) = \int_t^\infty f_i(t)\,\mathrm{d}t = \Pr\{T_i > t\} \tag{3.72}$$

的 Laplace-Stieltjes 变换, 因此

$$\widetilde{\psi}_i(s) = \frac{1}{s}\big[1 - \widetilde{f}_i(s)\big] \tag{3.73}$$

式 (3.71) 定义了概率 $\theta_{ij}(t)$, $i,j \in \{1,\cdots,K\}$ 的 Laplace-Stieltjes 变换。通过求解此方程组, 还可以得到稳态概率。详细的研究不在本书的范围之内, 这里我们只给出稳态概率的计算结果。稳态概率 $\theta_{ij}(t) = \lim_{t \to \infty} \theta_{ij}(t)$ (若存在) 不依赖于过程 I 的初始状态, 且对于其指定项, 只能使用指标 θ_j 已被证明。

$$\theta_j = \frac{p_j \overline{T_j}}{\sum_{j=1}^K p_j \overline{T_j}} \tag{3.74}$$

其中: $p_j(j = 1,\cdots,K)$ 为嵌入式马尔可夫链的稳态概率。这些概率是以下代数方程组的解:

$$\begin{cases} p_j = \sum_{i=1}^K p_i \pi_{ij}, & j = 1,\cdots,K \\ \sum_{i=1}^K p_i = 1 \end{cases} \tag{3.75}$$

需要注意的是方程组 (3.75) 中的前 K 个等式是线性相关的, 且若没有最后一个等式 $\sum_{i=1}^K p_i = 1$ 将无法求解。

为了得到可靠度函数, 应当建立一个与对应马尔可夫模型相仿的附加的半马尔可夫模型: 所有低于恒定需求 w 的性能水平相对应的状态应合并于一个编号为 0 的吸收态。所有使系统由此吸收态返回的转移应当被禁止。由此新模型可以得到可靠度函数 $R(w,t) = \theta_{K0}(t)$。

例 3.7[13]　考虑某发电机, 其可能的性能 (发电量) 水平有四种: $g_4 = 100\text{MW}$, $g_3 = 70\text{MW}$, $g_2 = 50\text{MW}$ 及 $g_1 = 0$。恒定需求 $w = 60\text{MW}$。性能水平为 $g_4 = 100\text{MW}$ 的最佳状态为初始状态。只能出现轻微故障和进行小修。故障时间服从以下参数的指数分布: $\lambda_{3,2} = 5 \times 10^{-4}/\text{h}$, $\lambda_{2,1} = 2 \times 10^{-4}/\text{h}$。因此, 故障前时间 $T_{4,3}$、$T_{3,2}$、$T_{2,1}$ 为随机变量, 累积分布函数分别为

$$\begin{cases} F_{4,3}(t) = 1 - \mathrm{e}^{-\lambda_{4,3}t} \\ F_{3,2}(t) = 1 - \mathrm{e}^{-\lambda_{3,2}t} \\ F_{2,1}(t) = 1 - \mathrm{e}^{-\lambda_{2,1}t} \end{cases}$$

其中，维修时间为正态分布。$T_{3,4}$的平均维修时间为$\overline{T}_{3,4}=240\text{h}$，且标准差为$\sigma_{3,4}=16\text{h}$；$T_{2,3}$的平均维修时间为$\overline{T}_{2,3}=480\text{h}$，且标准差为$\sigma_{2,3}=48\text{h}$；$T_{1,2}$的平均维修时间为$\overline{T}_{1,2}=720\text{h}$，且标准差为$\sigma_{1,2}=120\text{h}$。因此，随机变量$T_{3,4}$、$T_{2,3}$及$T_{1,2}$的累积分布函数分别为

$$\begin{cases} F_{3,4}(t) = \dfrac{1}{\sqrt{2\pi\sigma_{3,4}^2}}\int_0^t \exp\left[-\dfrac{(u-\overline{T}_{3,4})}{2\sigma_{3,4}}\right]\mathrm{d}u \\[3mm] F_{2,3}(t) = \dfrac{1}{\sqrt{2\pi\sigma_{2,3}^2}}\int_0^t \exp\left[-\dfrac{(u-\overline{T}_{2,3})}{2\sigma_{2,3}}\right]\mathrm{d}u \\[3mm] F_{1,2}(t) = \dfrac{1}{\sqrt{2\pi\sigma_{1,2}^2}}\int_0^t \exp\left[-\dfrac{(u-\overline{T}_{1,2})}{2\sigma_{1,2}}\right]\mathrm{d}u \end{cases}$$

求：发电机的稳态可用度、平均稳态性能（发电量）、平均稳态性能缺额及发电机可靠性函数。

解：发电机的状态转移图见图3.25(a)。

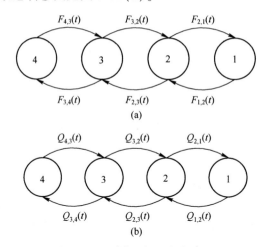

图3.25　随机过程生成表示

状态4是初始状态，发电量为g_4。故障发生后，依据分布$F_{3,4}(t)$，发电机由状态4转移到状态3，发电量为g_3，低于g_4。

若状态3中累积分布函数为$F_{3,4}(t)$的随机维修时间小于分布为$F_{3,2}(t)$的故障前时间，则此发电机将回到状态4。状态3中，若维修时间大于故障前时间，则发电机将转到状态2，发电量下降为g_2。

状态2中，若分布为$F_{2,3}(t)$的随机维修时间小于分布为$F_{2,1}(t)$的故障前时间，则发电机将回到状态3。状态2中，若维修时间大于故障前时间，则此发电机转

到状态 1,且发电量下降为 g_1。

状态 1 中,经过时间分布为 $F_{1,2}(t)$ 的维修,发电机将回到状态 2。

根据式(3.59)~式(3.61),得到核矩阵 $\boldsymbol{Q}(t) = [Q_{ij}(t)] (i,j = 1,2,3,4)$:

$$\boldsymbol{Q}(t) = \begin{bmatrix} 0 & Q_{12}(t) & 0 & 0 \\ Q_{21}(t) & 0 & Q_{23}(t) & 0 \\ 0 & Q_{32}(t) & 0 & Q_{34}(t) \\ 0 & 0 & Q_{43}(t) & 0 \end{bmatrix}$$

其中

$$Q_{12}(t) = F_{1,2}(t), \qquad Q_{21}(t) = \int_0^t [1 - F_{2,3}(t)] dF_{2,1}(t),$$

$$Q_{23}(t) = \int_0^t [1 - F_{2,1}(t)] dF_{2,3}(t), \quad Q_{32}(t) = \int_0^t [1 - F_{3,4}(t)] dF_{3,2}(t),$$

$$Q_{34}(t) = \int_0^t [1 - F_{3,2}(t)] dF_{3,4}(t), \quad Q_{43}(t) = F_{4,3}(t)$$

相应的半马尔可夫过程见图 3.25(b)。

基于核矩阵,根据式(3.56),系统在状态 1、2、3 和 4 中非条件逗留时间的累积分布函数为

$$\begin{cases} F_1(t) = Q_{12}(t) \\ F_2(t) = Q_{12}(t) + Q_{23}(t) \\ F_3(t) = Q_{32}(t) + Q_{34}(t) \\ F_4(t) = Q_{43}(t) \end{cases}$$

根据式(3.57)和式(3.58),得到平均非条件逗留时间:$\overline{T}_1 = 720\text{h}$,$\overline{T}_2 = 457\text{h}$,$\overline{T}_3 = 226\text{h}$,$\overline{T}_4 = 1000\text{h}$。

利用式(3.54),可得到嵌入式马尔可夫链的一步转移概率:

$$\pi_{12} = F_{1,2}(\infty) = 1$$

$$\pi_{21} = \int_0^\infty [1 - F_{2,3}(t)] dF_{2,1}(t)$$

$$\pi_{23} = \int_0^\infty [1 - F_{2,1}(t)] dF_{2,3}(t)$$

$$\pi_{32} = \int_0^\infty [1 - F_{3,4}(t)] dF_{3,2}(t)$$

$$\pi_{34} = \int_0^\infty [1 - F_{3,2}(t)] dF_{3,4}(t)$$

$$\pi_{43} = F_{4,3}(\infty) = 1$$

对积分进行数值计算,可得到嵌入式马尔可夫链的一步概率矩阵如下:

$$\boldsymbol{\pi} = \lim_{t \to \infty} \boldsymbol{Q}(t) = \begin{bmatrix} 0 & \pi_{12} & 0 & 0 \\ \pi_{21} & 0 & \pi_{23} & 0 \\ 0 & \pi_{32} & 0 & \pi_{34} \\ 0 & 0 & \pi_{43} & 0 \end{bmatrix} = \begin{bmatrix} 0 & 1 & 0 & 0 \\ 0.0910 & 0 & 0.9090 & 0 \\ 0 & 0.1131 & 0 & 0.8869 \\ 0 & 0 & 1 & 0 \end{bmatrix}$$

为了得到嵌入式马尔可夫链的稳态概率 $p_j (j = 1, 2, 3, 4)$，需要求解代数方程组(3.75)，其形式如下：

$$\begin{cases} p_1 = \pi_{21} p_2 \\ p_2 = \pi_{12} p_1 + \pi_{32} p_3 \\ p_3 = \pi_{23} p_2 + \pi_{43} p_4 \\ p_4 = \pi_{34} p_3 \\ p_1 + p_2 + p_3 + p_4 = 1 \end{cases}$$

通过求解此方程组可得到：$p_1 = 0.0056, p_2 = 0.0615, p_3 = 0.4944, p_4 = 0.4385$。

利用式(3.74)可得到稳态概率：

$$\begin{cases} \theta_1 = \dfrac{p_1 \overline{T_1}}{\displaystyle\sum_{j=1}^{4} p_j \overline{T_j}} = 0.0069 \\[4mm] \theta_2 = \dfrac{p_2 \overline{T_2}}{\displaystyle\sum_{j=1}^{4} p_j \overline{T_j}} = 0.0484 \\[4mm] \theta_3 = \dfrac{p_3 \overline{T_3}}{\displaystyle\sum_{j=1}^{4} p_j \overline{T_j}} = 0.1919 \\[4mm] \theta_4 = \dfrac{p_4 \overline{T_4}}{\displaystyle\sum_{j=1}^{4} p_j \overline{T_j}} = 0.7528 \end{cases}$$

对于给定的需求，发电机的稳态可用度为

$$A(w) = \theta_3 + \theta_4 = 0.9447$$

根据式(3.68)，可得到平均稳态性能：

$$E_\infty = \sum_{k=1}^{4} g_k \theta_k = 91.13 \mathrm{MW}$$

根据式(3.69)，可得到平均稳态性能缺额：

$$D_\infty = (w - g_2)\theta_2 + (w - g_1)\theta_1 = 0.50 \mathrm{MW}$$

为了获得给定恒定需求 $w = 60\text{MW}$ 下的可靠度函数,将状态 1 和 2 合并为吸收态 0,见图 3.26(a)。图 3.26(b)展示了相应半马尔可夫过程的状态空间图。

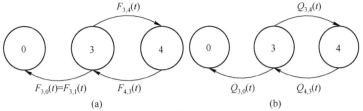

图 3.26　求发电机可靠性函数的状态转移图

在式(3.59)~式(3.60)基础上,定义相应半马尔可夫过程的核矩阵:

$$\boldsymbol{Q}(t) = \begin{bmatrix} 0 & 0 & 0 \\ Q_{30}(t) & 0 & Q_{34}(t) \\ 0 & Q_{43}(t) & 0 \end{bmatrix}$$

其中

$$Q_{30}(t) = \int_0^t [1 - F_{3,4}(t)] \mathrm{d}F_{3,1}(t), Q_{34}(t) = \int_0^t [1 - F_{3,1}(t)] \mathrm{d}F_{3,4}(t), Q_{43}(t) = F_{4,3}(t)$$

恒定需求 $w = 60\text{MW}$ 的可靠度函数定义如下:

$$R(w,t) = \theta_{40}(t)$$

根据式(3.63),为了得到概率 $\theta_{40}(t)$,可写出下面的积分方程组:

$$\begin{cases} \theta_{40}(t) = \int_0^t q_{43}(\tau) \theta_{30}(t - \tau) \mathrm{d}\tau \\ \theta_{30}(t) = \int_0^t q_{34}(\tau) \theta_{40}(t - \tau) \mathrm{d}\tau + \int_0^t q_{30}(\tau) \theta_{00}(t - \tau) \mathrm{d}\tau \\ \theta_{00}(t) = 1 \end{cases}$$

通过求解此方程组,得到可靠度(图 3.27)。

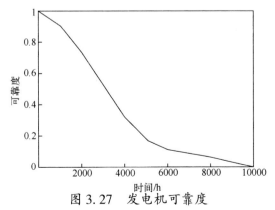

图 3.27　发电机可靠度

参考文献

［1］ TRIVEDI K. Probability and statistics with reliability, queuing and computer science applications［M］. New York:Wiley,2002.

［2］ GNEDENKO B,USHAKOV I. Probabilistic reliability engineering［M］. New York:Wiley,1995.

［3］ KORN G,KORN T. Mathematical handbook for scientists and engineers:Definitions,Theorems, and Formulas for Reference and Review［M］. New York:Dover,2000.

［4］ LISNIANSKI A,LEVITIN G. Multi-state system reliability:assessment,optimization and applications［M］. Singapore:World Scientific,2003.

［5］ HOWARD R. Dynamic programming and Markov processes［M］. Cambridge:MIT Press,1960.

［6］ MINE H,OSAKI S. Markovian decision processes［M］. New York:Elsevier,1970.

［7］ REIBMAN A,SMITH R,Trivedi K. Markov and Markov reward model transient analysis:an overview of numerical approaches［J］. European Journal of Operation Research,1989,40: 257-267.

［8］ VOLIK B,BUYANOV B,LUBKOV N,et al. Methods of analysis and synthesis of control systems structures［M］. Moscow:Energoatomizdat,1988. (in Russian)

［9］ LISNIANSKI A. The Markov reward model for a multi-state system reliability assessment with variable demand［J］. Quality Technology & Quantitative Management,2007,4(2):265-278.

［10］ BILLINTON R, ALLAN R. Reliability evaluation of power systems［M］. New York: Plenum,1996.

［11］ ENDRENYI J. Reliability modeling in electric power systems［M］. New York:Wiley,1979.

［12］ LISNIANSKI A,YEAGER A. Time-redundant system reliability under randomly constrained time resources［J］. Reliability Engineering & System Safety,2000,70:157-166.

［13］ LISNIANSKI A,LEVITIN G. Multi-state system reliability:assessment,optimization and applications［M］. Singapore:World Scientific,2003.

第4章

基于通用生成函数的多状态系统可靠性分析方法

生成函数也称为发生函数,是连接离散数学与连续数学的桥梁,是现代离散数学领域中的重要方法。

20世纪80年代,Ushakov对生成函数进行了扩展,提出了通用生成函数(UGF)的概念,随后Levitin和Lisnianski等人将通用生成函数引入多态系统可靠性领域,自此,该方法在多态系统可靠性分析与优化设计中得到了广泛应用。

近年来,通用生成函数技术已经广泛应用于多状态系统可靠性分析,是解决多状态系统可靠性计算问题应用比较好的手段,它能清晰地表达部件状态的性能和对应概率及系统状态的性能和对应概率的关系,并能采用简捷的运算由部件的通用生成函数得到系统的通用生成函数,具有通用性强、计算速度快以及适用领域广等优点。

4.1 通用生成函数基本原理

UGF技术是建立在广泛使用概率论原理生成函数的基础上,结合递归算法,为列举系统的状态提供一个系统的技术手段,从而代替了复杂的组合运算,使得分析人员解决使用计算机处理MSS可靠性分析和优化过程中出现的不同组合问题更加便捷。此外,UGF技术通用性较高,主要体现在分析人员可以使用相同的分析过程来分析处理不同物理特征的部件和不同类型的系统。

应用UGF技术,首先需要获得系统的性能分布,这些分布要求以系统部件的性能分布和结构函数为基础。此外,处理实际问题时,要求计算量不能太大。例如,在解决MSS可靠性分析和优化问题时,有大量备选方案需要评估,计算量就是考虑的重要因素,这种情况下,一般采用简单的代数变换来得到系统的性能分布情况。与其他方法相比,UGF技术在处理这类问题时能够更加快速地执行下去,并且结果经实践证明是有效的。

下面,研究与UGF技术相关联的生成函数。

4.1.1 离散型随机变量生成函数

设离散型随机变量 X,取值 $0,1,2,\cdots$,有如下概率分布:

$$\Pr\{X=k\} = p_k, \qquad k=0,1,2,\cdots \tag{4.1}$$

其中, $\sum\limits_{k=0}^{\infty} p_k = 1$。

定义 4.1 随机变量 X 的生成函数定义如下:

$$\varphi_X(z) = \sum_{k=0}^{\infty} p_k z^k \tag{4.2}$$

其中:系数 p_k 为 $x=k$ 的概率;z 本身无实质意义,它的指数部分代表变量取值。

下面列举了生成函数的性质。

(1) 通过生成函数 $\varphi_X(z)$ 的变形可以得到 $\Pr\{X \leqslant k\}$,如下表达式:

$$\Pr\{X \leqslant k\} = \left[\frac{1}{z^k}\varphi_X(z) \right]_{z=1} = \sum_{i=0}^{k} p_i \tag{4.3}$$

从式(4.3)可知 $\Pr\{X \leqslant k\}$ 等于生成函数 $\varphi_X(z)$(关于 z 的多项式)所有幂次小于等于 k 的项的系数之和。

(2) 对生成函数变量 z 求一阶导数如下:

$$\frac{\mathrm{d}}{\mathrm{d}z}\varphi_X(z) = \sum_{k=1}^{\infty} kp_k z^{k-1} \tag{4.4}$$

取 $z=1$ 时,式(4.4)转化为

$$\frac{\mathrm{d}}{\mathrm{d}z}\varphi_X(z)\,|_{z=1} = \left[\sum_{k=1}^{\infty} kp_k z^{k-1} \right]_{z=1} = \sum_{k=1}^{\infty} kp_k = EX \tag{4.5}$$

即取 $z=1$ 时,生成函数一阶原点矩为随机变量 X 的期望。

(3) 对生成函数变量 z 求二阶导数如下:

$$\frac{\mathrm{d}^2}{\mathrm{d}z^2}\varphi_X(z) = \sum_{k=0}^{\infty} k(k-1)p_k z^{k-2} \tag{4.6}$$

取 $z=1$ 时,式(4.6)转化为

$$\frac{\mathrm{d}^2}{\mathrm{d}z^2}\varphi_X(z)\,|_{z=1} = \left[\sum_{k=0}^{\infty} k(k-1)p_k z^{k-2} \right]_{z=1} = \sum_{k=0}^{\infty} k(k-1)p_k$$

$$= \sum_{k=0}^{\infty} k^2 p_k - \sum_{k=0}^{\infty} kp_k = EX^2 - EX \tag{4.7}$$

即随机变量 X 的二阶原点矩可以通过对生成函数 $\varphi_X(z)$ 求一阶和二阶导数得到,表达式如下:

$$EX^2 = \left[\frac{\mathrm{d}^2}{\mathrm{d}z^2}\varphi_X(z) + \frac{\mathrm{d}}{\mathrm{d}z}\varphi_X(z) \right]_{z=1}$$

4.1.2　连续型随机变量生成函数与 z 变换

前面研究了离散型生成函数的基本性质,下面进一步研究连续型生成函数的性质。

随机变量 X 取值是连续的,设其概率密度函数为 $f(x)$,下面把离散变量拓展到连续或者实数范围,提出了矩生成函数。

定义 4.2　随机变量 X 的矩生成函数定义如下:

$$\psi(s) = E[\,e^{sX}\,] = \begin{cases} \sum_x e^{sx} p_x, & X \text{ 是离散型变量} \\ \int_{-\infty}^{+\infty} e^{sx} f(x) \, \mathrm{d}x, & X \text{ 是连续型变量} \end{cases} \tag{4.8}$$

通过变换 $\psi(s)$ 可以得到随机变量 X 的高阶矩。

先对函数 $\psi(s)$ 求一阶和二阶导数,取 $s=0$,有如下表达式:

$$\frac{\mathrm{d}}{\mathrm{d}s}\psi(s) = \frac{\mathrm{d}}{\mathrm{d}s}E[\,e^{sX}\,] = E\left[\frac{\mathrm{d}}{\mathrm{d}s}(e^{sx})\right] = E[\,Xe^{sX}\,] = E[\,X\,] \tag{4.9}$$

$$\frac{\mathrm{d}^2}{\mathrm{d}^2 s}\psi(s) = \frac{\mathrm{d}}{\mathrm{d}s}\left(\frac{\mathrm{d}}{\mathrm{d}s}\psi(s)\right) = \frac{\mathrm{d}}{\mathrm{d}s}E[\,Xe^{sX}\,] = E\left[\frac{\mathrm{d}}{\mathrm{d}s}(Xe^{sX})\right] = E[\,X^2\,] \tag{4.10}$$

同理,$\psi(s)$ 的 n 阶导数

$$\frac{\mathrm{d}^n}{\mathrm{d}^n s}\psi(s)\,\big|_{s=0} = E[\,X^n\,], n \geqslant 1 \tag{4.11}$$

为了实现一般生成函数到矩生成函数的转换,下面定义 z 变换。

定义 4.3　离散随机变量 X 的 z 变换定义如下:

$$\psi_X(z) = E[\,z^X\,] = \sum_x p_x z^x \tag{4.12}$$

z 变换是关于 z 的多项式。不妨验算,可以得到相同的结果。其中,z 变换与先前定义的离散型生成函数主要区别是前者的变量拓展到实数域,而不仅仅只是取整数。

推论 4.1　相互独立的离散随机变量之和的 z 变换等于各变量的 z 变换的乘积。

证明:

设相互独立的随机变量 X 和 Y,z 变换分别为 $\psi_X(z)$ 和 $\psi_Y(z)$,$X+Y$ 的 z 变换为 $\psi_{X+Y}(z)$,下面需要证明

$$\psi_{X+Y}(z) = E[\,z^{X+Y}\,] = E[\,z^X z^Y\,] = E[\,z^X\,]E[\,z^Y\,] = \psi_X(z)\psi_Y(z) \tag{4.13}$$

证明如下:

设随机变量 X_1 和 X_2,其维数分别为 k_1 和 k_2,对应的概率矩阵分别为 P_1 和

P_2,即

$$X_1 = \{x_{11}, \cdots, x_{1k_1}\}, \quad P_1 = \{p_{11}, \cdots, p_{1k_1}\} \tag{4.14}$$

$$X_2 = \{x_{21}, \cdots, x_{2k_2}\}, \quad P_2 = \{p_{21}, \cdots, p_{2k_2}\} \tag{4.15}$$

那么,X_1和X_2的z变换分别为

$$\psi_{X_1}(z) = \sum_{j=1}^{k_1} p_{1j}z^{x_{1j}}, \quad \psi_{X_2}(z) = \sum_{j=1}^{k_1} p_{2j}z^{x_{2j}}$$

令$X = X_1 + X_2$,那么X的z变换$\psi_X(z)$:

$$\psi_X(z) = \psi_{X_1+X_2}(z) = \psi_{X_1}(z)\psi_{X_2}(z) = \sum_{i=1}^{k_1} p_{1i}z^{x_{1i}} \sum_{j=1}^{k_2} p_{2j}z^{x_{2j}}$$

$$= \sum_{i=1}^{k_1} \sum_{j=1}^{k_2} p_{1i}p_{2j}z^{x_{1i}}z^{x_{2j}} = \sum_{i=1}^{k_1} \sum_{j=1}^{k_2} p_{1i}p_{2j}z^{x_{1i}+x_{2j}} \tag{4.16}$$

这一性质可推广到n个相互独立随机变量的情况,其z变换:

$$\psi_{\sum_{j=1}^{n} X_j}(z) = \prod_{j=1}^{n} \psi_{X_j}(z) = \sum_{j_1=1}^{k_1} \sum_{j_2=1}^{k_2} \cdots \sum_{j_n=1}^{k_n} (p_{1j_1}p_{2j_2}\cdots p_{nj_n})z^{x_{1j_1}+x_{2j_2}+\cdots x_{nj_n}} \tag{4.17}$$

需要说明的是,矩生成函数与随机变量概率分布之间是一一对应,那么上述所得的z变换是唯一的。

4.1.3 通用生成算子(UGO)和通用生成函数(UGF)

定义 4.4 设随机变量X_1和X_2是相互独立的,并用一个矩阵表示相应部件的概率,表达式如下:

$$X_i = \{x_{11}, \cdots, x_{1k_i}\}, \quad P_i = \{p_{11}, \cdots, p_{1k_i}\}, i = 1,2$$

设系统结构函数Y是一个关于随机变量X_1和X_2的任意函数,可表示为$Y = f(X_1, X_2)$,显然Y可能取值个数:

$$K = k_1 k_2 \tag{4.18}$$

式中:k_1为X_1中元素数目;k_2为X_2中元素数目。

定义通用生成算子Ω_f来表示随机变量Y的z变换,表达式如下:

$$\Omega_f\{u_{X_1}(z), u_{X_2}(z)\} = \sum_{j_1=1}^{k_1} \sum_{j_2=1}^{k_2} p_{1j_1}p_{2j_2}z^{f(x_{1j_1}, x_{2j_2})} = u_Y(z) \tag{4.19}$$

为了得到结构函数Y的z变换,需要列出Y对应的矩阵$\boldsymbol{y}$以及相应的概率矩阵$\boldsymbol{q}$。由于随机变量X_1和X_2是相互独立的,那么,二者的组合也是相互独立的,因此Y的概率分布表示如下:

$$q_j = \prod_{i=1}^{2} p_{ij_i} = p_{1j_1}p_{2j_2}, \quad j = 1, 2, \cdots, K \tag{4.20}$$

相应地,Y中各元素的取值如下:

$$y_j = f(x_{1j_1}, x_{2j_2}), \qquad j = 1, 2, \cdots, K \tag{4.21}$$

那么，Y 的 z 变换可表示如下：

$$u_Y(z) = \sum_{j=1}^{K} q_j z^{y_j} = \sum_{j_1=1}^{k_1} \sum_{j_2=1}^{k_2} p_{1j_1} p_{2j_2} z^{f(x_{1j_1}, x_{2j_2})} \tag{4.22}$$

下面给出随机变量 X_1 和 X_2 的 z 变换，如下：

$$\begin{cases} u_{X_1}(z) = p_{11}z^{x_{11}} + p_{12}z^{x_{12}} + \cdots + p_{1k_1}z^{x_{1k_1}} = \sum_{i=1}^{k_1} p_{1i}z^{x_{1i}} \\ u_{X_2}(z) = p_{21}z^{x_{21}} + p_{22}z^{x_{22}} + \cdots + p_{2k_2}z^{x_{2k_2}} = \sum_{i=1}^{k_2} p_{2i}z^{x_{2i}} \end{cases}$$

推论 4.2　设 Y 是一个关于 n 个相互独立的随机变量的任意函数，表示为 $Y = f(X_1, X_2, \cdots, X_n)$，则 Y 的 z 变换可表示为

$$\Omega_f\{u_{X_1}(z), u_{X_2}(z), \cdots, u_{X_n}(z)\} = \sum_{j_1=1}^{k_1} \sum_{j_2=1}^{k_2} \cdots \sum_{j_n=1}^{k_n} p_{1j_1} p_{2j_2} \cdots p_{nj_n} z^{f(x_{1j_1}, x_{2j_2}, \cdots, x_{nj_n})} \tag{4.23}$$

其中：z 的项的数目 $K = \prod_{j=1}^{n} k_j$。

随机变量 X_j 的 z 变换：

$$u_{X_j}(z) = \sum_{i=1}^{k_j} p_{ji} z^{x_{j_i}}, \qquad j = 1, 2, \cdots, n \tag{4.24}$$

观察 Ω_f，通用生成算子对研究多状态系统可靠性评估问题比较有用，每一个多状态系统的第 j 个部件可与 X_j 的 z 变换 $u_{X_j}(z)$ 一一对应。

同时，多状态系统可用 $f(X_1, X_2, \cdots, X_n)$ 来表示其结构函数。

4.1.4　广义的通用生成算子

在计算的过程中可以发现，z 变换中引入辅助变量 z 使得概率和变量可以分离，这样就可用序列给出更一般化的通用生成算子。

设随机向量 $\boldsymbol{X}_A$ 和 $\boldsymbol{X}_B$，用序列 A 和 B 分别表示二者概率分布情况，$A = \{(p_{A1}, x_{A1}), (p_{A2}, x_{A2}), \cdots, (p_{Ak_A}, x_{Ak_A})\}$，$B = \{(p_{B1}, x_{B1}), (p_{B2}, x_{B2}), \cdots, (p_{Bk_B}, x_{Bk_B})\}$。

序列 A 和 B 经一个通用生成算子 Ω_f 处理后，产生一个新的序列 $C = \Omega_f\{A, B\}$，这个序列表示 $X_C = f(\boldsymbol{X}_A, \boldsymbol{X}_B)$。对于每一组 $\{p_{Ai}, x_{Ai}\}$ 和 $\{p_{Bi}, x_{Bi}\}$，都可计算得到一组 $\{p_{Ai}p_{Bi}, f(x_{Ai}, x_{Bi})\}$。

序列 C 中，第一部分取值应与第二部分一一对应。另外，如果存在第二部分相同的组，应将所有对应第一部分的概率相加，组成一个组合。

广义的通用生成算子的正规形式为 $\Omega_f(A, B) = C$，由于序列 C 中每一分组都是一对实数组成的，那么算子的形式也可写成

$$\Omega_f(A,B) = \{\Omega_{fp}(A,B), \Omega_{fx}(A,B)\} \tag{4.25}$$

其中，$\Omega_{fp}(A,B)$ 是作用于序列 A、B 中第一部分的次一级算子，$\Omega_{fp}(A,B) = p_{Ai}p_{Bi}$；$\Omega_{fx}(A,B)$ 是作用于序列 A、B 中第二部分的次一级算子 $\Omega_{fx}(A,B) = f(x_{Ai}, x_{Bi})$。

上面定义了两个序列的广义通用生成算子，可推广到 n 个序列的广义生成算子。

设序列 $S_1, S_2, \cdots, S_n$ 分别表示随机变量 $X_1, X_2, \cdots, X_n$ 的概率分布情况，表示如下：

$$\begin{cases} S_1 = \{(p_{X_11}, x_{X_11}), (p_{X_12}, x_{X_12}), \cdots, (p_{X_1k_1}, x_{X_1k_1})\} \\ \quad\quad\quad\quad\quad\quad\quad\quad \vdots \\ S_i = \{(p_{X_i1}, x_{X_i1}), (p_{X_i2}, x_{X_i2}), \cdots, (p_{X_ik_i}, x_{X_ik_i})\} \\ \quad\quad\quad\quad\quad\quad\quad\quad \vdots \\ S_n = \{(p_{X_n1}, x_{X_n1}), (p_{X_n2}, x_{X_n2}), \cdots, (p_{X_nk_n}, x_{X_nk_n})\} \end{cases} \tag{4.26}$$

Ω_f 作用于序列 $S_1, S_2, \cdots, S_n$ 组成的集合产生一个新的序列，该序列表示随机变量 $Y = f(X_1, X_2, \cdots, X_n)$ 的概率分布情况。

理论上，序列 S_i 中的部件可以是三元组或者多元组。

4.1.5 与随机过程关联的通用生成函数

多状态系统可靠性计算过程中，不仅需要处理随机变量，还需要考虑随机过程。一般情况下，多状态系统的性能输出被认为是状态离散时间连续的随机过程 $G(t)$；系统部件 j 的性能输出是状态离散时间连续的随机过程 $G_j(t)$。

具有 $K(K = \prod_i^n k_i)$ 种性能水平 $\{g_1, g_2, \cdots, g_K\}$ 的状态离散时间连续的随机过程 $G(t)$，设在任意时刻 $t_i > 0$，离散随机变量 $G_i(t)$ 具有相应性能水平发生的概率为 $\{p_1(t_i), p_2(t_i), \cdots, p_K(t_i)\}$。$p_m(t_i)$（$m = 1, 2, \cdots, K$）等于 t_i 时系统处于性能为 g_m 状态的概率。下面给出离散随机变量 $G_i(t)$ 的 z 变换。

$$u(z, t_i) = p_1(t_i)z^{g_1} + p_2(t_i)z^{g_2} + \cdots + p_K(t_i)z^{g_K}$$

在此情况下，可以认为任意状态离散时间连续的随机过程 $G(t)$ 在任意时刻 $t_i > 0$ 具有相应的 z 变换，计为 $u(z, t)$。

定义： 令向量 $\{g_1, g_2, \cdots, g_K\}$ 和 $\{p_1(t_i), p_2(t_i), \cdots, p_K(t_i)\}$ 分别表示在任意时刻 $t > 0$ 系统的性能水平和相应的概率分布，对于独立的状态离散时间连续的随机过程 $G(t) \in \{g_1, g_2, \cdots, g_K\}$。$z$ 变换

$$u(z, t) = p_1(t)z^{g_1} + p_2(t)z^{g_2} + \cdots + p_K(t)z^{g_K} \tag{4.27}$$

称为与随机过程 $G(t)$ 相关联的一个 z 变换。

如果对于此 z 变换的通用生产算子 Ω_f 被定义，则它们被称为与其相应状态离

散时间连续随机过程相关联的通用生成函数。

4.2　通用生成函数技术

通用生成函数技术是一项基于 z 变换和组合算子 Ω_f 应用的技术,又称通用 z 变换技术。本节把随机变量的 z 变换称为 u 函数,并且用 $u_i(z)$ 表示向量 $\boldsymbol{X}_i$ 的 z 函数,$U(z)$ 代替结构函数 $f(\boldsymbol{X}_1,\boldsymbol{X}_2,\cdots,\boldsymbol{X}_n)$,复合运算如下:

$$U(z)=\Omega_f(u_1(z),u_2(z),\cdots,u_n(z)) \tag{4.28}$$

需要特别说明的是,和 z 变换一样,u 函数多项式的系数也是部件相应状态出现的概率。

如果采用列举的方法计算函数的概率,计算量会特别大。例如,采用列举法计算式(4.23),会产生一个 K 项的多项式并占用大量的计算资源。如果系统部件的数目较多,可能导致计算任务难以完成。为了减少计算量,常用的方法主要有合并同类项和递归算法。

4.2.1　合并同类项与递归算法

u 函数也具备一般多项式合并同类项的性质。在可靠性工程领域,大多数函数会产生大量幂次相同的项,因此,对这些函数合并同类项可以大大减少项的数目。

另外,递归算法也可以达到简化运算的目的。在开展多状态系统可靠性分析时,经常遇到的主要问题是如何提高运算的效率。部件的变量往往是一些复杂函数,计算繁复,采用常规算法使得效率低,导致系统分析任务难以实现,而递归算法可以很好地解决这类问题。在可靠性工程领域,通用生成函数(UGF)一般是以结构函数的结合律为基础应用于不同类型的子系统,从而实现整个系统的融合。若干部件组成子系统,若干子系统又组成更高一级的子系统,这样逐级向上复合就组成一个复杂庞大的系统。递推算法正是基于这种思路,从系统的部件开始,逐级求取子系统的 u 函数,最终得到整个系统的 u 函数。

4.2.2　应用通用生成函数评估多状态系统可靠性指标

在任意时间 $t\geqslant 0$,多状态系统输出性能分布的通用生成函数 $U(z,t)$ 表示为

$$U(z,t)=\sum_{i=1}^{K}p_i(t)z^{g_i}。$$

由于通用生成函数 $U(z,t)$ 表示多状态系统瞬时性能分布,因此可利用该函数进行可靠性指标的评估,如评估系统的瞬时可用度、平均瞬时性能、平均瞬时性能

缺额以及累积性能缺额等指标。

1. 系统可用度

给定需求常量 w，系统 t 时刻的可用度为

$$A(t,w) = \delta_A(U(z,t),w) = \delta_A\Big(\sum_{i=1}^{K} p_i(t) z^{g_i}, w\Big) = \sum_{i=1}^{K} p_i(t) z^{g_i} I(F_i(g_i,w) \geq 0)$$

(4.29)

其中：$F_i(g_i,w) \geq 0$ 为接受度函数；$I(F_i(g_i,w) \geq 0)$ 为指示函数，即

$$I(F_i(g_i,w) \geq 0) = \begin{cases} 1, & F_i(g_i,w) \geq 0 \\ 0, & F_i(g_i,w) < 0 \end{cases}$$

通过算子 δ_A 处理，可得到任意时刻 t 系统可接受状态的概率。

2. 瞬时期望输出性能

系统 t 时刻瞬时期望输出性能：

$$E(t) = \delta_E(U(z,t)) = \delta_E\Big(\sum_{i=1}^{K} p_i(t) z^{g_i}\Big) = \sum_{i=1}^{K} p_i(t) g_i$$

(4.30)

当系统的性能用数量表示时，$E(t)$ 也可由对多项式求一阶导数得到：

$$E(t) = \delta_E\Big(\sum_{i=1}^{K} p_i(t) z^{g_i}\Big) = \frac{\mathrm{d}U(z,t)}{\mathrm{d}z}\Big|_{z=1} = \sum_{i=1}^{K} p_i(t) g_i$$

(4.31)

系统在给定时间间隔 T 内的期望输出性能为

$$E_T = \frac{1}{T}\int_0^T E(t)\,\mathrm{d}t = \frac{1}{T}\sum_{i=1}^{K} g_i \int_0^T p_i(t)\,\mathrm{d}t$$

(4.32)

3. 条件平均性能

系统 t 时刻条件平均性能：

$$E^* = \delta_{CE}(U(z,t)) = \delta_{CE}\Big(\sum_{i=1}^{K} p_i(t) z^{g_i}\Big)$$

$$= \delta_{CE}\Big(\sum_{i=1}^{K} p_i(t) z^{g_i} I(F_i(g_i,w) \geq 0)\Big)\Big/\delta_{CE}\Big(\sum_{i=1}^{K} p_i(t) I(F_i(g_i,w) \geq 0)\Big)$$

(4.33)

即 $F_i(g_i,w) \geq 0$ 时，系统的平均输出性能。

4. 平均瞬时性能缺额

给定需求常量 w，系统 t 时刻的平均瞬时性能缺额为

$$D(t,w) = \delta_D(U(z,t),w) = \delta_D\Big(\sum_{i=1}^{K} p_i(t) z^{g_i}, w\Big) = \sum_{i=1}^{K} p_i(t) \cdot \max(w - g_i, 0)$$

(4.34)

5. 平均累积性能缺额

系统在固定的时间间隔内的平均累积性能缺额为

$$D_{\sum T} = \int_0^T D(t,w)\,\mathrm{d}t = \sum_{i=1}^K \max(w - g_i, 0) \int_0^T p_i(t)\,\mathrm{d}t \tag{4.35}$$

如果 $p_{i\infty} = \lim\limits_{i \to \infty} p_i(t)$ 存在, 即系统存在一个稳定状态, 那么就可以确定多状态系统稳定状态的可靠性指标。用 $p_{i\infty}$ 分别替换式(4.29)、式(4.30)、式(4.34)中的 $p_i(t)$ 就可得到系统的稳态可用度 A_∞、稳态平均性能输出 E_∞ 和稳态平均性能缺额 D_∞。

一般情况下, 不采用通用生成函数(UGF)的方法来评估系统的平均失效时间和平均失效次数。

4.2.3　合成算子的性质

式(4.23)合成算子的性质取决于系统的结构函数, 如果结构函数满足交换律或者结合律, 那么系统的总体算子也就具有与之相同的性质。

设一个多状态系统由 n 个有序的部件组成, 结构函数满足结合律, 且第 j 个子系统都含有前 j 个部件, 则该系统的任意子系统的输出性能满足:

$$\varphi(G_1, G_2, \cdots, G_j) = \varphi(\varphi(G_1, G_2, \cdots, G_{j-1}), G_j), \qquad j = 1, 2, \cdots, n \tag{4.36}$$

那么, 系统第 j 个子系统的 u 函数算子也满足与结构函数相同的性质, 则有如下表示:

$$U_j(z) = \Omega_\varphi(u_1(z), u_2(z), \cdots, u_j(z)) = \Omega_\varphi(\Omega_\varphi(u_1(z), u_2(z), \cdots, u_{j-1}(z)), u_j(z)) \tag{4.37}$$

令 $U_1(z) = u_1(z)$, 根据式(4.37)连续使用算子 Ω_φ 可得到

$$\begin{cases} U_2(z) = W_f(U_1(z), u_2(z)) \\ U_3(z) = W_f(U_2(z), u_3(z)) \\ \qquad\qquad \vdots \\ U_j(z) = W_f(U_{j-1}(z), u_j(z)) \end{cases} \tag{4.38}$$

按照式(4.38)递推, 最终能推导出整个系统的通用生成函数(UGF)。

如果对任意 $j, 2 \leqslant j \leqslant n$, 系统结构函数具有下列表达式的结合律:

$$\varphi(G_1, G_2, \cdots, G_j, G_{j+1}, \cdots, G_n) = \varphi(\varphi(G_1, \cdots, G_j), \varphi(G_{j+1}, \cdots, G_n)) \tag{4.39}$$

那么, 对任意的 j, 算子 Ω_φ 都有相同的性质, 即

$$U(z) = \Omega_\varphi(u_1(z), \cdots, u_n(z)) = \Omega_\varphi(\Omega_\varphi(u_1(z), \cdots, u_j(z)), \Omega_\varphi(u_{j+1}(z), \cdots, u_n(z))) \tag{4.40}$$

把相邻部件构成的子集看作有序的子系统并求其 u 函数, 然后把这些有序子系统看作有序的部件, 再与下一个部件结合, 照此法递推下去, 即可得到整个多状态系统的通用生成函数, 如图 4.1 所示。

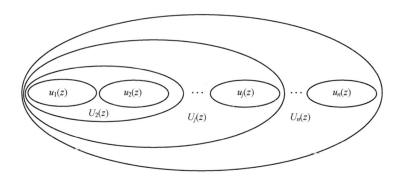

图 4.1　多状态系统结构函数满足式(4.16)条件的 u 函数递推示意图

　　如果系统的结构函数满足式(4.19),可将有序部件组成的集合分割成任意相邻部件组成的若干个子集,计算子集的 u 函数,然后层层迭代递推(图 4.2),也可以得到系统的通用生成函数。

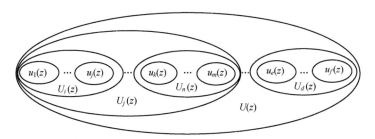

图 4.2　多状态系统结构函数满足式(4.19)的 UGF 递推步骤

　　如果系统的结构函数除了满足式(4.19)的条件,还满足交换律,那么系统部件的顺序也就没有意义,因此,系统的部件可以任意组合,得到的子集也可以继续任意组合,并计算出子集的 u 函数,最终也可得到系统的通用生成函数,如图 4.3所示。

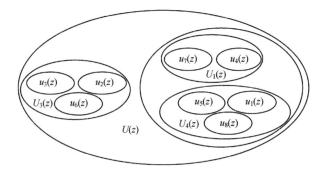

图 4.3　多状态系统结构函数满足式(4.19)和式(4.21)的 UGF 递推步骤

4.2.4　串联子系统的通用生成函数

一般情况下,串联多状态系统的结构函数取决于系统的物理结构、部件的物理意义以及部件之间相互作用的特点。下面给出两种不同类型多状态串联系统的结构函数。

1. 流体输送多状态串联系统

在流体输送多状态串联系统中,输送性能一般是指输送能力或者输送的效率。一个串联子系统的总输送能力遵循木桶原理,即总输送能力取决于输出性能最小的部件。下面给出含有 n 个串联并相互对立部件的子系统的结构函数:

$$f_{\mathrm{ser}}^{(1)} = \min\{G_1, G_2, \cdots, G_n\} \tag{4.41}$$

2. 任务处理多状态串联系统

任务处理多状态串联系统的性能一般定义为处理速度或作业时间。系统每一个部件都有相应的作业时间,同时,系统完成任务的总时间是有限制的。一般地,系统都有一个时间期限,该期限大于完成任务所需的时间。然而,在实际情况下,系统部件的不可用或性能劣化都可能导致时间延迟,从而使完成系统总任务时间可能大于系统规定的时间期限。

任务处理系统结构函数的定义,取决于系统部件之间作用的规律,其组成部件是按照一定的顺序连续作业,即一个部件必须是在其规定顺序的前一个部件结束作业时才开始作业。下面假设系统部件的性能用流程处理速度来表示。

设 G_j 表示系统部件 j 的流程处理速度,相应的流程处理时间 $T_j = 1/G_j$,则整个系统完成任务的总时间为

$$T = \sum_{j=1}^{n} T_j = \sum_{j=1}^{n} G_j^{-1} \tag{4.42}$$

因此,系统的总体流程处理速度为

$$G = 1/T = \left(\sum_{j=1}^{n} G_j^{-1}\right)^{-1} \tag{4.43}$$

串联任务流程处理系统的结构函数为

$$f_{\mathrm{ser}}^{(2)}(G_1, G_2, \cdots, G_n) = \begin{cases} \left(\sum_{j=1}^{n} G_j^{-1}\right)^{-1}, & \prod_{j=1}^{n} G_j \neq 0 \\ 0, & \prod_{j=1}^{n} G_j = 0 \end{cases} \tag{4.44}$$

显然式(4.44)同时满足交换律和结合律,那么该类系统的 u 函数也具有相同的性质。因此,在上述类型的系统中,任意部件组成的子集的 u 函数都满足交换律和结合律。下面以一个含有 4 个部件的上述系统为例子,给出其 u 函数及其变换

形式:

$$\Omega_{fser}(u_1(z), u_2(z), u_3(z), u_4(z)) = \Omega_{fser}(\Omega_{fser}(\Omega_{fser}(u_1(z), u_2(z)), u_3(z)), u_4(z))$$

$$= \Omega_{fser}(\Omega_{fser}(u_1(z), u_2(z)), \Omega_{fser}(u_3(z), u_4(z)))$$

$$(4.45)$$

4.2.5 并联系统的通用生成函数

1. 流体输送多状态并联系统

在并联的流体输送多状态系统中,流体输送可以采用并联管道来分流输送,系统的输送量为所有并联管道输送量的总和。

设一个多状态子系统含有 n 条并联且相互独立的输送管道, G_j 表示第 j 条管道的输送量,则该子系统的结构函数为

$$f_{parl}^{(1)}(G_1, G_2, \cdots, G_n) = \sum_{j=1}^{n} G_j \tag{4.46}$$

流体输送时常会考虑费用的问题,增加管道就会增加费用,在只允许选用一条管道条件下, n 条管道中最大容量为首选。这样,其结构函数的形式为

$$f_{parl}^{(1)}(G_1, G_2, \cdots, G_n) = \max\{G_1, G_2, \cdots, G_n\} \tag{4.47}$$

2. 任务处理多状态并联系统

任务处理多状态系统中,结构函数的定义取决于部件之间相互作用的特点。下面讨论并联任务处理系统的两种情况:

1) 不存在任务分担的并联任务处理系统

如果系统并联部件之间没有任务分担,并联部件之间是竞争的关系,即所有部件同时执行相同的任务,这样,可用最先完成任务部件所用的时间或最快的处理速度来表征系统的任务处理时间或处理速度,系统的结构函数形式如式(4.47)。

2) 存在任务分担的并联任务处理系统

如果系统并联部件之间存在任务分担,下面做出如下假设:

(1) 任务(工作量 x)可以分割成任意的模块;

(2) 选择任务分担形式的决定时间忽略不计,做决定是在任务执行之前完成的,并且是基于部件的状态,满足任务到来时的瞬时需求;

(3) 在任务执行期间,部件失效的概率忽略不计。

各部件同时执行任务,第 j 个部件分担工作量 x_j ,其任务处理速度 G_j ,则所用时间为 $T_j = x_j/G_j$,总的工作量用 x 表示,有 $x = \sum_{j=1}^{n} x_j$,系统任务处理时间用 T 表示,有 $T = \max_{1 \le j \le n}\{x_j/G_{jn}\}$ 。

如果按照 $x_j = xG_j / \sum_{k=1}^{n} G_k (j = 1, 2, \cdots, n)$ 来给各部件分配工作,那么整个系

统就可以最短的时间完成任务,即系统最短完成任务的时间 $T = x / \sum_{k=1}^{n} G_k$,系统总的处理速度为各部件速度之和,即 $G = \sum_{k=1}^{n} G_k$。因此,该系统的结构函数如式(4.46),并满足式(4.39)和式(4.41),即具有结合律和交换律的性质。

4.2.6　串并混联系统的通用生成函数

混联系统由若干串联的子系统和若干并联的子系统交叉组合构成,必须分析这些子系统相互之间的组合结构关系,才能得到其 u 函数。下面是实现这一目的的基本步骤:

(1) 找到系统的基本串联子系统和并联子系统;

(2) 运用相关的算子 $\Omega_{f_{ser}}$、$\Omega_{f_{parl}}$ 分别处理串联子系统和并联子系统,得到子系统的 u 函数;

(3) 把步骤(2)得到的子系统看作一个"部件",并与其他部件合并成更高一级子系统;

(4) 如果更高一级子系统不止一个,那么就要返回到步骤(1),直到得到整个系统的 u 函数。

u 函数与整个系统的输出性能有关,而串联或并联子系统的结构函数的选择取决于系统的类型,表 4.1 列出了不同类型多状态系统组合的结构函数。

表 4.1　基本串联子系统和并联子系统的结构函数

序号	MSS 类型	结构函数(串联)	结构函数(并联)
1	存在分流的流体输送 MSS	式(4.41)	式(4.46)
2	不存在分流的流体输送 MSS	式(4.41)	式(4.47)
3	存在工作分担的任务处理 MSS	式(4.44)	式(4.46)
4	不存在工作分担的任务处理 MSS	式(4.44)	式(4.47)

4.2.7　桥联结构 MSS 的通用生成函数

图 4.4 是一个简单的桥联结构,不能通过把系统分解成串联或者并联子系统来获取系统的 u 函数。系统中 5 个部件之间是复杂的组合关系,任意两个部件之间的关系并不是串联或并联的关系。下面就以该系统为例来探讨桥联结构系统的结构函数。

1. 流体输送桥联 MMS

1) 存在分流

假设系统存在分流,为了得到整个系统的输送能力,首先需要分解系统,串联

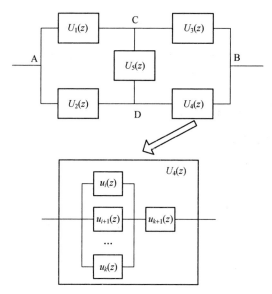

图 4.4　桥联结构的 MSS

部件 1、3 和串联部件 2、4 组合成一个并联子系统(此时不考虑部件 5)。两条串联的子系统的结构函数符合式(4.41),并联后符合式(4.46),因此,该并联子系统的结构函数为

$$f(G_1,G_2,G_3,G_4)=f_{\mathrm{parl}}(f_{\mathrm{ser}}(G_1,G_3),f_{\mathrm{ser}}(G_2,G_4)) \tag{4.48}$$

并且其总的输送能力为 $\min\{G_1,G_3\}+\min\{G_2,G_4\}$。

下面把部件 5 考虑到系统内,部件 5 连接两个节点 C 和 D,其中一个节点的盈余输送能力为 $\Delta s=\max\{(G_1-G_3),(G_2-G_4),0\}$,则另一个节点超出的输送能力为 $\Delta d=\max\{(G_3-G_1),(G_4-G_2),0\}$。通过部件 5 的流存在的必要条件是 $\Delta s\neq 0$ 且 $\Delta d\neq 0$,即 $(G_1-G_3)(G_2-G_4)<0$。

如果满足上述条件,通过部件 5 的流体的量不能超过部件 5 的输送能力 G_5 和节点盈余输送能力 Δs。此外,通过桥的流体能否顺利往下进行还受限于部件 3 或部件 4,因此,在满足上述的条件下,通过桥的最大流为 $\min\{\Delta d,\Delta s,G_5\}$。

这样,该桥联结构的最大流为

$$f_{\mathrm{bridge}}(G_1,G_2,G_3,G_4,G_5)=\min\{G_1,G_3\}+\min\{G_2,G_4\}+\min\{|G_1-G_3|,|G_2-G_4|,G_5\}\times I \tag{4.49}$$

其中

$$I=\begin{cases}1, & (G_1-G_3)(G_2-G_4)<0\\0, & (G_1-G_3)(G_2-G_4)\geq 0\end{cases}$$

2）不存在分流

假设系统不存在分流,那么应该在节点 A 和 B 之间选择一条流量最大的通道,每一条通道组成部件是串联起来的,总共有 4 条通道可选择,分别是 $(1,3)$、$(2,4)$、$(1,5,4)$ 和 $(2,5,3)$,并且每一条通道的输送能力取决于输送能力最小的部件,因此,系统的结构函数为

$$f_{\text{bridge}}(G_1,G_2,G_3,G_4,G_5) = \max\{\min\{G_1,G_3\}+\min\{G_2,G_4\}+\min\{G_1,G_5,G_4\}$$
$$+\min\{G_2,G_5,G_3\}\} \tag{4.50}$$

需要指出的是,这四条子系统包含有相同的部件,因此,并不是相互独立的。那么,通过对系统进行串并联子系统分解是不能获得其 u 函数的。总之,要使用结构函数式(4.37)的必要前提是各部件之间是相互独立的关系。

2. 任务处理桥联 MMS

这类系统是串联系统,任务是通过一道道的工序完成的,一个部件对应于一道工序,系统的性能用部件任务处理速度表示。下面讨论两种类型的任务处理系统。

1）不存在任务分担

设系统不存在任务分担,各条任务处理路径之间是竞争关系。该桥联结构存在四条可供选择的路径,分别是 $(1,3)$、$(2,4)$、$(1,5,4)$ 和 $(2,5,3)$,评价系统完成任务的时间是选择用时最少的一条路径,那么系统处理任务的总时间 $T=\min\{t_1+t_3,t_2+t_4,t_1+t_5+t_4,t_2+t_5+t_3\}$,因此,桥联系统任务处理的速度为

$$G=f(G_1,G_2,G_3,G_4,G_5)=\max\{\eta(G_1,G_3),\eta(G_2,G_4),\eta(G_1,G_5,G_4),\eta(G_2,G_5,G_3)\}$$
$$\tag{4.51}$$

其中

$$\eta(G_i,G_j)=\begin{cases} G_iG_j/(G_i+G_j), & G_iG_j\neq 0 \\ 0, & G_iG_j=0 \end{cases}$$

$$\eta(G_i,G_j,G_m)=\begin{cases} G_iG_jG_m/(G_i+G_j+G_m), & G_iG_jG_m\neq 0 \\ 0, & G_iG_jG_m=0 \end{cases}$$

2）存在任务分担

系统存在任务分担,下面对系统作出如下假设:

(1) 任务执行包括两个阶段,第一阶段由部件 1 和部件 2 执行,第二阶段由部件 3 和部件 4 执行;

(2) 部件 5 是转移节点 C 和 D 之间工作量所必备的部件;

(3) 做任务分担的决定可以在节点 A、C、D,前提是要保证完成任务是可行的,另外,要求在部件 3 或 4 开始处理任务之前,部件 1 和 2 已经结束任务并且所有的任务都集中到节点 C 或 D。

第一阶段的任务处理有两种方式可以实施,设第一阶段任务分担系数为 α,第

二阶段的任务分担系数为 γ,部件 1 的任务量为 $(1-\alpha)x$,处理速度为 G_1;部件 2 的任务量为 αx,处理速度为 G_2。

如果第一阶段的任务集中在节点 C 处,那么部件 1 处理任务的时间 $t_1=(1-\alpha)x/G_1$,经过部件 2 和部件 5 到达节点 C 的时间 $t_2=\alpha x(1/G_2+1/G_5)$,那么,第一阶段处理任务的总时间为 $T_{1C}=\max\{t_1,t_2\}$。经计算,当且仅当 $t_1=t_2$,即任务分配系数 $\alpha=G_2G_5/(G_1G_2+G_1G_5+G_2G_5)$,$T_{1C}$ 取得最小值。此时,第一阶段任务处理的最短时间为 $T_{1C}=x(G_2+G_5)/(G_1G_2+G_1G_5+G_2G_5)$。

第一阶段任务在节点 C 处结束,接下来从节点 C 开启第二阶段的任务。设部件 3 的任务处理时间 $t_3=(1-\gamma)x/G_3$,经部件 5 到节点 D 再经过部件 4 的处理时间为 $t_4=\gamma x(1/G_5+1/G_4)$,那么第二阶段任务处理时间为 $T_{2C}=\max\{t_3,t_4\}$,当且仅当 $t_3=t_4$ 时,即 $\gamma=G_4G_5/(G_3G_4+G_3G_5+G_4G_5)$,$T_{2C}$ 取得最小值。此时,第一阶段任务处理的最短时间为 $T_{2C}=x(G_4+G_5)/(G_3G_4+G_3G_5+G_4G_5)$。

同理,当任务集中在节点 D 处,第一阶段最短的任务处理时间为

$$T_{1D}=x(G_1+G_5)/(G_1G_2+G_1G_5+G_2G_5)$$

第二阶段最短的任务处理时间为

$$T_{2D}=x(G_3+G_5)/(G_3G_4+G_3G_5+G_4G_5)$$

这样,在节点 A 时,就可以做出决定,选择一条理想的任务处理方法。整个桥联系统的任务处理时间为

$$T=\min\{T_{1C}+T_{2C},T_{1D}+T_{2D}\}$$
$$=\min\{x[(G_2+G_5)/\sigma+(G_4+G_5)/\pi],x[(G_1+G_5)/\sigma+(G_3+G_5)/\pi]\} \quad (4.52)$$

其中:$\sigma=G_1G_2+G_1G_5+G_2G_5$;$\pi=G_3G_4+G_3G_5+G_4G_5$。

整个桥联系统的任务处理速度为

$$G=f(G_1,G_2,G_3,G_4,G_5)=\begin{cases}\dfrac{\sigma\pi}{[(G_4+G_5)\sigma+(G_2+G_5)\pi]},(G_2+G_5)\pi\leqslant(G_4+G_5)\sigma\\[3mm]\dfrac{\sigma\pi}{[(G_3+G_5)\sigma+(G_1+G_5)\pi]},(G_2+G_5)\pi>(G_4+G_5)\sigma\end{cases}$$

$$(4.53)$$

参考文献

[1] 王天明. 发生函数论[M]. 北京:清华大学出版社,2002.

[2] 陈军科. 生成函数及其应用[J]. 科学技术与工程,2011,11(19):4547-4549.

[3] 许胤龙,孙淑玲. 组合数学引论[M]. 安徽:中国科学技术大学出版社,2010.

[4] USHAKOV I. Universal generating function[J]. Soviet Journal of Computer and Systems Sciences,1986,24(5):118-129.

［5］ USHAKOV I. Optimal standby problems and a universal generating function［J］. Soviet Journal of Computer and Systems Sciences,1987,25(4):79-82.

［6］ LEVITIN G. The Universal Generating Function in Reliability Analysis and Optimization［M］. London:Springer,2005.

［7］ LISNIANSKI A, FRENKEL I. Recent advances in system reliability［M］. London: Springer,2011.

［8］ LEVITIN G,LISNIANSKI A. Multi-state system reliability［M］. Singapore:World Scientific Publishing,2003.

［9］ LISNIANSKI A,LEVITIN G. Multi-state system reliability:asseccment,optimization and applications［M］. Singapore:World Scientific,2003.

［10］ LEVITIN G. A universal generating function approach for the ananlysis of multi-state systems with dependent elements［J］. Reliability Engineering and System Safety, 2004, 84 (3): 285-292.

［11］ ZAITSEVA E,LEVASHENKO V. Investigation multi-state system reliability by structure function［C］. Proceedings of the 2nd International Conference on Dependability of Computer Systems,Poland,2007:81-90.

［12］ MASSIM Y,ZEBLAH A,BENGUEDIAB M. Reliability evaluation of electrical power systems including mutli-state considerations［J］. Electrical Engineering,2006,88(2):109-116.

［13］ LISNIANSKI A. Extended block diagram method for a multi-state system reliability assessment ［J］. Reliability Engineering and System Safety,2007,92(12):1601-1607.

［14］ FRENKEL I, KHVATSKIN L, LISNIANSKI A. Markov reward model for performance deficiency calculation of refrigeration system［C］. The 2010 European Safety and Reliability Conference,Prague,2010:

［15］ SORO I W,NOURELFATH M,AIT-KADI D. Performance evaluation of multi-state degraded systems with minimal repairs and imperfect preventive maintenance［J］. Reliability Engineering and System Safety,2009,95(2):65-69.

［16］ FISHMAN G S. The distribution of maximum flow with applications to multistate reliability systems［J］. Operations Research,1987,35(4):607-618.

［17］ ZIOA E,PODOFILLINIA L,LEVITIN G. Estimation of the importance measures of multi-state elements by Monte Carlo simulation［J］. Reliability Engineering and System Safety,2004,86 (3):191-204.

［18］ LISNIANSKI A,FRENKEL I,DING Y. Multi-state system reliability analysis and optimization for engineers and industrial managers［M］. London:Springer,2010.

［19］ DING Y,WANG P. Long-term reserve expansion of power systems with high wind power penetration using universal generating function methods［J］. IEEE Transactions on Power Systems,2011,26(2):766-774.

［20］ 王洪涛,刘旭,陈之栩,等. 低碳背景下基于改进通用生成函数法的随机生产模拟［J］. 电网技术,2013,37(3):597-603.

[21] LI Y F,ZIO E. A multi-state model for the reliability assessment of a distributed generating system via universal gengnerating function[J]. Reliability Engineering and System Safety, 2012,106:28-36.

[22] 安宗文,郑堃,黄建龙. 周期性疲劳载荷作用下的应力-干涉模型[J]. 电子科技大学学报,2013,42(2):306-311.

[23] 高鹏,谢里阳. 基于改进发生函数方法的多状态系统可靠性分析[J]. 航空学报,2010, 31(5):934-939.

[24] LEVITIN G,LISNIANSKI A. Optimizing survivability of vulnerable series-parallel multi-state systems[J]. Reliability Engineering and System Safety,2003,79(3):319-331.

[25] 李春洋,陈循,易晓山. 考虑共因失效的多态系统可靠性优化[J]. 中国机械工程,2010, 21(2):155-159.

[26] 李春洋,陈循,易晓山,等. 基于向量通用生成函数的多性能参数多态系统可靠性分析 [J]. 兵工学报,2010,31(12):1604-1610.

[27] ROOHI Sh F,LI Y F. Time-to-state and availability assessment of multi-state weighted k-out-of-n:G systems[C]//2010 IEEE International Conference,Macao,2010:788-792.

[28] DING Y,LISNIANSKI A. Fuzzy universal generating functions for multi-state system reliability assessment[J]. Fuzzy Sets Systems,2008,159(3):307-324.

[29] DESTERCKE S,SALLAK M. An extension of universal generating function in multi-state systems considering epistemic uncertainties[J]. IEEE Transactions on Power Systems,2013,62 (2):504-514.

[30] 尚彦龙,蔡琦,赵新文,等. 基于 UGF 和 Semi-Markov 方法的反应堆泵机组多状态可靠性 分析[J]. 核动力工程,2012,33:117-123.

[31] 蔡琦,尚彦龙,陈力生,等. 基于向量通用生成函数理论的考虑多性能参数的热力系统可 用度分析[J]. 原子能科学技术,2013,47(10):1787-1792.

[32] TAN C M,RAGHAVAN N. A framework to practical predictive maintenance modeling for multi-state system[J]. Reliability Engineering and System Safety,2008,93(8):1138-1150.

[33] LISNIANSKI A,DING Y. Redundancy analysis for repairable multi-state system by using combined stochastic processes methods and universal generating function technique[J]. Reliability Engineering and System Safety,2009,94(11):1788-1795.

[34] LIU Y,HUANG H Z. Optimal selective maintenance strategy for multi-state systems under imperfect maintenance[J]. IEEE Transactions on Reliability,2010,59(2):356-367.

通用生成函数与随机过程相结合的多状态
系统可靠性分析方法

　　第 3 章详细介绍了在多状态系统可靠性评估中随机过程理论的广泛应用,利用随机过程理论将系统状态空间与状态转移进行建模分析,则多状态系统可被定义为连续时间离散状态随机过程,基于此可得到系统所有可靠性指针的解析表达式。

　　在对多状态系统开展相关研究时,经常遇到系统状态空间庞大的问题,对多状态系统开展可靠性研究,也会遇到同样的问题。系统的状态空间庞大是由系统内多状态部件导致的。例如,某系统中包含 n 个多状态部件,当第 j 个部件有 k_j 个性能状态时,系统的状态空间为各部件状态的组合,整个系统将会表现出 $K = \prod_{j=1}^{n} k_j$ 个性能水平。如果系统变化符合马尔可夫过程,那么为了得出该多状态系统的状态概率,必须解出包含 K 个方程的方程组。如果系统在某些状态的逗留时间是非指数分布的,则常会采用半马尔可夫过程建模,那么系统内需要解的积分方程的数量将是系统所有状态数量的平方,即 K^2。这样即使是一个较小的系统,其状态空间数量也将非常可观,导致进行系统可靠性分析时增加建模难度及模型求解的复杂程度。因此,在多状态系统可靠性工程实践中,研究能够有效减少状态空间并简化处理计算过程的方法非常有必要。

　　系统可靠性评估一般通过仿真进行分析,然而仿真同样对状态数量敏感,难以清晰地描述系统结构,对计算机性能要求较高。因此,系统状态空间庞大的问题从本质上约束了随机过程在多状态系统可靠性中的应用。

　　综上所述,本章将介绍通用生成函数与随机过程相结合的多状态系统可靠性分析方法。

5.1 方法描述

5.1.1 多性能状态部件的随机过程

多状态系统中部件 j 在运行过程中有 k_j 个性能水平,表示为 $\boldsymbol{g}_j = \{g_{j1}, L, g_{jk_j}\}$,则 g_{ji} 为部件 j 处于性能水平 $i (i \in \{1,2,K,k_j\})$。

在初始阶段,对多状态系统中各多状态部件建立随机过程模型,基于此模型可得各部件各不同状态概率函数:

$$p_{ji}(t) = \Pr\{G_j(t) = g_{ji}\}, i \in \{1,2,K,k_j\}$$

其中,系统中第 j 个部件的性能输出定义为 $G_j(t)$。

在下一阶段任一时刻 t,整个多状态系统的状态概率函数都是基于前一阶段系统状态定义的。该阶段概率函数可通过通用生成函数进行较为简单的代数运算得到。

在对受到轻微冲击产生故障或接受过维修的多状态系统部件进行分析时,假设第 j 个部件在某一时刻处于状态 i,则与之相对应的性能输出为 g_{ji},且令 $g_{j,i+1} \geqslant g_{j,i}$。该轻微故障或维修会使得部件产生状态转移,从状态 i 转移至状态 $i-1$ 或状态 $i+1 (1 \leqslant i \leqslant k_j)$。若部件受到冲击产生故障则从状态 i 转移至状态 $i-1$;若部件被维修则从状态 i 转移至状态 $i+1$。特别地,若部件处于完好状态 k_j,则只能向状态 k_j-1 转移;若部件处于完全失效状态 1,则只能向状态 2 转移。

1. 多状态部件的马尔可夫模型

若部件故障时间和维修时间均服从指数分布,则性能转移具有马尔可夫性,据此建立马尔可夫模型。为简便起见,省略下标 j,假设部件有 k 个不同的状态,与部件状态相对应的性能输出表示为 g_s,建立系统状态转移示意图,见图 5.1。定义马尔可夫过程中从状态 s 转移至状态 m 的转移率为 $a_{sm}(s, m = 1, K, k)$。当系统部件被维修或受到冲击故障时就必然会发生状态转移。若 $m < s$,则 $a_{sm} = \lambda_{sm}$,其中 λ_{sm} 表示造成部件从状态 s 转移至状态 m 的故障的故障率;若 $m > s$,则 $a_{sm} = \mu_{sm}$,其中 μ_{sm} 表示修复率。

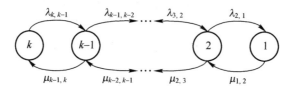

图 5.1 可修多状态部件马尔可夫模型状态转移图

令 $p_s(t)$ 表示系统部件各不同状态概率,则 $p_s(t)=\Pr\{G(t)=g_s\}$,其中,$G(t)$ 表示系统部件的性能输出($s=1,K,k,t\geqslant0$)。

由第 2 章所得结论可求导得出以下等式:

$$\frac{\mathrm{d}p_s(t)}{\mathrm{d}t} = \sum_{\substack{i=1\\i\neq s}}^{k}(p_i(t)a_{is}) - p_s(t)\sum_{\substack{i=1\\i\neq s}}^{k}a_{is} \tag{5.1}$$

由于系统状态转移率可表示为部件故障率或修复率,故可将式(5.1)展开如下:

$$\begin{cases} \dfrac{\mathrm{d}p_1(t)}{\mathrm{d}t} = -\mu_{12}p_1(t)+\lambda_{21}p_2(t) \\[2mm] \dfrac{\mathrm{d}p_2(t)}{\mathrm{d}t} = \mu_{12}p_1(t)-(\lambda_{21}+\mu_{23})p_2(t)+\lambda_{32}p_3(t) \\[2mm] \qquad\qquad\vdots \\[2mm] \dfrac{\mathrm{d}p_k(t)}{\mathrm{d}t} = -\mu_{k-1,k}p_{k-1}(t)+\lambda_{k,k-1}p_k(t) \end{cases} \tag{5.2}$$

假设系统部件初始状态为 k,性能完好,则 $p_k(0)=1,p_{k-1}(0)=K=p_2(0)=p_1(0)=0$。因此可解出式(5.2)得到 $p_s(t)$。

2. 多状态部件的半马尔可夫模型

假设系统第 j 个部件的故障时间服从任意累积分布函数 $F_{i,i-1}^{(j)}(t)$,类似地对于任一状态,部件 j 修复时间的累积分布函数是 $F_{i,i+1}^{(j)}(t)$,其中 $1\leqslant j\leqslant n,1<i<k_j$。为简便起见省略 j,则可建立系统状态转移示意图,见图 5.2。

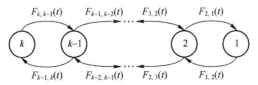

图 5.2　可修多状态部件半马尔可夫模型状态转移图

由半马尔可夫过程的定义,令核矩阵 $|Q_{lm}(t)|$ 表示系统部件转移情况,其中 $l,m=1,2,K,k$。对于系统内任一部件,$Q_{lm}(t)$ 表示在一定时间间隔 $[0,t]$ 内该部件由状态 l 转移至状态 m 的概率分布情况。

由 2.5 节可得

$$|Q_{lm}(t)| = \begin{vmatrix} 0 & Q_{12}(t) & 0 & 0 & \cdots & 0 & 0 \\ Q_{21}(t) & 0 & Q_{23}(t) & 0 & \cdots & 0 & 0 \\ \vdots & \vdots & \vdots & \vdots & & \vdots & \vdots \\ 0 & 0 & 0 & 0 & \cdots & Q_{k,k-1}(t) & 0 \end{vmatrix} \tag{5.3}$$

其中

$$Q_{12}(t) = F_{12}(t) \tag{5.4}$$

$$Q_{l+1,l}(t) = \int_0^t [1 - F_{l+1,l+2}(t)] dF_{l+1,l}(t), \qquad 1 \leqslant l \leqslant k-2 \tag{5.5}$$

$$Q_{l,l+1}(t) = \int_0^t [1 - F_{l,l-1}(t)] dF_{l,l+1}(t), \qquad 2 \leqslant l \leqslant k-1 \tag{5.6}$$

$$Q_{k,k-1}(t) = F_{k,k-1}(t) \tag{5.7}$$

因此,多状态部件随机状态转移的半马尔可夫过程可由核矩阵式(5.3)和初始状态 k(即部件性能最佳)描述。

令 $\theta_{lm}(t)$ 表示任一部件的半马尔可夫过程中,在时刻 $t=0$ 时处于状态 l,经过时间 t 后转移至状态 m 的概率。$\theta_{lm}(t)$ 可由下式获得:

$$\theta_{lm}(t) = \delta_{lm} \left[1 - \sum_{m=1}^k Q_{lm}(t) \right] + \sum_{s=1}^k \int_0^t q_{ls}(\tau) \theta_{sm}(t-\tau) d\tau, \qquad l,m = 1,2,K,k \tag{5.8}$$

其中

$$q_{ls} = \frac{dQ_{ls}(\tau)}{d\tau} \tag{5.9}$$

$$\delta_{lm} = \begin{cases} 1, & l=m \\ 0, & l \neq m \end{cases}$$

假设每个部件均从最佳状态开始,则 $p_k(t) = \theta_{k,k}(t)$,$p_{k-1}(t) = \theta_{k,k-1}(t)$,$\cdots$,$p_1(t) = \theta_{k1}(t)$。

因此,首先应为整个多状态系统的每个部件建立马尔可夫或半马尔可夫模型。若某多状态部件的性能随机过程是马尔可夫过程,则该部件的马尔可夫模型应包含 k 个微分方程;若某多状态部件的性能随机过程是半马尔可夫过程,则该部件的半马尔可夫模型应包含 k^2 个微分方程。解上述方程式可得在时刻 t 时的部件性能概率分布 $p_i(t) = \Pr\{G(t) = g_i\}$ $(i=1,2,\cdots,k)$,这些概率分布就构成了多状态系统中各部件的输出性能随机过程 $G(t)$。

5.1.2　多状态系统可靠性评估

多状态系统第 j 个部件的性能随机过程为 $G_j(t) \in g_j$ $(j=1,2,\cdots,n)$,则整个系统的性能输出函数为 $G(t) = f(G_1(t),\cdots,G_n(t))$,其中 $G_j(t)$ 为 t 时刻每个部件的性能输出。

Modarres 等学者在 1999 年利用可靠性框图分析了二态部件组成的系统中各部件的相互关系。在这种框图中,各块分别代表系统各部件的运行状态,各块相互连接可构成串联、并联、贮备结构或混合结构,框图中各部件所构成的结构遵循系统中所规定的运行模式,有一定的逻辑顺序。可靠性框图和与之相关联的算法与仿真模型共同组成系统可靠性模型。

类似地,在多状态系统中,可靠性框图中各块代表各多状态部件。框图中各块的相互关系与运行的逻辑顺序遵循系统结构函数 $f(G_1(t),\cdots,G_n(t))$,而模块 j 的行为是受部件 j 的性能随机过程 $G_j(t)$ 影响。

由各部件的输出随机过程 $G_j(t)$ 和给定的系统结构函数 $f(G_1(t),\cdots,G_n(t))$,利用通用生成函数可得到系统的性能输出随机过程 $G(t)=f(G_1(t),\cdots,G_n(t))$。

首先,将各部件的通用生成函数列出,对于第 j 个部件,其通用生成函数和与之相关的输出随机过程 $G_j(t)$ 有一一对应的关系;然后,利用各部件通用生成函数的复合算子,考虑多状态系统结构可得到与系统的性能输出随机过程 $G(t)$ 相对应的通用生成函数 $U(z,t)$。$U(z,t)$ 定义了任一时刻 t 系统的性能函数分布,由此可得出多状态系统可靠性指标。具体步骤如下:

(1) 已知第 j 个部件处于状态 i 时的概率 $p_{ji}(t)$ 和性能 g_{ji},则可得出与该部件性能输出随机过程相关的通用生成函数:

$$u_j(z,t) = p_{j1}(t)z^{g_{j1}} + p_{j2}(t)z^{g_{j2}} + \cdots + p_{jk_j}(t)z^{g_{jk_j}}, \quad j=1,2,\cdots,n, i=1,2,\cdots,k_j \quad (5.10)$$

(2) 令串联结构的通用生成函数复合算子为 Ω_{fser},并联结构复合算子为 Ω_{fpar},桥联结构复合算子为 Ω_{fbridge},这些不同类型系统的算子在之前介绍算子相关计算递归过程的章节中已经有所定义。基于其递归过程可得到全系统的通用生成函数:

$$U(z,t) = \sum_{i=1}^{K} p_i(t)z^{g_i} \quad (5.11)$$

式中:K 为全系统状态总量;g_i 为系统在状态 i 时的输出性能($i=1,2,\cdots,K$)。

(3) 利用 4.2.2 节中的相关算子 δ_A、δ_E、δ_D 和结论,可由通用生成函数得出多状态系统的可靠性指标如下:

在时刻 $t>0$ 的系统可用度 $A(t,w)$ 为

$$A(t) = \delta_A(U(z,t),w) = \delta_A\left(\sum_{i=1}^{K} p_i(t)z^{g_i}, w\right) = \sum_{i=1}^{K} p_i(t)I(g_i - w \geq 0) \quad (5.12)$$

当 $t>0$ 时,系统在时刻 t 的期望性能为

$$E(t) = \delta_E(U(z,t)) = \delta_E\left(\sum_{i=1}^{K} p_i(t)z^{g_i}\right) = \sum_{i=1}^{K} p_i(t)g_i \quad (5.13)$$

当 $t>0$ 时,系统在时刻 t 的期望性能缺额为

$$D(t) = \delta_D(U(z,t),w) = \delta_D\left(\sum_{i=1}^{K} p_i(t)z^{g_i}, w\right) = \sum_{i=1}^{K} p_i(t)\max(w - g_i, 0) \quad (5.14)$$

在给定的时间段 $[0,T]$ 中,系统平均累积性能缺额为

$$D_{\sum} = \int_0^T D(t,w)\,\mathrm{d}t = \sum_{i=1}^K \max(w - g_i) \int_0^T p_i(t)\,\mathrm{d}t \tag{5.15}$$

例 5.1 分析图 5.3 中的低速传输系统。

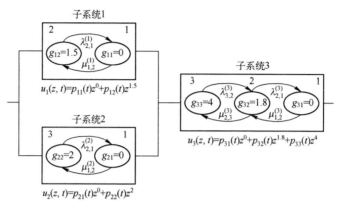

图 5.3 串并行低速传输多状态系统

该系统包括三个子系统,管道运行顺序是从左到右。系统中三个子系统的输出性能都可由各子系统传送能力(t/min)来衡量。系统所有部件失效时间和修复时间都服从指数分布。子系统 1 和子系统 2 均可修且只有完好和故障二状态。这两个子系统的所有失效状态的传送能力均为 0,运行状态的传送能力分别为 1.5t/min 和 2t/min,即

$$G_1(t) \in \{g_{11}, g_{12}\} = \{0, 1.5\}, \quad G_2(t) \in \{g_{21}, g_{22}\} = \{0, 2\}$$

同样地,这两个子系统的失效率和修复率分别为

子系统 $1: \lambda_{2,1}^{(1)} = 7$ 次/年, $\mu_{1,2}^{(1)} = 100$ 次/年

子系统 $2: \lambda_{2,1}^{(2)} = 10$ 次/年, $\mu_{1,2}^{(2)} = 80$ 次/年

子系统 3 为多状态结构,针对于其遭受的轻微故障执行小修策略。该子系统有三态:失效状态的传送能力为 0,局部故障状态的传送能力为 1.8t/min,完好状态的传送能力为 4t/min,即

$$G_3(t) \in \{g_{31}, g_{32}, g_{33}\} = \{0, 1.8, 4\}$$

子系统 3 的失效率和修复率分别为

$$\lambda_{3,2}^{(3)} = 10 \text{ 次/年}, \quad \lambda_{2,1}^{(3)} = 7 \text{ 次/年}$$

$$\mu_{1,2}^{(3)} = 120 \text{ 次/年}, \quad \mu_{2,3}^{(3)} = 110 \text{ 次/年}$$

多状态系统结构函数为 $G_s(t) = f(G_1(t), G_2(t), G_3(t)) = \min\{G_1(t) + G_2(t), G_3(t)\}$。

需求为常数 $w = 2.0\text{t/min}$。

求解该系统可用度,性能均值,性能输出缺额均值。

解:根据题中两阶段运行情况的描述可得:

(1) 结合图 5.3 和马尔可夫法对系统各子系统建立微分方程组。

对于子系统 1:

$$\begin{cases} \mathrm{d}p_{11}(t)/\mathrm{d}t = -\mu_{1,2}^{(1)}p_{11}(t) + \lambda_{2,1}^{(1)}p_{12}(t) \\ \mathrm{d}p_{12}(t)/\mathrm{d}t = -\lambda_{2,1}^{(1)}p_{12}(t) + \mu_{1,2}^{(1)}p_{11}(t) \end{cases}$$

其中,$p_{12}(0) = 1, p_{11}(0) = 0$。

对于子系统 2:

$$\begin{cases} \mathrm{d}p_{21}(t)/\mathrm{d}t = -\mu_{1,2}^{(2)}p_{21}(t) + \lambda_{2,1}^{(2)}p_{22}(t) \\ \mathrm{d}p_{22}(t)/\mathrm{d}t = -\lambda_{2,1}^{(2)}p_{22}(t) + \mu_{1,2}^{(2)}p_{21}(t) \end{cases}$$

其中,$p_{21}(0) = 1, p_{22}(0) = 0$。

对于子系统 3:

$$\begin{cases} \mathrm{d}p_{31}(t)/\mathrm{d}t = -\mu_{1,2}^{(3)}p_{31}(t) + \lambda_{2,1}^{(3)}p_{32}(t) \\ \mathrm{d}p_{32}(t)/\mathrm{d}t = \lambda_{3,2}^{(3)}p_{33}(t) - (\lambda_{2,1}^{(3)} + \mu_{2,3}^{(3)})p_{32}(t) + \mu_{1,2}^{(3)}p_{31}(t) \\ \mathrm{d}p_{33}(t)/\mathrm{d}t = -\lambda_{3,2}^{(3)}p_{33}(t) + \mu_{2,3}^{(3)}p_{32}(t) \end{cases}$$

其中,$p_{31}(0) = p_{32}(0) = 0, p_{33}(0) = 1$。

由上述方程组可得出三个子系统微分方程组的封闭解。系统状态概率的相关表达式如下:

对于子系统 1:

$$p_{11}(t) = \frac{\lambda_{2,1}^{(1)}}{\mu_{1,2}^{(1)} + \lambda_{2,1}^{(1)}} - \frac{\lambda_{2,1}^{(1)}}{\mu_{1,2}^{(1)} + \lambda_{2,1}^{(1)}} \mathrm{e}^{-(\mu_{1,2}^{(1)} + \lambda_{2,1}^{(1)})t}, \quad p_{12}(t) = \frac{\mu_{1,2}^{(1)}}{\mu_{1,2}^{(1)} + \lambda_{2,1}^{(1)}} - \frac{\lambda_{2,1}^{(1)}}{\mu_{1,2}^{(1)} + \lambda_{2,1}^{(1)}} \mathrm{e}^{-(\mu_{1,2}^{(1)} + \lambda_{2,1}^{(1)})t}$$

对于子系统 2:

$$p_{21}(t) = \frac{\lambda_{2,1}^{(2)}}{\mu_{1,2}^{(2)} + \lambda_{2,1}^{(2)}} - \frac{\lambda_{2,1}^{(1)}}{\mu_{1,2}^{(2)} + \lambda_{2,1}^{(2)}} \mathrm{e}^{-(\mu_{1,2}^{(2)} + \lambda_{2,1}^{(2)})t}, \quad p_{22}(t) = \frac{\mu_{1,2}^{(2)}}{\mu_{1,2}^{(2)} + \lambda_{2,1}^{(2)}} - \frac{\lambda_{2,1}^{(1)}}{\mu_{1,2}^{(2)} + \lambda_{2,1}^{(2)}} \mathrm{e}^{-(\mu_{1,2}^{(2)} + \lambda_{2,1}^{(2)})t}$$

对于子系统 3:

$$p_{31}(t) = A_1 \mathrm{e}^{\alpha t} + A_2 \mathrm{e}^{\beta t} + A_3$$
$$p_{32}(t) = B_1 \mathrm{e}^{\alpha t} + B_2 \mathrm{e}^{\beta t} + B_3$$
$$p_{33}(t) = C_1 \mathrm{e}^{\alpha t} + C_2 \mathrm{e}^{\beta t} + C_3$$

其中

$$\alpha = -\eta/2 + \sqrt{\eta^2/4 - \zeta}, \quad \beta = -\eta/2 - \sqrt{\eta^2/4 - \zeta}$$

$$A_1 = \frac{\lambda_{2,1}^{(3)} \lambda_{3,2}^{(3)}}{\alpha(\alpha - \beta)}, \quad A_2 = \frac{\lambda_{2,1}^{(3)} \lambda_{3,2}^{(3)}}{\beta(\beta - \alpha)}, \quad A_3 = \frac{\lambda_{2,1}^{(3)} \lambda_{3,2}^{(3)}}{\zeta}$$

$$B_1 = \frac{(\mu_{1,2}^{(3)} + \alpha) \lambda_{3,2}^{(3)}}{\alpha(\alpha - \beta)}, \quad B_2 = \frac{(\mu_{1,2}^{(3)} + \alpha) \lambda_{3,2}^{(3)}}{\beta(\beta - \alpha)}, \quad B_3 = \frac{\mu_{1,2}^{(3)} \lambda_{3,2}^{(3)}}{\zeta}$$

$$C_1 = \frac{(\mu_{1,2}^{(3)} + \alpha)\lambda_{3,2}^{(3)}\mu_{2,3}^{(3)}}{\alpha(\alpha - \beta)(\alpha + \lambda_{3,2}^{(3)})}, \quad C_2 = \frac{(\mu_{1,2}^{(3)} + \beta)\lambda_{3,2}^{(3)}\mu_{2,3}^{(3)}}{\beta(\beta - \alpha)(\beta + \lambda_{3,2}^{(3)})}, \quad C_3 = \frac{\mu_{1,2}^{(3)}\mu_{2,3}^{(3)}(\beta + \lambda_{3,2}^{(3)}(\lambda_{3,2}^{(3)} - \alpha))}{\alpha\beta(\alpha + \lambda_{3,2}^{(3)})(\beta + \lambda_{3,2}^{(3)})}$$

$$\eta = \lambda_{2,1}^{(3)} + \lambda_{3,2}^{(3)} + \mu_{1,2}^{(3)} + \mu_{2,3}^{(3)}, \quad \zeta = \lambda_{2,1}^{(3)}\lambda_{3,2}^{(3)} + \mu_{1,2}^{(3)}\mu_{2,3}^{(3)} + \mu_{1,2}^{(3)}\lambda_{3,2}^{(3)}$$

因此,可得以下性能输出随机过程:

子系统 1 : $\boldsymbol{g}_1 = \{g_{11}, g_{12}\} = \{0, 1.5\}$, $\boldsymbol{p}_1 = \{p_{11}(t), p_{12}(t)\}$

子系统 2 : $\boldsymbol{g}_2 = \{g_{21}, g_{22}\} = \{0, 2.0\}$, $\boldsymbol{p}_2 = \{p_{21}(t), p_{22}(t)\}$

子系统 3 : $\boldsymbol{g}_3 = \{g_{31}, g_{32}, g_{33}\} = \{0, 1.8, 4.0\}$, $\boldsymbol{p}_3 = \{p_{31}(t), p_{32}(t), p_{33}(t)\}$

(2) 系统第 j 个子系统的相关集合定义为 $\boldsymbol{g}_j$ 和 $\boldsymbol{p}_j(t)$,则与该子系统性能输出随机过程相关的 u 函数为

$$u_1(z,t) = p_{11}(t)z^{g_{11}} + p_{12}(t)z^{g_{12}} = p_{11}(t)z^0 + p_{12}(t)z^{1.5}$$

$$u_2(z,t) = p_{21}(t)z^{g_{21}} + p_{22}(t)z^{g_{22}} = p_{21}(t)z^0 + p_{22}(t)z^2$$

$$u_3(z,t) = p_{31}(t)z^{g_{31}} + p_{32}(t)z^{g_{32}} + p_{33}(t)z^{g_{33}} = p_{31}(t)z^0 + p_{32}(t)z^{1.8} + p_{33}(t)z^4$$

这些 u 函数在图 5.3 中也有所体现。

(3) 利用相关系统结构的复合算子 $\varOmega_{f_{ser}^{(1)}}$ 和 $\varOmega_{f_{par}^{(1)}}$ 可得出该并串联多状态系统的通用生成函数:

$$U(z,t) = \varOmega_{f_{ser}^{(1)}}(\varOmega_{f_{par}^{(1)}}((u_1(z,t), u_2(z,t)), u_3(z,t)))$$

为了得出该函数,首先将算子 $\varOmega_{f_{par}^{(1)}}$ 代入 $u_1(z,t)$ 和 $u_2(z,t)$ 可得出第 1 子系统与第 2 子系统并联结构的通用生成函数:

$$
\begin{aligned}
U_{12}(z,t) &= \varOmega_{f_{par}^{(1)}}(u_1(z,t), u_2(z,t)) \\
&= \varOmega_{f_{par}^{(1)}}(p_{11}(t)z^0 + p_{12}(t)z^{1.5}, p_{21}(t)z^0 + p_{22}(t)z^2) \\
&= p_{11}(t)p_{21}(t)z^0 + p_{12}(t)p_{21}(t)z^{1.5} + p_{11}(t)p_{22}(t)z^2 + p_{12}(t)p_{22}(t)z^{3.5}
\end{aligned}
$$

其中: $U_{12}(z,t)$ 中 z 的上标值为相关子系统输出量总和。

其次,由于子系统 3 与前两个子系统为串联结构,故可利用算子 $\varOmega_{f_{ser}^{(1)}}$ 得出

$$
\begin{aligned}
U(z,t) &= \varOmega_{f_{ser}^{(1)}}(\varOmega_{f_{par}^{(1)}}(u_1(z,t), u_2(z,t)), u_3(z,t)) \\
&= \varOmega_{f_{ser}^{(1)}}(p_{31}(t)z^0 + p_{32}(t)z^{1.8} + p_{33}(t)z^4 + p_{11}(t)p_{21}(t)z^0 \\
&\quad + p_{12}(t)p_{21}(t)z^{1.5} + p_{11}(t)p_{22}(t)z^2 + p_{12}(t)p_{22}(t)z^{3.5}) \\
&= p_{31}(t)p_{11}(t)p_{21}(t)z^0 + p_{31}(t)p_{12}(t)p_{21}(t)z^0 + p_{31}(t)p_{11}(t)p_{22}(t)z^0 \\
&\quad + p_{31}(t)p_{12}(t)p_{22}(t)z^0 + p_{32}(t)p_{11}(t)p_{21}(t)z^0 + p_{32}(t)p_{12}(t)p_{21}(t)z^{1.5} \\
&\quad + p_{32}(t)p_{11}(t)p_{22}(t)z^{1.8} + p_{32}(t)p_{12}(t)p_{22}(t)z^{1.8} + p_{33}(t)p_{11}(t)p_{21}(t)z^0 \\
&\quad + p_{33}(t)p_{12}(t)p_{21}(t)z^{1.5} + p_{33}(t)p_{11}(t)p_{22}(t)z^2 + p_{33}(t)p_{12}(t)p_{22}(t)z^{3.5}
\end{aligned}
$$

其中: $U(z,t)$ 中 z 的上标值为相关子系统输出量最小值。

因为 $p_{31}(t) + p_{32}(t) + p_{33}(t) = 1, p_{21}(t) + p_{22}(t) = 1, p_{11}(t) + p_{12}(t) = 1$,可利用 $\boldsymbol{g}$ 和 $\boldsymbol{p}(t)$ 将上式简化为

$$U(z,t) = \sum_{i=1}^{5} p_i(t) z^{g_i}$$

其中

$$g_1 = 0, \quad p_1(t) = p_{11}(t)p_{21}(t) + p_{31}(t)p_{12} + p_{31}(t)p_{11}(t)p_{22}(t)$$

$$g_2 = 1.5, \quad p_2(t) = p_{12}(t)p_{21}(t)\left[p_{32}(t) + p_{33}(t)\right]$$

$$g_3 = 1.8, \quad p_3(t) = p_{32}(t)p_{22}(t)$$

$$g_4 = 2.0, \quad p_4(t) = p_{33}(t)p_{11}(t)p_{22}(t)$$

$$g_5 = 3.5, \quad p_5(t) = p_{33}(t)p_{12}(t)p_{22}(t)$$

$$\boldsymbol{g} = \{g_1, g_2, g_3, g_4, g_5\}, \quad \boldsymbol{p}(t) = \{p_1(t), p_2(t), p_3(t), p_4(t), p_5(t)\}$$

系统状态概率 $p_i(t)$ 可利用马尔可夫法进行求解,其中 $i=1,2,3,4,5$,具体过程见例 3.3。

最后,利用该多状态系统最后得出的通用生成函数可解析得出系统可靠性指标如下:

$$A(t) = \delta_A(U(z,t), w) = \delta_A\left(\sum_{i=1}^{5} p_i(t) z^{g_i}, 2\right) = \sum_{i=1}^{5} p_i(t) I(g_i - 2 \geqslant 0) = p_4(t) + p_5(t)$$

$$E(t) = \delta_E(U(z,t)) = \sum_{i=1}^{5} p_i(t) g_i = 1.5p_2(t) + 1.8p_3(t) + 2p_4(t) + 3.5p_5(t)$$

$$D(t) = \delta_D(U(z,t), w) = \sum_{i=1}^{5} p_i(t) \max(2 - g_i, 0)$$
$$= p_1(t)(2 - 0) + p_2(t)(2 - 1.5) + p_3(t)(2 - 1.8)$$
$$= 2p_1(t) + 0.5p_2(t) + 0.2p_3(t)$$

对上述可靠性指标解析表达式进行分析,与例 3.3 马尔可夫法所得结论相一致。

对这两种方法进行分析可以看出,若利用马尔可夫法进行求解需列出 $K = 2 \times 2 \times 3 = 12$ 个微分方程,而利用通用生成函数求解只需对系统三个子系统进行建模,再利用简单的代数方程得出全系统状态概率和系统可靠性指标。

5.2　多状态系统冗余分析

5.2.1　引言

多状态系统的冗余问题比二态系统复杂。2003 年,Kuo 和 Zuo 以及 Lisnianski 和 Levitin 对多状态并联系统和 n 中取 k 系统的冗余问题进行了分析;随着研究的深入,Yeh、Huang、Levitin、Tian 等学者对多状态系统的可靠性评估与优化问题进行了探讨。但是,相比于二态系统,多状态系统在系统可靠性分析领域中还存在很多问题尚未解决。

对于多状态系统而言,存在着这样一类系统,当自身系统需求已经得到满足,其多余的资源就可以直接或间接通过连接系统传递给其他系统供其使用。这类系统中,前者称为备用系统,后者称为主系统。一般情况下,这两类子系统的资源需求情况可利用两个不同的相互独立的随机过程来描述。比如发电系统中某一电站可将其多余的资源(油、气、传输系统、计算系统等)给其他电站使用以满足其他电站需求,这种结构的电站系统很普遍,一般称为互助结构或互联结构多状态系统。然而,利用现有的手段对冗余结构多状态可修系统进行可靠性建模较为困难。

1996 年 Billinton 和 Allan 指出系统中的每个多状态部件往往有很多不同的性能水平,超过 10 个甚至更多;Goldner 在 2006 年对该问题进行了更详细的说明。即使一个较小的多状态系统仅含有 3~5 个可修部件,其全系统的性能水平也可能有一万个甚至更多。假设某多状态系统包含 n 个可修部件,其中第 j 个部件有 k_j 个不同性能水平,那么全系统共有 $K = \prod\limits_{j=1}^{n} k_j$ 个不同的性能水平。全系统性能水平的数量非常庞大,且随着系统部件的增多而大量增加。而在互联结构多状态系统中,该问题也依然存在,利用传统简单方法对这类系统建立随机过程模型并求解得出系统可靠性指标看似可以实现,但因为描述较清晰的全系统状态和系统状态转移过程费时费力且对计算机性能要求较高,故建模非常困难且较为复杂。从其他角度来看,一般只需要对系统长时间运行后的可靠性进行分析求解得到系统稳态概率。若把随机过程定义为马尔可夫过程,则就可通过简单的数学运算求解 $K = \prod\limits_{j=1}^{n} k_j$ 个微分方程来得出系统状态概率。但是这种方法忽略了系统各性能水平转换的动态特性,缺乏一定的精确性。

目前,为了利用各个多状态部件的可靠性模型,同时提高可靠性分析中的精确性,本节结合通用生成函数和随机过程方法应用于互联的多状态可修系统可靠性评估中。

5.2.2　问题描述

通常情况下,多状态系统中第 j 个部件有 k_j 个不同的对应于部件性能水平的状态,有集合 $\boldsymbol{g}_j = \{g_{j1}, \cdots, g_{jk_j}\}$ 表示。在某一时刻 t,第 j 个部件的瞬时状态和性能水平 $G_j(t)$ 是一个随机变量,$G_j(t) \in \boldsymbol{g}_j$。因此,在 $[0, T]$ 内,第 j 个部件的性能水平是一个离散状态连续时间的马尔可夫随机过程,其中 T 为该多状态系统工作时间。类似地,本书第 2 章中主要研究了多状态部件存在轻微和严重故障,以及维修状态时的马尔可夫模型。

轻微故障会造成系统部件由状态 i 退化至状态 $i-1$，即轻微故障只会造成系统部件性能的最小退化。严重故障会造成系统部件由状态 i 退化至状态 $j(j<i-1)$。小修会使系统部件由状态 j 恢复至状态 $j+1$，而大修会使系统部件由状态 j 恢复至状态 $i(i>j+1)$。这种情况下的系统各部件性能水平 $G_j(t)$ 就是一个离散状态连续时间的马尔可夫随机过程。

多状态系统的冗余设计一般如图 5.4 所示。图中包含 m 个部件的主系统 MSS_m 首先满足自身需求，其性能水平 $W_m(t)$ 是一个离散状态连续时间的马尔可夫随机过程。当 $t>0$ 时，MSS_m 中的第 i 个部件的性能水平定义为马尔可夫随机过程 $G_{mi}(t)(i=1,2,\cdots,m)$，则 MSS_m 的系统结构函数为 f_m，输出性能随机过程为

$$G_m(t)=f_m\{G_{m1}(t),\cdots,G_{mm}(t)\} \tag{5.16}$$

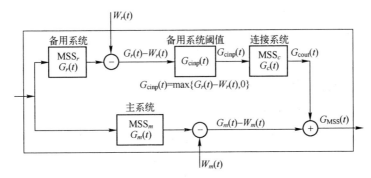

图 5.4　多状态系统的冗余设计

类似地，备用系统 MSS_r 包含 r 个部件，第 i 个部件的性能水平定义为输出马尔可夫随机过程 $G_{ri}(t)(i=1,\cdots,r)$，则 MSS_r 的系统结构函数为 f_r，输出性能随机过程为

$$G_r(t)=f_r\{G_{r1}(t),\cdots,G_{rr}(t)\} \tag{5.17}$$

备用系统需要首先满足自身需求，其性能需求 $W_r(t)$ 是一个离散状态连续时间的马尔可夫随机过程。若 $G_r(t)>W_r(t)$，则多余的资源 $G_r(t)-W_r(t)$ 就会通过连接系统 MSS_c 传递给主系统。令 MSS_c 表示连接系统，则 $G_{\mathrm{cinp}}(t)$ 为 MSS_c 的输入，系统结构函数为 f_{cinp}：

$$G_{\mathrm{cinp}}(t)=f_{\mathrm{cinp}}\{G_r(t)-W_r(t),0\}=\max\{G_r(t)-W_r(t),0\} \tag{5.18}$$

结构函数 f_{cinp} 定义了备用系统为主系统提供多余资源的功能特性。

如式(5.18)所示，只有备用系统 MSS_r 有多余的资源才会在满足了自身需求后，成为连接系统 MSS_c 的输入。一般来说，随机过程 $G_{\mathrm{cinp}}(t)$ 和结构函数 f_{cinp} 的定

义往往受备用系统阈值的影响。例如,若 $G_r(t) < W_r(t)$,则备用系统 MSS_r 必须输出规定性能水平 g_s 成为连接系统 MSS_c 的输入,即

$$G_{\text{cinp}}(t) = f_{\text{cinp}}\{G_r(t) - W_r(t), 0\} = \max\{G_r(t) - W_r(t), g_s\} \tag{5.19}$$

式(5.19)表明备用系统 MSS_r 的资源即使无法满足自身需求也要输出规定性能水平 g_s 进入连接系统 MSS_c;若备用系统 MSS_r 可满足自身需求,则将其多余资源输出进入连接系统。

包含 c 个部件的连接系统 MSS_c 也是多状态系统,其系统结构函数为 f_c,输出性能随机过程为

$$G_c(t) = f_c\{G_{c1}(t), \cdots, G_{cr}(t)\} \tag{5.20}$$

一般而言,冗余是可逆的,比如,主系统 MSS_m 也可作为冗余系统为 MSS_r 输入性能。

综上所述,本节根据以上问题描述对性能需求为 $W_m(t)$ 的主系统可靠性指标进行求解,如系统可用度、瞬时输出性能期望、瞬时输出性能缺额期望、累积性能缺额期望等。

5.2.3 模型描述

1. 多状态系统部件模型

本节主要针对系统中多状态单部件进行研究。为简便起见,省略系统部件序号 j,则部件性能水平集合为 $\boldsymbol{g} = \{g_1, \cdots, g_k\}$。本书第 2 章对符合马尔可夫过程的多状态可修部件进行了研究,其中假设对于任意的 i,都有 $g_{i+1} > g_i$。

多状态可修部件状态空间转移图如图 5.5 所示,其中系统部件受到轻微故障或严重故障时,接受最小维修和大修。系统故障会使系统部件由状态 j 转移至状态 i,其转移率为 $\lambda_{ji}(j>i)$。系统维修会使部件由状态 e 转移至状态 l,转移率为 $\mu_{el}(e<l)$。

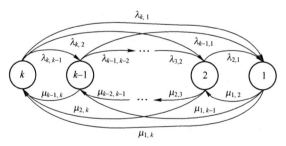

图 5.5 多状态可修部件状态空间转移图

根据标准的马尔可夫方法可得出系统状态概率的微分方程组如下:

$$\begin{cases} \dfrac{\mathrm{d}p_k(t)}{\mathrm{d}t} = \sum_{e=1}^{k-1} \mu_{e,k} p_e(t) - p_k(t) \sum_{e=1}^{k-1} \lambda_{k,e} \\ \dfrac{\mathrm{d}p_i(t)}{\mathrm{d}t} = \sum_{e=i+1}^{k} \lambda_{e,i} p_e(t) + \sum_{e=1}^{i-1} \mu_{e,i} p_e(t) - p_i(t) \left(\sum_{e=1}^{i-1} \lambda_{i,e} + \sum_{e=i+1}^{k} \mu_{i,e} \right), 1 < i < k \\ \dfrac{\mathrm{d}p_l(t)}{\mathrm{d}t} = \sum_{e=2}^{k} \lambda_{e,l} p_e(t) - p_1(t) \sum_{e=2}^{k} \mu_{l,e} \end{cases}$$

$$(5.21)$$

其中: $p_k(0) = 1, p_{k-1}(0) = \cdots = p_1(0) = 0$。

解方程组(5.21)即可得出系统状态概率 $p_i(t)(i = 1, 2, \cdots, k)$。

基于部件状态概率和处于状态 i 的性能水平可得出部件输出随机性能的通用生成函数:

$$u(z,t) = p_1(t) z^{g_1} + p_2(t) z^{g_2} + \cdots + p_k(t) z^{g_k} \tag{5.22}$$

式(5.22)是单个系统部件的通用生成函数, $G(t) \in \boldsymbol{g}$ 是离散状态连续时间马尔可夫随机过程。

2. 多状态主系统模型

当 $t > 0$ 时,包含 m 个部件的主系统 MSS_m 中的第 i 个部件的性能水平定义为输出马尔可夫随机过程 $G_{mi}(t)(i = 1, 2, \cdots, m)$。对于第 i 个部件,假设其输出性能随机过程有 $k_i^{(m)}$ 个不同状态,定义其性能水平为 $g_{ij}^{(m)}$,状态概率为 $p_{ij}^{(m)}(t)(i = 1, 2, \cdots, m, j = 1, 2, \cdots, k_i^{(m)})$。

由第 i 个部件的微分方程组(5.12)可解出第 i 个部件输出随机性能的通用生成函数:

$$u_{mi}(z,t) = \sum_{j=1}^{k_i^{(m)}} p_{ij}^{(m)}(t) z^{g_{ij}^{(m)}} \tag{5.23}$$

MSS_m 的系统结构函数为 f_m,输出性能随机过程为

$$G_m(t) = f_m \{ G_{m1}(t), \cdots, G_{mm}(t) \} \tag{5.24}$$

其中: $G_m(t)$ 是主系统 MSS_m 性能输出的随机过程,是一个离散状态连续时间马尔可夫随机过程,具有有限个不同性能水平; $G_{mi}(t)$ 是 MSS_m 中第 i 个部件的输出性能随机过程 $(i = 1, 2, \cdots, m)$。

假设 K_m 为主系统的输出性能水平的数量, $p_i^{(m)}$ 为主系统处于性能水平 $g_i^{(m)}$ 的概率 $(i = 1, 2, \cdots, K_m)$。

根据通用生成函数的定义,与 MSS_m 的输出随机性能相关的 $U_m(z,t)$ 可表示为

$$U_m(z,t) = \sum_{i=1}^{K_m} p_i^{(m)}(t) z^{g_i^{(m)}} \tag{5.25}$$

将通用生成算子 Ω_{ψ_m} 代入每个部件单独的通用生成函数中,则主系统 MSS_m 的

输出随机性能的通用生成函数可简化为

$$U_m(z,t) = \sum_{i=1}^{K_m} p_i^{(m)}(t) z^{g_i^{(m)}} = \Omega_{\psi_m}\{u_{m1}(z,t), \cdots, u_{mm}(z,t)\} \tag{5.26}$$

将式(5.23)代入式(5.26)可得

$$\begin{aligned}
U_m(z,t) &= \Omega_{\psi_m}\{u_{m1}(z,t), \cdots, u_{mm}(z,t)\} \\
&= \Omega_{\psi_m}\Big\{ \sum_{j=1}^{k_1^{(m)}} p_{1j}^{(m)}(t) z^{g_{1j}^{(m)}}, \cdots, \sum_{j=1}^{k_m^{(m)}} p_{mj}^{(m)}(t) z^{g_{mj}^{(m)}} \Big\} \\
&= \sum_{j_1=1}^{k_1^{(m)}} \sum_{j_2=1}^{k_2^{(m)}} \cdots \sum_{j_m=1}^{k_m^{(m)}} \Big(\prod_{i=1}^{m} p_{i,j_i}^{(m)}(t) z^{\psi_m(g_{1,j_1}^{(m)}, \cdots, g_{m,j_m}^{(m)})} \Big)
\end{aligned} \tag{5.27}$$

本书第 4 章已对串联、并联、桥联结构的通用生成算子的计算流程进行了详细的介绍。根据这些算子的计算流程,式(5.25)可通过简单的代数运算得出结果 $U_m(z,t)$。

已知 $W_m(t)$ 是离散状态连续时间马尔可夫随机过程。当 $t>0$ 时,$\boldsymbol{w}_m = \{w_{m1}, \cdots, w_{mM}\}$,取其中离散值的概率为 $p_1^{(w)}(t), \cdots, p_M^{(w)}(t)$。因此主系统需求过程 $W_m(t)$ 的通用生成函数为

$$U_{W_m}(z,t) = \sum_{j=1}^{M} p_j^{(w)}(t) z^{w_{mj}} \tag{5.28}$$

定义与马尔可夫随机过程 $G_m(t) - W_m(t)$ 相关的通用生成函数为

$$U_{m-}(z,t) = \sum_{i=1}^{M_{m-}} p_i^{(m-)}(t) z^{g_i^{(m-)}} \tag{5.29}$$

式中:M_{m-} 为 $G_m(t) - W_m(t)$ 的可能输出性能水平的数量;$p_i^{(m-)}(t)$ 为 $G_m(t) - W_m(t)$ 处于性能水平 $g_i^{(m-)}$ 时的概率。

已知结构函数 $f_{m-w} = G_m(t) - W_m(t)$,引入算子 $\Omega_{\psi_{m-w}}$ 可得

$$\begin{aligned}
U_{m-}(z,t) &= \Omega_{\psi_{m-w}}\{U_m(z,t), U_{W_m}(z,t)\} \\
&= \Omega_{\psi_{m-w}}\Big\{ \sum_{i=1}^{K_m} p_i^{(m)}(t) z^{g_i^{(m)}}, \sum_{j=1}^{M} p_j^{(w)}(t) z^{w_{mj}} \Big\} = \sum_{i=1}^{K_m} \sum_{j=1}^{M} p_i^{(m)} p_j^{(w)} z^{g_i^{(m-)} - w_{mj}}
\end{aligned}$$

$$\tag{5.30}$$

3. 多状态备用系统模型

包含 r 个部件的备用系统 MSS_r 中的第 i 个部件的性能水平定义为输出马尔可夫随机过程 $G_{ri}(t)(i=1,2,\cdots,r)$。对于第 i 个部件,假设其输出性能随机过程有 $k_i^{(r)}$ 个不同状态,定义其性能水平为 $g_{ij}^{(r)}$,状态概率为 $p_{ij}^{(r)}(t)(i=1,2,\cdots,r,j=1,2,\cdots,k_i^{(r)})$。

在解出第 i 个部件相关的微分方程组(5.21)后,可以得出第 i 个部件的输出随机性能的通用生成函数:

$$u_{ri}(z,t) = \sum_{j=1}^{k_i^{(r)}} p_{ij}^{(r)}(t) z^{g_{ij}^{(r)}} \tag{5.31}$$

MSS_r 中所有部件的系统结构函数为 f_r,输出性能随机过程为

$$G_r(t) = f_r\{G_{r1}(t), \cdots, G_{rr}(t)\} \tag{5.32}$$

其中:$G_r(t)$ 是备用系统 MSS_r 的输出性能随机过程,是一个离散状态连续时间马尔可夫随机过程,具有有限的不同性能水平。

假设 K_r 为备用系统 MSS_r 的输出性能水平的数量,$p_i^{(r)}$ 是备用系统处于性能水平 $g_i^{(r)}$ 时的概率($i = 1, 2, \cdots, K_r$)。

根据通用生成函数的定义,与 MSS_r 的输出随机性能相关的 $U_r(z,t)$ 可表示为

$$U_r(z,t) = \sum_{i=1}^{K_r} p_i^{(r)}(t) z^{g_i^{(r)}} \tag{5.33}$$

将通用生成算子 Ω_{ψ_r} 代入每个部件单独的通用生成函数中,则备用系统 MSS_r 的输出随机性能的通用生成函数可简化为

$$U_r(z,t) = \sum_{i=1}^{K_r} p_i^{(r)}(t) z^{g_i^{(r)}} = \Omega_{\psi_r}\{u_{r1}(z,t), \cdots, u_{rr}(z,t)\} \tag{5.34}$$

将式(5.31)代入式(5.34)可得

$$U_r(z,t) = \Omega_{\psi_r}\{u_{r1}(z,t), \cdots, u_{rr}(z,t)\} = \Omega_{\psi_r}\left\{ \sum_{j=1}^{k_1^{(r)}} p_{1j}^{(r)}(t) z^{g_{1j}^{(r)}}, \cdots, \sum_{j=1}^{k_r^{(r)}} p_{rj}^{(r)}(t) z^{g_{rj}^{(r)}} \right\}$$

$$= \sum_{j_1=1}^{k_1^{(r)}} \sum_{j_2=1}^{k_2^{(r)}} \cdots \sum_{j_r=1}^{k_r^{(r)}} \left(\prod_{i=1}^{r} p_{i,j_i}^{(r)}(t) z^{\psi_r(g_{1,j_1}^{(r)}, \cdots, g_{r,j_r}^{(r)})} \right)$$

$$\tag{5.35}$$

已知 $W_r(t)$ 是离散状态连续时间马尔可夫随机过程。当 $t>0$ 时,$w_r = \{w_{r1}, \cdots, w_{rN}\}$,取其中离散值的概率为 $p_1^{(w_r)}(t), \cdots, p_N^{(w_r)}(t)$。因此备用系统需求过程 $W_r(t)$ 的通用生成函数为

$$U_{W_r}(z,t) = \sum_{j=1}^{N} p_j^{(w_r)}(t) z^{w_{rj}} \tag{5.36}$$

定义与马尔可夫随机过程 $G_r(t) - W_r(t)$ 相关的通用生成函数为

$$U_{r-}(z,t) = \sum_{j=1}^{N_{r-}} p_j^{(r-)}(t) z^{g_i^{(r-)}} \tag{5.37}$$

对 $U_{r-}(z,t)$ 求解如下:

$$U_{r-}(z,t) = \Omega_{\psi_{r-w}}\{U_r(z,t), U_{w_r}(z,t)\}$$

$$= \Omega_{\psi_{r-w}}\left\{ \sum_{i=1}^{K_r} p_i^{(r)}(t) z^{g_i^{(r)}}, \sum_{j=1}^{N} p_j^{(w_r)}(t) z^{w_{rj}} \right\} = \sum_{i=1}^{K_r} \sum_{j=1}^{N} p_i^{(r)} p_j^{(w_r)} z^{g_i^{(r)} - w_{rj}} \tag{5.38}$$

4. 多状态备用系统阈值和连接系统模型

备用系统 MSS_r 在满足自身需求后会将多余的资源提供给主系统 MSS_m。因此,定义备用系统阈值的系统结构函数 f_{cinp},使得 $G_{cinp}(t)$ 表示连接系统输入的随机过程如下:

$$G_{cinp}(t) = f_{cinp}\{G_r(t) - W_r(t), 0\} = \max\{G_r(t) - W_r(t), 0\} \tag{5.39}$$

由式(5.18)可知,$G_{cinp}(t)$ 表示备用系统 MSS_r 只会在满足自身需求之后将多余的资源输入连接系统 MSS_c。随机过程 $G_{cinp}(t)$ 和函数 f_{cinp} 仅仅受备用系统阈值协议的影响。

由式(5.16)~式(5.18)可得与随机过程 $G_{cinp}(t)$ 相关的通用生成函数:

$$U_{cinp}(z,t) = \Omega_{\psi_{cinp}}\{U_{r-}(z,t), z^0\}$$

$$= \Omega_{\psi_{cinp}}\left\{\sum_{i=1}^{N_{r-}} p_i^{(r-)}(t) z^{g_i^{(r-)}}, z^0\right\} = \sum_{i=1}^{N_{r-}} p_i^{(r-)} z^{\max|g_i^{(r-)}, 0|} \tag{5.40}$$

一般情况下,连接系统 MSS_c 也是多状态系统。$G_c(t)$ 表示从 MSS_r 传输特定性能 $g_i^{(c)}(i=1,2,\cdots,c)$ 到 MSS_m 的能力:

$$G_c(t) \in \{g_1^{(c)}, g_2^{(c)}, \cdots, g_c^{(c)}\} \tag{5.41}$$

当 $t>0$ 时,$p_i^{(c)}(t)$ 表示处于性能水平为 $g_i^{(c)}$ 的状态 i 的概率。故与连接系统 MSS_c 的随机过程相关的通用生成函数为

$$U_c(z,t) = \sum_{i=1}^{c} p_i^{(c)} z^{g_i^{(c)}} \tag{5.42}$$

连接系统 MSS_c 的输出随机过程为

$$G_{cout}(t) = f_{cout}\{G_c(t), G_{cinp}(t)\} = \min\{G_c(t), G_{cinp}(t)\} \tag{5.43}$$

由式(5.40)、式(5.42)、式(5.43)可知,当 $t>0$ 时,与 $G_{cout}(t)$ 相关的通用生成函数为

$$U_{cout}(z,t) = \sum_{k=1}^{C_{out}} p_k^{(cout)}(t) z^{g_k^{(cout)}}$$

$$= \Omega_{\psi_{cout}}\left\{\sum_{i=1}^{c} p_i^{(c)}(t) z^{g_i^{(c)}}, \sum_{j=1}^{N_{r-}} p_j^{(r-)} z^{\max|g_j^{(r-)}, 0|}\right\} \tag{5.44}$$

$$= \sum_{i=1}^{c} \sum_{j=1}^{N_{r-}} p_i^{(c)} p_j^{(r-)} z^{\min|g_i^{(c)}, \max[g_j^{(r-)}, 0]|}$$

式中:$G_{cout}(t)$ 为一个离散状态连续时间马尔可夫随机过程,具有有限的不同性能水平;C_{out} 为其输出性能水平的数量;$p_k^{(cout)}(t)$ 为处于性能水平 $g_k^{(cout)}$ 时的概率($k=1, 2, \cdots, C_{out}$)。

5. 多状态全系统模型

考虑冗余的整个多状态系统的结构函数为 f_{MSS}，与之相关的输出性能随机过程为

$$G_{\mathrm{MSS}}(t)=f_{\mathrm{MSS}}\{G_m(t)-W_m(t),G_{\mathrm{cout}}(t)\}=G_m(t)-W_m(t)+G_{\mathrm{cout}}(t) \quad (5.45)$$

结合结构函数 f_{MSS} 和式(5.30)、式(5.44)，可得全系统的通用生成函数为

$$
\begin{aligned}
U_{\mathrm{MSS}}(z,t) &= \Omega_{\psi_{\mathrm{MSS}}}\{U_{m-}(z,t),U_{\mathrm{cout}}(z,t)\} \\
&= \Omega_{\psi_{\mathrm{MSS}}}\Big\{\sum_{i=1}^{M_{m-}} p_i^{(m-)} z^{g_i^{(m-)}}, \sum_{k=1}^{C_{\mathrm{out}}} p_k^{(\mathrm{cout})} z^{g_k^{(\mathrm{cout})}}\Big\} = \sum_{i=1}^{M_{m-}}\sum_{k=1}^{C_{\mathrm{out}}} p_i^{(m-)} p_k^{(\mathrm{cout})} z^{g_i^{(m-)}+g_k^{(\mathrm{cout})}}
\end{aligned}
$$

$$(5.46)$$

式中：$G_{\mathrm{MSS}}(t)$ 为一个离散状态连续时间马尔可夫随机过程，具有有限的不同性能水平；C_{out} 为其输出性能水平的数量；$p_j^{(\mathrm{MSS})}(t)$ 为处于性能水平 $g_j^{(\mathrm{MSS})}$ 时的概率 $(j=1,2,\cdots,M_{\mathrm{MSS}})$。

5.2.4　多状态系统通用生成函数算法

考虑冗余的整个多状态系统的通用生成函数计算程序如图 5.6 所示。

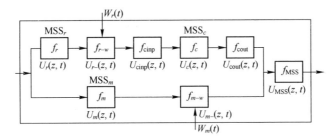

图 5.6　考虑冗余的整个多状态系统通用生成函数计算流程

具体步骤如下：

（1）由 MSS_m 和 MSS_r 中所有部件的可靠性数据，解出微分方程组(5.1)可得出通用生成函数(5.3)和(5.31)。

（2）由结构函数 f_m 和 f_r 以及 MSS_m 和 MSS_r 中所有部件单个的通用生成函数，根据式(5.27)和式(5.35)，可估算出与性能随机过程 $G_m(t)$ 和 $G_r(t)$ 相关的通用生成函数 $U_m(z,t)$ 和 $U_r(z,t)$。

（3）由式(5.27)和式(5.35)可得出与 $G_m(t)-W_m(t)$ 和 $G_r(t)-W_r(t)$ 相关的通用生成函数 $U_{m-}(z,t)$ 和 $U_{r-}(z,t)$。

（4）结合 $U_{r-}(z,t)$、f_{cinp} 以及式(5.40)可得出与 $G_{\mathrm{cinp}}(t)$ 相关的通用生成函数 $U_{\mathrm{cinp}}(z,t)$。

（5）由连接系统的式（5.42）可得出与 $G_c(t)$ 相关的 $U_c(z,t)$。

（6）由式（5.43）、式（5.44）以及 $U_{cinp}(z,t)$ 和 $U_c(z,t)$ 可解出 $U_{cout}(z,t)$。

（7）由式（5.30）、式（5.44）、式（5.46）以及 f_{MSS} 可解出全系统的通用生成函数 $U_{MSS}(z,t)$。

5.2.5 多状态系统可靠性指标的计算

由式（5.46）可得出整个多状态系统的相关可靠性指标如下：

（1）当 $t>0$ 时，系统可用度为

$$A(t) = \sum_{i=1}^{M_{MSS}} p_i^{(MSS)}(t) I(g_i^{(MSS)} \geqslant 0) \tag{5.47}$$

（2）当 $t>0$ 时，系统时刻 t 的期望输出性能缺额为

$$D(t) = \sum_{i=1}^{M_{MSS}} p_i^{(MSS)}(t) \cdot (-1)\min(g_i^{(MSS)}, 0) \tag{5.48}$$

（3）在给定的时间段 $[0,T]$ 中，多状态系统平均累积性能缺额为

$$D_{\sum} = \int_0^T D(t)\,\mathrm{d}t \tag{5.49}$$

5.3 算 例 分 析

以某发电系统为例，该系统包括两个发电子系统，相互之间由专用线路连接，见图 5.7。

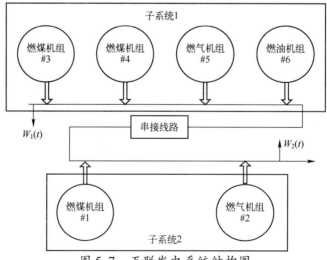

图 5.7 互联发电系统结构图

子系统 1 包括两个 360MW 的燃煤机组、一个 220MW 燃气机组和一个 220MW 的燃油机组;子系统 2 包括一个 360MW 的燃煤机组和一个 220MW 的燃气机组。该系统的相关参数见表 5.1~表 5.3。

燃煤机组、燃气机组、燃油机组分别有 10 个、10 个、11 个不同的状态。假设专用线路的传输能力为 300MW,该线路为二态部件,只有传输能力完好和完全失效

表 5.1　燃煤机组可靠性参数

状态 i	平均产能/MW	$\mu_{i,10}$/(次/年)	$\lambda_{10,i}$/(次/年)
1	0	93.7	11.695
2	124	2037.2	7.186
3	181	1137.7	8.571
4	204	1368.7	7.821
5	233	2246.2	2.749
6	255	1123.1	6.307
7	282	1460	3.944
8	303	1307.5	5.984
9	328	1269.6	28.167
10	360	—	—

表 5.2　燃气机组可靠性参数

状态 i	平均产能/MW	$\mu_{i,10}$/(次/年)	$\lambda_{10,i}$/(次/年)
1	0	136.9	78.919
2	96	1460	85.049
3	115	673.8	584
4	136	1460	136.875
5	153	2920	547.5
6	174	1752	85.882
7	194	486.7	250.286
8	215	584	673.846
9	223	95.2	38.421
10	228		

表 5.3 燃油机组可靠性参数

状态 i	平均产能/MW	$\mu_{i,10}$/(次/年)	$\lambda_{10,i}$/(次/年)
1	0	73.613	128.823
2	68	282.581	136.875
3	96	876	168.462
4	112	625.714	139.048
5	133	584	116.8
6	153	876	190.435
7	173	486.667	182.5
8	198	162.222	365
9	212	143.607	273.75
10	224	257.647	302.069
11	228	—	—

两个状态,其失效率和修复率分别为 0.477 次/年和 364 次/年。系统需求有两个不同的水平:低需求层次和高需求层次。当 $t>0$ 时,子系统 1 的需求 $W_1(t)$ 是一个二态连续时间马尔可夫随机过程,从集合 $w_1 = \{w_{11}, w_{12}\}$ 取离散值,其中 $w_{11} = 40MW, w_{12} = 800MW$。从低需求层次到高需求层次的转移率和从高需求层次到低需求层次的转移率分别为 621.96 次/年和 876 次/年。当 $t>0$ 时,子系统 2 的需求 $W_2(t)$ 也是一个二态连续时间马尔可夫随机过程,从集合 $w_2 = \{w_{21}, w_{22}\}$ 取离散值,其中 $w_{21} = 20MW, w_{22} = 450MW$。从低需求层次到高需求层次的转移率和从高需求层次到低需求层次的转移率与子系统 1 相同。

情况 1:

假设子系统 2 是主系统 MSS_m,子系统 1 是备用系统 MSS_r,连接系统为专用线路。若不考虑从 MSS_r 到 MSS_m 的备用储备,MSS_m 只能满足自身资源;若 MSS_r 能满足自身需求,则可提供资源给 MSS_m。考虑储备和不考虑储备的系统瞬时可用度、系统瞬时期望输出性能缺额、多状态系统瞬时累积性能缺额的关系如图 5.8～图 5.10 所示。

从图 5.8 和图 5.9 可以看出,子系统 2 瞬时可用度、系统瞬时期望输出性能缺额在大概 400h 后趋于稳定。从 MSS_r 到 MSS_m 的备用储备可提高系统可靠性指标。若系统存在冗余,系统稳态可用度可从 0.899 增至 0.972。

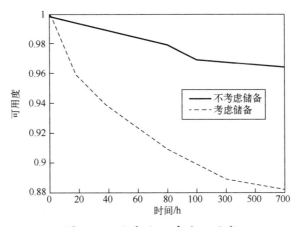

图 5.8　子系统 2 瞬时可用度

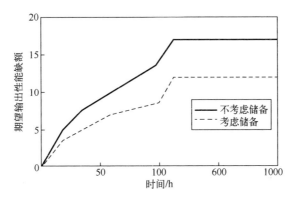

图 5.9　子系统 2 瞬时期望输出性能缺额

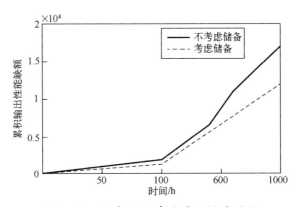

图 5.10　子系统 2 瞬时累积性能缺额

情况 2：

假设子系统 1 是主系统 MSS_m，子系统 2 是备用系统 MSS_r。若 MSS_r 能满足自身需求，则可提供资源给 MSS_m。系统瞬时可用度、系统瞬时期望输出性能缺额、多状态系统瞬时累积性能缺额的关系如图 5.11~图 5.13 所示。

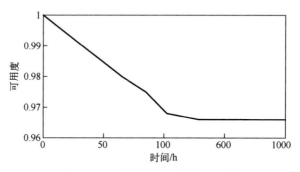

图 5.11　子系统 1 瞬时可用度

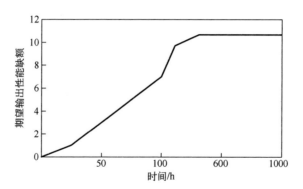

图 5.12　子系统 1 瞬时期望输出性能缺额

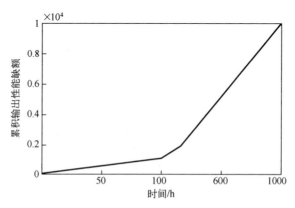

图 5.13　子系统 1 瞬时累积性能缺额

从图 5.11 和图 5.12 可以看出,子系统 1 瞬时可用度、系统瞬时期望输出性能缺额在大概 400h 后趋于稳定。

由该算例可以看出,本章所介绍的方法在工程应用方面具有较强适用性,可较精确地预测复杂多状态系统的短期和长期性能。

参考文献

[1]　MODARRES M, KAMINSKIY M, KRIVTSOV V. Reliability engineering and risk analysis: a practical guide[M]. New York: Dekker, 1999.

[2]　KUO W, ZUO M. Optimal reliability modeling principles and applications[M]. NewYork: Wiley, 2003.

[3]　LISNIANSKI A, LEVITIN G. Multi-state system reliability: assessment, optimization and applications. Singapore[M]: World Scientific, 2003.

[4]　YEH W. The k-out-of-n acyclic multistate-node network reliability evaluation using the universal generating function method[J]. Reliability Engineering & System Safety, 2006, 91: 800-808.

[5]　HUANG J, ZUO M, FANG Z. Multi-state consecutive k-out-of-n systems[J]. IEEE Transactions on Computers, 2003, 35: 527-534.

[6]　LEVITIN G. Universal generating function in reliability analysis and optimization[M]. London: Springer, 2005.

[7]　TIAN Z, ZUO M, HUANG H. Reliability-redundancy allocation for multi-state series-parallel systems[J]. IEEE Transactions on Reliability, 2008, 57(2): 303-310.

[8]　BILLINTON R, ALLAN R. Reliability evaluation of power systems[M]. New York: Plenum, 1996.

[9]　GOLDNER Sh. Markov model for a typical 360 MW coal fired generation unit[J]. Commun Depend Qual Manag 2006, 9(1): 24-29.

第 6 章

基于 Phase-type(PH)分布的多状态系统可靠性模型

可靠性随机模型研究中,研究者通常假设描述部件使用寿命、维修时间等参数的各类随机变量服从指数分布、正态分布、Weibull 分布等典型分布类型,基于这些典型分布建立系统可靠性解析模型。基于典型分布的系统可靠性建模:一是要求问题背景与假设条件严格一致,如果实际问题背景与假设条件稍有出入,已有的可靠性模型和结论便不再适用,在一定程度上降低了解析模型的准确性和适用性;二是对于不服从上述典型分布的问题,可靠性的解析建模工作将会面临困难。从可靠性模型计算的角度看,虽然采用指数分布建立的随机可靠性模型解析处理较为方便,但现实复杂装备系统中,往往包含多种寿命分布类型的部件或设备[1],见表 6.1。在此情况下,模型的计算分析将涉及复杂的条件概率计算与数值积分运算等,给可靠性解析模型的计算和工程应用带来了很大难度。

表 6.1 常用寿命分布及适用范围

分布类型	失 效 机 理	失 效 表 征	适 用 范 围
指数	偶发性	先密后疏	无效应累积,部件故障率恒定,进入耗损期前进行预防维修的产品,如雷达基座旋转部件、减摇鳍液压动作筒等
威布尔	有薄弱环节	浴盆曲线	各种泵浦、齿轮、轴承、液压泵、电动机、蓄电池、断路器、继电器、磁控管、陀螺、某些电子管、电容器、电位计、材料的疲劳失效等
正态	多微因合成	单峰对称	由诸多微小差量累积叠加即由累积耗损(或退化)造成的故障产品,如舰船主配电板变压器等
对数正态	有主因的微量合成	偏峰不对称	有主因的微量合成原因造成的失效,如电子设备内部电路板、电子元器件,结构部件等
伽玛	冲击型累积	偏峰不对称	由若干局部故障累积导致的产品故障,如火炮系统中的往复部件等

针对构成复杂装备系统中的单元往往具有不同失效规律,以及不同维修规律的问题,在建立系统可靠性模型时,应当采用描述能力更强的随机分布类型来刻画

系统内单元的工作时间、维修时间等随机变量,并且要求采用该种分布类型所建立的多状态系统可靠性模型要便于解析处理和计算,以便于工程应用。

PH 分布是指数分布的矩阵形式推广,可以有效逼近非负实数轴上的任意分布,具有通用性强、可计算性好、便于解析处理等优点[2]。因此,本书将 PH 分布引入多状态系统可靠性建模中,将系统工作时间、维修时间等随机变量定义为一般分布,并将其表示为 PH 分布形式。在具体可靠性建模过程中,引入矩阵解析方法,针对装备多状态特点以及使用、维修特点,建立不同问题背景下基于 PH 分布的多状态系统可靠性系列解析模型。并针对基于 PH 分布的复杂多状态系统可靠性模型和工程应用问题开展深入研究,为应用 PH 分布进行复杂系统可靠性设计、评估与优化等工作提供技术支撑。

6.1　PH 分布基础理论

6.1.1　PH 分布定义

定义 6.1[3]　连续 PH 分布

在 $[0,\infty)$ 上的连续分布 $F(\cdot)$ 是 PH 分布,并有 $(\boldsymbol{\alpha},\boldsymbol{T})$ 表示,如果它是定义在状态空间 $\{1,2,\cdots,m,m+1\}$ 上的马尔可夫过程进入第 $m+1$ 个状态前的时间的分布。状态 $\{1,2,\cdots,m\}$ 都是非常返的,状态 $m+1$ 是吸收态。$(\boldsymbol{\alpha},\alpha_{m+1})$ 为该马尔可夫过程的初始概率向量,其中 $\boldsymbol{\alpha}=(\alpha_1,\alpha_2,\cdots,\alpha_m)$,且 $\boldsymbol{\alpha}e+\alpha_{m+1}=1$。该过程的生成元为

$$\boldsymbol{Q}=\begin{pmatrix}\boldsymbol{T} & \boldsymbol{T}^0 \\ \boldsymbol{0} & 0\end{pmatrix}$$

其中:$\boldsymbol{T}$ 为非常返状态 $\{1,2,\cdots,m\}$ 之间的转移概率矩阵,是非奇异 m 阶方阵,其对角线元素均为负数,且非对角线元素为非负数;$\boldsymbol{T}^0$ 是非负列向量,它包括从任意 $\{1,2,\cdots,m\}$ 状态到 $m+1$ 状态的吸收概率,故 $\boldsymbol{T}e+\boldsymbol{T}^0=\boldsymbol{0}$,$e$ 是元素均为 1 的列向量。

该分布记为 $\mathrm{PH}(\boldsymbol{\alpha},\boldsymbol{T})$,$\boldsymbol{T}$ 的维数是该分布的阶数,其概率密度函数 $f(\cdot)$ 和累积概率函数 $F(\cdot)$ 分别为

$$f(x)=\boldsymbol{\alpha}\exp(\boldsymbol{T}x)\boldsymbol{T}^0,x\geqslant0 \tag{6.1}$$

$$F(x)=1-\boldsymbol{\alpha}\exp(\boldsymbol{T}x)e,x\geqslant0 \tag{6.2}$$

下面的例子直观地展示了对 PH 分布的理解。

图 6.1 所示为一个随时间发生状态退化的系统状态变化过程,图中状态 1,2,$\cdots,m,m+1$ 分别表示一个系统退化的状态水平。系统开始处于状态 1,以速率 λ_1 退化到状态 2。退化过程持续发生,直到系统进入状态 $m+1$(吸收态)。该过程的生成元为

$$
Q = \begin{array}{c} \\ 1 \\ 2 \\ \vdots \\ m \\ m+1 \end{array}
\begin{array}{c} \begin{array}{ccccc} 1 & 2 & \cdots & m & m+1 \end{array} \\
\left(\begin{array}{cccc|c}
-\lambda_1 & \lambda_1 & & & \\
& -\lambda_2 & \lambda_2 & & \\
& & \ddots & \ddots & \\
& & & -\lambda_m & \lambda_m \\
\hline
0 & 0 & \cdots & 0 & 0
\end{array} \right)
\end{array}
$$

图 6.1 所示的系统进入吸收态前的时间分布为 PH 分布。

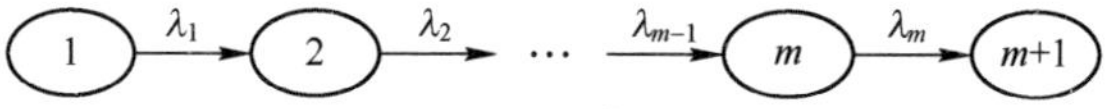

图 6.1　简单退化系统状态图

上述是一个简单的系统状态变化过程,实际在状态集 $\{1,2,\cdots,m\}$ 中的状态是可以相互转移的。

定义 6.2[3]　离散 PH 分布

非负整值上的离散分布 $\{p_k,k\geq 0\}$ 称为 PH 分布,当且仅当它是状态集 $\{1,2,\cdots,m,m+1\}$ 上的离散马尔可夫链到达吸收态时的转移步数的分布。$m+1$ 是吸收态,$(\boldsymbol{\alpha},\alpha_{m+1})$ 是马尔可夫链的初始概率向量,转移概率矩阵为

$$
P = \begin{pmatrix} \boldsymbol{T} & \boldsymbol{T}^0 \\ \boldsymbol{0} & 1 \end{pmatrix}
$$

$\boldsymbol{T}_{m\times m}$ 为随机子阵,其中元素 $\boldsymbol{T}_{ij}\geq 0$,且 $\boldsymbol{T}e\leq e$;$\boldsymbol{T}^0$ 为列向量,且 $\boldsymbol{T}^0=(\boldsymbol{I}-\boldsymbol{T})e$,$\boldsymbol{I}-\boldsymbol{T}$ 是非奇异的。

$(\boldsymbol{\alpha},\boldsymbol{T})$ 为分布 $\{p_k,k\geq 0\}$ 的 m 阶 PH 表示,有

$$
\begin{cases} p_0 = \alpha_{m+1}, k=0 \\ p_k = \boldsymbol{\alpha}\boldsymbol{T}^{k-1}\boldsymbol{T}^0, k\geq 1 \end{cases}
$$

6.1.2　PH 分布性质

1. 封闭性

PH 分布类有较好的封闭性,多个 PH 分布的运算通常可以产生一个新的 PH 分布,这给随机模型分析带来了极大的方便。下面给出相关定理,这里略去证明过程。

1) 卷积

定理 6.1[4]　相互独立的连续(离散)PH 分布 F 和 G,分别具有 m 阶 $(\boldsymbol{\alpha},\boldsymbol{T})$ 表示和 n 阶 $(\boldsymbol{\beta},\boldsymbol{S})$ 表示,则卷积 $F \times G$ 也是 PH 分布,且有 $m+n$ 阶 $(\boldsymbol{\gamma},\boldsymbol{L})$ 表示:

$$\boldsymbol{\gamma} = (\boldsymbol{\alpha}, \alpha_{m+1} \boldsymbol{\beta}), \gamma_{m+n+1} = \alpha_{m+1} \beta_{n+1}$$

$$L = \begin{pmatrix} T & T^0 \boldsymbol{\beta} \\ 0 & S \end{pmatrix}, L^0 = \begin{pmatrix} \beta_{n+1} T^0 \\ S^0 \end{pmatrix}$$

2) PH 分布的混合

定理 6.2[5]   PH 分布的有限混合是 PH 分布。如果 $(p_1, p_2, \cdots, p_k)$ 是概率分布,F_j 有 PH 表示 $(\boldsymbol{\alpha}(j), T(j))$,则有限混合 $F = p_1 F_1 + \cdots + p_k F_k$ 有 PH 表示 $(\boldsymbol{\gamma}, L)$,其中

$$\boldsymbol{\gamma} = (p_1 \boldsymbol{\alpha}(1), p_2 \boldsymbol{\alpha}(2), \cdots, p_k \boldsymbol{\alpha}(k))$$

$$L = \begin{pmatrix} T(1) & & & \\ & T(2) & & \\ & & \ddots & \\ & & & T(k) \end{pmatrix}$$

3) 极值分布

独立的随机变量 X 和 Y,分布分别为 F 和 G。$\min(X, Y)$ 和 $\max(X, Y)$ 的分布为

$$F_1(\cdot) = 1 - (1 - F(\cdot))(1 - G(\cdot))$$

$$F_2(\cdot) = F(\cdot) G(\cdot)$$

定理 6.3[5]   若分布 F 和 G,分别具有 m 阶 $(\boldsymbol{\alpha}, T)$ 表示和 n 阶 $(\boldsymbol{\beta}, S)$ 表示,则 F_1 有 mn 阶 PH 表示 $(\boldsymbol{\gamma}, L)$:

$$\boldsymbol{\gamma} = \boldsymbol{\alpha} \otimes \boldsymbol{\beta}, L = T \oplus S \tag{6.3}$$

其中,"$\otimes$" 为 Kronecker 积,"$\oplus$" 为 Kronecker 和,它们的定义如下:

设有矩阵 $\boldsymbol{A}_{k_1 \times k_2}$ 和 $\boldsymbol{B}_{k_1' \times k_2'}$,Kronecker 积定义[5]为

$$A \otimes B = (A_{ij} B) = \begin{pmatrix} A_{11} B & A_{12} B & \cdots & A_{1k_2} B \\ \vdots & \vdots & & \vdots \\ A_{k_1 1} B & A_{k_1 2} B & \cdots & A_{k_1 k_2} B \end{pmatrix}$$

若矩阵 A、B 分别为 m 阶、n 阶方阵,Kronecker 和定义[5]为

$$A \oplus B = A \otimes I_n + I_m \otimes B$$

其中,I_n、I_m 分别为 n 阶、m 阶单位阵。

定理 6.4[6]   在定理 6.3 条件下,则 F_2 有 $mn + m + n$ 阶 PH 表示 $(\boldsymbol{\gamma}, L)$:

$$\boldsymbol{\gamma} = (\boldsymbol{\alpha} \otimes \boldsymbol{\beta}, \beta_{n+1} \boldsymbol{\alpha}, \alpha_{m+1} \boldsymbol{\beta}), \gamma_{mn+m+n+1} = \alpha_{m+1} \beta_{n+1}$$

$$L = \begin{pmatrix} T \oplus S & I_m \otimes S^0 & T^0 \otimes I_n \\ 0 & T & 0 \\ 0 & 0 & S \end{pmatrix}, L^0 = \begin{pmatrix} 0 \\ T^0 \\ S^0 \end{pmatrix}$$

2. 稠密性

定理 6.5[6]　　PH 分布类在 $[0,+\infty)$ 上全部概率分布的类中稠密。

根据 PH 分布类的稠密性，无论 $[0,+\infty)$ 上的一个随机变量服从何种分布，从理论上总可以找到一个恰当的 PH 分布把它拟合到任意需要的精度[3]。

当我们采用 $[0,+\infty)$ 上的多个服从一般分布的随机变量进行随机模型研究时，对这些分布的连续泛函 $\Phi(F_1,\cdots,F_n)$ 的数学处理往往是很困难的。由于 PH 分布较好地保持了指数分布易于解析运算的性质，如果可以证明 Φ 的某种关系对 $F_i(i=1,2,\cdots,n)$ 服从 PH 分布，而证明过程不依赖特殊的 PH 分布结构，则关于 Φ 的结论在 $F_i(i=1,2,\cdots,n)$ 是一般分布时仍成立[5]。因此，在随机模型研究中采用 PH 分布是合理的。

6.2　基于 PH 分布的多状态系统可靠性模型

6.2.1　基于 PH 分布的多状态单部件可修系统可靠性模型

1. 问题背景

保养和修理工作是装备日常保障活动的重要内容，通过保养或修理工作，可以有效保持或恢复装备的技术状态，提高装备可用性。以舰船装备为例，其日常维修工作主要分为定期维修和视情维修两大类。日常的定期维修工作主要包括日检拭、周检修、月检修、航行检查等。视情维修是指经预定检修发现装备或其部分有功能故障征兆时即进行的维修[7]，它在获得部件或设备技术状态的基础上进行。随着装备监测技术的发展，视情维修方式越来越受到重视，视情开展装备保养和修理工作在装备的保障活动中也愈加广泛。因此，考虑保养和修理情况下，对具有多状态单部件系统的可靠性模型进行研究具有较强的应用价值。

以往在该类问题的研究中，主要有以下不足：

（1）采用两状态模型进行研究时，没有考虑部件或装备的多状态特性，对多状态部件不适用。

（2）在采用多状态模型研究中，往往假设部件寿命、保养时间、修理时间等随机变量服从指数分布或 Weibull 分布等典型分布。装备类型多样，对于不同类型的装备，如机械类装备、电子类装备等，它们的保养或修理时间受装备类型、装备结构、维修人员的技能水平等多方面因素的影响，往往存在较大的差异，且确定保养或修理时间服从何种分布常受到数据完备性的制约而存在一定的困难。这些因素都导致采用典型分布建立的多状态可靠性模型适用性较窄，模型重用性受到限制。

本节研究在可修条件下,以多状态单部件为研究对象,考虑保养工作和修理工作并存的情况,假设部件在不同工作状态的停留时间、保养时间、修理时间均服从不同的 PH 分布,建立基于 PH 分布的多状态可修部件可靠性解析模型,获得部件的稳态可用度、工作时间、维修时间、平均故障间隔时间等主要可靠性参数的解析表达式。可为掌握装备在实际维修条件下的可靠性规律,以及合理地开展装备保养和维修工作提供技术支撑。

2. 系统描述

假设某单部件系统为多状态系统,存在状态集 $S = \{0,1,2,3\}$,其中:

状态 0:表示系统处于完好。

状态 1:表示系统性能退化处于可接受范围,不需要进行维修。

状态 2:表示系统性能退化较严重,需要停机进行保养工作,保养之后系统状态可恢复到状态 0 或状态 1。

状态 3:表示系统失效,需要进行修理,修理之后系统状态可恢复到状态 0 或状态 1。

因此,将状态 0 和状态 1 称为工作状态,状态 2 和 3 称为停机状态。

系统在状态 $i(i=0,1,2,3)$ 的停留时间均服从一般分布,表示为 PH 分布形式 $(\boldsymbol{\alpha}(i), \boldsymbol{T}(i))$。各状态之间的转移如图 6.2 所示。

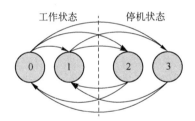

图 6.2　多状态单部件可修系统状态转移图

系统从状态 0 转移出时,分别以概率 $p_j(0)$ $(j=1,2,3)$ 进入状态 1、2 和 3,可知 $\sum_{j=1}^{3} p_j(0) = 1$;

系统从状态 1 转移出时,分别以概率 $p_j(1)$ $(j=2,3)$ 进入状态 2 和 3,有 $\sum_{j=2}^{3} p_j(1) = 1$;

系统从状态 $i(i=2,3)$ 转移出时,分别以概率 $p_j(i)$ $(j=0,1)$ 进入状态 0 和 1,有 $\sum_{j=0}^{1} p_j(i) = 1$。

3. 模型分析

1) 保养与修理工作并存时系统可靠性模型

（1）系统状态转移率矩阵。

由图 6.2 和模型假设条件可知，系统状态转移过程的无穷小生成元为

$$Q = \begin{pmatrix} T(0) & p_1(0)T^0(0)\alpha(1) & p_2(0)T^0(0)\alpha(2) & p_3(0)T^0(0)\alpha(3) \\ 0 & T(1) & p_2(1)T^0(1)\alpha(2) & p_3(1)T^0(1)\alpha(3) \\ p_0(2)T^0(2)\alpha(0) & p_1(2)T^0(2)\alpha(1) & T(2) & 0 \\ p_0(3)T^0(3)\alpha(0) & p_1(3)T^0(3)\alpha(1) & 0 & T(3) \end{pmatrix}$$

$$(6.4)$$

下面解释 Q 中各分块矩阵的含义：

状态 $i\rightarrow$ 状态 i：系统在各状态内部转移，所以 Q 中对角线各分块矩阵分别为 $T(0)$、$T(1)$、$T(2)$、$T(3)$。

状态 0 → 状态 1：系统以速率 $T^0(0)$ 从状态 0 转出，并以概率 $p_1(0)$ 进入状态 1 的初始相位 $\alpha(1)$，所以从状态 0 到状态 1 的转移速率为 $p_1(0)T^0(0)\alpha(1)$。同理，从状态 0 到状态 2 的转移速率为 $p_2(0)T^0(0)\alpha(2)$；从状态 0 到状态 3 的转移速率为 $p_3(0)T^0(0)\alpha(3)$。

状态 1 → 状态 0：根据本问题假设，系统在状态 1 情况下不进行保养或修理，所以从状态 1 到状态 0 的转移速率为 0。

状态 1 → 状态 2：系统以速率 $T^0(1)$ 从状态 1 转出，并以概率 $p_2(1)$ 进入状态 2 的初始相位 $\alpha(2)$，故转移速率为 $p_2(1)T^0(1)\alpha(2)$；同理可得从状态 1 到状态 3 的转移速率为 $p_3(1)T^0(1)\alpha(3)$。

状态 2 → 状态 0：系统处于状态 2 时，对其进行保养工作，并以概率 $p_0(2)$ 进入状态 0 的初始相位 $\alpha(0)$，故从状态 2 到状态 0 的转移速率为 $p_0(2)T^0(2)\alpha(0)$；同理，从状态 2 到状态 1 的转移率为 $p_1(2)T^0(2)\alpha(1)$，从状态 3 到状态 0 和状态 1 的转移速率分别为 $p_0(3)T^0(3)\alpha(0)$、$p_1(3)T^0(3)\alpha(1)$。另外，系统处于状态 2 时，不再退化到状态 3，故从状态 2 到状态 3 的转移速率为 0。

状态 3 → 状态 2：系统进入状态 3 后进行修理工作，不进入状态 2，所以从状态 3 到状态 2 的转移速率为 0。

（2）稳态概率向量。

根据连续时间马尔可夫过程的稳态概率向量定义[8]，可知当系统进入稳态时，无穷小生成元 Q 中各个宏状态所对应的概率组成了稳态概率向量 $\pi = (\pi(0), \pi(1), \pi(2), \pi(3))$，并且 π 满足以下条件：

$$\begin{cases} \pi Q = 0 \\ \pi e = 1 \end{cases} \qquad (6.5)$$

将式(6.5)展开得到方程组:

$$\begin{cases} \boldsymbol{\pi}(0)\boldsymbol{T}(0)+p_0(2)\boldsymbol{\pi}(2)\boldsymbol{T}^0(2)\boldsymbol{\alpha}(0)+p_0(3)\boldsymbol{\pi}(3)\boldsymbol{T}^0(3)\boldsymbol{\alpha}(0)=0 \\ p_1(0)\boldsymbol{\pi}(0)\boldsymbol{T}^0(0)\boldsymbol{\alpha}(1)+\boldsymbol{\pi}(1)\boldsymbol{T}(1)+p_1(2)\boldsymbol{\pi}(2)\boldsymbol{T}^0(2)\boldsymbol{\alpha}(1)+p_1(3)\boldsymbol{\pi}(3)\boldsymbol{T}^0(3)\boldsymbol{\alpha}(1)=0 \\ p_2(0)\boldsymbol{\pi}(0)\boldsymbol{T}^0(0)\boldsymbol{\alpha}(2)+p_2(1)\boldsymbol{\pi}(1)\boldsymbol{T}^0(1)\boldsymbol{\alpha}(2)+\boldsymbol{\pi}(2)\boldsymbol{T}(2)=0 \\ p_3(0)\boldsymbol{\pi}(0)\boldsymbol{T}^0(0)\boldsymbol{\alpha}(3)+p_3(1)\boldsymbol{\pi}(1)\boldsymbol{T}^0(1)\boldsymbol{\alpha}(3)+\boldsymbol{\pi}(3)\boldsymbol{T}(3)=0 \\ \boldsymbol{\pi}(0)\boldsymbol{e}+\boldsymbol{\pi}(1)\boldsymbol{e}+\boldsymbol{\pi}(2)\boldsymbol{e}+\boldsymbol{\pi}(3)\boldsymbol{e}=1 \end{cases}$$

解上述方程组,可以获得各状态的稳态概率,进而可以求出系统的稳态可用度:

$$A = \sum_{i=0}^{1} \boldsymbol{\pi}(i)\boldsymbol{e} \qquad (6.6)$$

(3) 系统工作时间。

由系统状态转移矩阵可知,对于本节研究的多状态单部件,系统工作时间 t_1 是系统在状态 0 和 1 的停留时间,则有定理6.6。

定理 6.6　随机变量 t_1 服从 PH 分布,有 PH 表示 $(\boldsymbol{\eta}_1, \boldsymbol{C}_1)$,其中

$$\boldsymbol{\eta}_1 = \left(\frac{\boldsymbol{\pi}(0)}{\sum\limits_{i=0}^{1}\boldsymbol{\pi}(i)\boldsymbol{e}}, \frac{\boldsymbol{\pi}(1)}{\sum\limits_{i=0}^{1}\boldsymbol{\pi}(i)\boldsymbol{e}} \right), \boldsymbol{C}_1 = \begin{pmatrix} \boldsymbol{T}(0) & p_1(0)\boldsymbol{T}^0(0)\boldsymbol{\alpha}(1) \\ 0 & \boldsymbol{T}(1) \end{pmatrix}$$

证明:由模型假设条件和 t_1 的定义知,当系统从状态 0 和状态 1 向状态 2 和 3 转移后,系统需要经受一次保养或修理;因此可以将状态 2 和 3 作为 t_1 的一维吸收态,由 PH 分布定义可知,t_1 服从 PH 分布。

在确定 t_1 服从 PH 分布后,可得推论6.1。

推论 6.1　系统平均故障间隔时间(MTBF)为 $\mu_1 = -\boldsymbol{\eta}_1 \boldsymbol{C}_1^{-1} \boldsymbol{e}$。

(4) 系统停机时间。

系统停机时间 t_2 即在状态 2 和状态 3 的停留时间,由定理6.6同理可知:

定理 6.7　随机变量 t_2 服从 PH 分布,有 PH 表示 $(\boldsymbol{\eta}_2, \boldsymbol{C}_2)$,其中

$$\boldsymbol{\eta}_2 = \left(\frac{\boldsymbol{\pi}(2)}{\sum\limits_{i=2}^{3}\boldsymbol{\pi}(i)\boldsymbol{e}}, \frac{\boldsymbol{\pi}(3)}{\sum\limits_{i=2}^{3}\boldsymbol{\pi}(i)\boldsymbol{e}} \right)$$

$$\boldsymbol{C}_2 = \begin{pmatrix} \boldsymbol{T}(2) & 0 \\ 0 & \boldsymbol{T}(3) \end{pmatrix}$$

推论 6.2　系统平均停机时间为 $\mu_2 = -\boldsymbol{\eta}_2 \boldsymbol{C}_2^{-1} \boldsymbol{e}$。

在得到上述结论后,下面讨论该模型的特例:只考虑修理的情况时,系统的可靠性模型。

2）只进行修理时系统可靠性模型

本节讨论只对部件开展修理的情况，忽略保养工作。这时，上述模型则可以精简为只考虑修理的模式，系统状态简化为状态 0、状态 1、状态 2 三种状态，状态 0 与状态 1 所表示的含义不变，状态 2 表示进入修理状态。各状态之间的转移如图 6.3 所示。

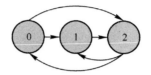

图 6.3　换件维修的系统状态转移图

参照式(6.4)，系统状态转移率矩阵则简化为

$$Q^* = \begin{pmatrix} T(0) & p_1(0)T^0(0)\boldsymbol{\alpha}(1) & p_2(0)T^0(0)\boldsymbol{\alpha}(2) \\ 0 & T(1) & T^0(1)\boldsymbol{\alpha}(2) \\ p_0(2)T^0(2)\boldsymbol{\alpha}(0) & p_1(2)T^0(2)\boldsymbol{\alpha}(1) & T(2) \end{pmatrix} \quad (6.7)$$

稳态概率向量 $\boldsymbol{\pi}^* = (\boldsymbol{\pi}^*(0), \boldsymbol{\pi}^*(1), \boldsymbol{\pi}^*(2))$，并且 $\boldsymbol{\pi}^*$ 满足以下条件：

$$\begin{cases} \boldsymbol{\pi}^* Q^* = 0 \\ \boldsymbol{\pi}^* e = 1 \end{cases}$$

展开上式得

$$\begin{cases} \boldsymbol{\pi}^*(0)T(0) + p_0(2)\boldsymbol{\pi}^*(2)T^0(2)\boldsymbol{\alpha}(0) = 0 \\ p_1(0)\boldsymbol{\pi}^*(0)T^0(0)\boldsymbol{\alpha}(1) + \boldsymbol{\pi}^*(1)T(1) + p_1(2)\boldsymbol{\pi}^*(2)T^0(2)\boldsymbol{\alpha}(1) = 0 \\ p_2(0)\boldsymbol{\pi}^*(0)T^0(0)\boldsymbol{\alpha}(2) + p_2(1)\boldsymbol{\pi}^*(1)T^0(1)\boldsymbol{\alpha}(2) + \boldsymbol{\pi}^*(2)T(2) = 0 \\ \boldsymbol{\pi}^*(0)e + \boldsymbol{\pi}^*(1)e + \boldsymbol{\pi}^*(2)e = 1 \end{cases}$$

解上述方程组，得到 $\boldsymbol{\pi}^* = (\boldsymbol{\pi}^*(0), \boldsymbol{\pi}^*(1), \boldsymbol{\pi}^*(2))$，系统稳态可用度为

$$A = \sum_{i=0}^{1} \boldsymbol{\pi}^*(i)e$$

系统工作时间 t_1^* 服从 PH 分布，有 PH 表示 $(\boldsymbol{\eta}_1^*, C_1^*)$，则

$$\boldsymbol{\eta}_1^* = \left(\frac{\boldsymbol{\pi}^*(0)}{\sum\limits_{i=0}^{1}\boldsymbol{\pi}^*(i)e}, \frac{\boldsymbol{\pi}^*(1)}{\sum\limits_{i=0}^{1}\boldsymbol{\pi}^*(i)e} \right), C_1^* = \begin{pmatrix} T(0) & p_1(0)T^0(0)\boldsymbol{\alpha}^*(1) \\ 0 & T(1) \end{pmatrix}$$

系统平均故障间隔时间为 $\mu_1^* = -\boldsymbol{\eta}_1^* C_1^{*-1} e$。

4. 算例分析

设某单部件系统的状态集为 $S = \{0,1,2,3\}$，各状态与上文描述相同。系统在各状态的停留时间分布参数和 $p_j(i)$ 取值见表 6.2。

表 6.2　各状态停留时间分布和 $p_j(i)$

状态 i	$\boldsymbol{\alpha}(i)$	$\boldsymbol{T}(i)$	$p_j(i)$
0	1	$\boldsymbol{T}(0) = -0.01$	$p_1(0) = 0.9$ $p_2(0) = 0.07$ $p_3(0) = 0.03$
1	$(1, 0, 0, 0)$	$\boldsymbol{T}(1) = \begin{pmatrix} -0.058 & 0.047 & 0 & 0 \\ 0 & -0.059 & 0.047 & 0 \\ 0 & 0 & -0.06 & 0.047 \\ 0 & 0 & 0 & -0.061 \end{pmatrix}$	$p_2(1) = 0.9$ $p_3(1) = 0.1$
2	1	$\boldsymbol{T}(2) = -1.25$	$p_0(2) = 0.13$ $p_1(2) = 0.87$
3	$(0, 0.999, 0, 0.001)$	$\boldsymbol{T}(3) = \begin{pmatrix} -3.32 & 0 & 3.32 & 0 \\ 0.01 & -3.35 & 0 & 3.31 \\ 0 & 0 & -3.318 & 0 \\ 3.346 & 0.002 & 0 & -3.348 \end{pmatrix}$	$p_0(3) = 0.99$ $p_1(3) = 0.01$

　　则由式(6.4)~式(6.6)可得,系统稳态可用度为 $A = 0.988$。

　　由定理 6.6 和式(6.2)定义可知,在时刻 t,系统可靠度函数为 $R(t) = \boldsymbol{\eta}_1 \exp(\boldsymbol{C}_1 t) \boldsymbol{e}$,而故障密度函数则为 $f(t) = \boldsymbol{\eta}_1 \exp(\boldsymbol{C}_1 t) \boldsymbol{C}_1^0$,则系统可靠度、失效率与时间的关系如图 6.4 和图 6.5 所示。

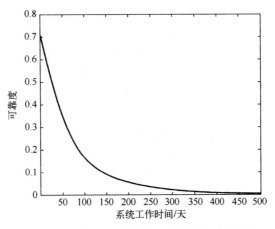

图 6.4　系统可靠度与工作时间关系图

　　由推论 6.1、推论 6.2 可知,系统平均故障间隔时间为 $\mu_1 = 54.26$ 天,平均维修时间为 $\mu_2 = 0.79$ 天。

　　由模型的输入可知,在状态 0 和状态 2 的停留时间服从指数分布,可以将其表示为 PH 分布形式。而状态 1 和 3 的停留时间则分别为一般分布和 Weibull 分布,利用 PH 分布拟合算法[9]，获得了各自的 PH 分布表达形式。这说明模型能够很好地适用于不同时间分布的情况，有效拓展了模型的适用范围。

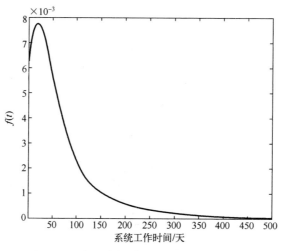

图 6.5　系统失效率与工作时间关系图

6.2.2　基于 PH 分布的温储备可修系统可靠性模型

1. 问题背景

在应用 PH 分布研究温储备系统可靠性方面，Gruruajan 等人[10]研究了两部件温储备可修系统，假设在用部件寿命、备用部件寿命服从 PH 分布，系统内具有单台修理设备，修理设备的寿命和服务时间均服从指数分布，被修理部件的修复时间为指数分布。在上述假设条件下，分析得到了该系统的可靠度、可用度等相关可靠性参数。Pérez-Ocón 等人[11]研究了包含 n 个单元、1 个单元工作的温储备系统，有一个维修台，假设工作单元寿命、维修时间均为 PH 分布，储备单元寿命服从指数分布，得到了稳态可用度、系统工作时间等可靠性参数。

从上述情况可以看出，在温储备系统可靠性研究中，现有的研究工作大都假设系统内的部分随机变量服从 PH 分布。由于装备系统所处实际工作环境复杂恶劣，维修条件具有多变性，使得设备寿命、维修时间等随机变量的分布类型亦具有多样性，导致上述模型的适用性具有一定的局限。因此，本节在前述研究基础上进行改进，研究包含 n 个单元的温储备系统，其中 1 个单元工作，其余备用，有一个维修台，工作单元寿命、备用单元寿命、维修工作时间均为 PH 分布，使模型具有更好的适用性。

2. 系统描述及假设

考虑一个可修的温储备系统，系统由 n 个单元组成，只要有 1 个单元可用，系

统即可用,系统内有 1 个维修台。假设:

(1) 工作单元寿命服从 PH 分布,具有($\boldsymbol{\alpha}$,$\boldsymbol{T}$)表示,阶数为 m;

(2) 各备用单元寿命服从 PH 分布,具有($\boldsymbol{\beta}$,$\boldsymbol{S}$)表示,阶数为 s;

(3) 维修台对故障单元的维修时间服从 PH 分布,具有($\boldsymbol{\gamma}$,$\boldsymbol{L}$)表示,阶数为 l;

(4) 维修台采取先到先服务策略,故障单元修理后修复如新;

(5) 上述随机变量相互独立;

(6) 除工作单元外,其余单元处于三种可能状态:备用、维修或等待维修。修复后的单元备用,如果某单元完成维修后,系统内无其他单元可用,则该单元立即投入使用;

(7) 备用单元替代故障单元的切换时间忽略不计。

3. 模型分析与建立

1) 系统状态分析

根据上述系统描述和假设条件,系统的宏状态可由系统内不可用工作单元数量表征。令 $K(t)$ 表示 t 时刻系统内不可用单元的数量($K(t) = 0,1,2,\cdots,n$);令 $J(t) = \{j_1(t),j_2(t),\cdots,j_k(t),\cdots,i_{n-K(t)}(t)\}$ 为 t 时刻系统内可用单元各自所处相位;令 $I(t)$ 表示维修工作所处相位。则由 $\{K(t),J(t),I(t)\}$ 表征的系统状态变化构成一个多维马尔可夫链。系统状态空间可划分为三个宏状态,为 $\Omega = H_1 \cup H_2 \cup H_3$。宏状态 H_1,代表系统内单元都可用;宏状态 H_3,代表系统内单元都不可用;宏状态 H_2 是 H_1 与 H_3 之间的中间状态。三个宏状态可以表示为

$H_1 = \{(0,(j_1(t),\cdots,j_p(t),\cdots,j_n(t)))\}$,其中 $j_p(t)$ 表示工作单元所处相位,故 $1 \leqslant j_p(t) \leqslant m$;其余备用单元的相位 $1 \leqslant j_y(t) \leqslant s(y \neq p)$。

$H_2 = \{(k,(j_1(t),\cdots,j_p(t),\cdots,j_{n-k-1}(t)),i)\}$,表示系统内有 k 个不可用单元,维修处于相位 i;各完好单元分别处于相位 $j_1(t),\cdots,j_p(t),\cdots,j_{n-k-1}(t)$,工作单元相位 $j_p(t)$ 满足 $1 \leqslant j_p(t) \leqslant m$,其余备用单元的相位 $1 \leqslant j_y(t) \leqslant s(y \neq p)$。

$H_3 = \{(n,i)\}$,表示 n 个单元均不可用,则系统停机;维修处于相位 $i(1 \leqslant i \leqslant l)$。

2) 系统状态转移矩阵分析

在分析了系统状态之后,下面分析系统状态的转移情况。

以宏状态在各自内部的转移来说明。

(1) H_1 内部转移:$k = 0$ 时,表示系统内无故障单元,该转移包括 1 个工作单元自身的转移和 $n-1$ 个备用单元的自身转移,转移矩阵可以表示为 $\boldsymbol{T} \oplus \tilde{\boldsymbol{S}}$,其中 $\tilde{\boldsymbol{S}} = \overbrace{\boldsymbol{S} \oplus \boldsymbol{S} \cdots \oplus \boldsymbol{S}}^{n-1}$。

(2) H_2 内部转移:当系统内有 k 个单元不可用($1 \leqslant k \leqslant n-1$)时,在同一时刻,工作单元相位与维修工作相位只能有 1 个发生变化,而不能同时变化,故它们的转移可表示为 $\boldsymbol{T} \oplus \boldsymbol{L}$;与此同时,其余 $n-k-1$ 个备用单元的相位可以发生变化,所以,

整个系统转移矩阵可表示为 $T \oplus L \oplus \widetilde{S}(k)$，其中 $\widetilde{S}(k) = \overbrace{S \oplus S \cdots \oplus S}^{n-1-k}$。

（3）H_3 内部转移：此时系统内不可用单元数为 n，系统停机。这时只有维修工作相位之间的转移，可表示为 L。

与上述分析类似，可以得到宏状态 k 向 $k+1$、$k-1$ 转移的矩阵。

根据上述分析，可以给出系统的状态转移矩阵为

$$Q = \begin{pmatrix} B_{0,0} & B_{0,1} & & & & \\ B_{1,0} & A_1^{(1)} & A_0^{(1)} & & & \\ & A_2^{(2)} & A_1^{(2)} & A_0^{(2)} & & \\ & & \ddots & \ddots & \ddots & \\ & & & A_2^{(n-1)} & A_1^{(n-1)} & B_{n-1,n} \\ & & & & B_{n,n-1} & B_{n,n} \end{pmatrix}$$

Q 中的各分块矩阵具体为

$$\begin{cases} B_{0,0} = T \oplus \widetilde{S}, \widetilde{S} = \overbrace{S \oplus S \cdots \oplus S}^{n-1} \\ B_{0,1} = [T^0 \boldsymbol{\alpha} \otimes S^0] \otimes \widetilde{S}(2) \otimes \boldsymbol{\gamma}, \widetilde{S}(2) = \overbrace{S \oplus S \cdots \oplus S}^{n-2} \\ B_{1,0} = I(1) \otimes L^0 \otimes \boldsymbol{\beta}, I(k) \text{ 为维数为 } m \times s^{n-1-k} \text{ 的单位阵} \\ A_2^{(k)} = I(k) \otimes L^0 \boldsymbol{\beta} \otimes \boldsymbol{\gamma}, 2 \leqslant k \leqslant n-1 \\ A_1^{(k)} = T \oplus \widetilde{S}(k) \oplus L, k = 1, 2, \cdots, n-1 \\ A_0^{(k)} = [T^0 \boldsymbol{\alpha} \otimes S^0] \otimes \widetilde{S}(k+1) \otimes I, k = 1, 2, \cdots, n-2 \\ B_{n-1,n} = T^0 \otimes I \\ B_{n,n-1} = L^0 \boldsymbol{\alpha} \otimes \boldsymbol{\gamma} \\ B_{n,n} = L \end{cases}$$

3）系统稳态概率向量

系统稳态概率向量表示为 $\boldsymbol{\pi} = (\pi_0, \pi_1, \cdots, \pi_{n-1}, \pi_n)$，且满足方程组

$$\begin{cases} \boldsymbol{\pi} Q = 0 \\ \boldsymbol{\pi} e = 1 \end{cases}$$

将上述方程组展开可得式（6.8）~式（6.13）。

$$\pi_0 B_{0,0} + \pi_1 B_{0,1} = 0 \tag{6.8}$$

$$\pi_0 B_{0,1} + \pi_1 A_1^{(1)} + \pi_2 A_2^{(2)} = 0 \tag{6.9}$$

$$\pi_{k-1} A_0^{(k-1)} + \pi_k A_1^{(k)} + \pi_{k+1} A_2^{k+1} = 0, k = 2, 3, \cdots, n-2 \tag{6.10}$$

$$\pi_{n-2} A_0^{(n-2)} + \pi_{n-1} A_1^{(n-1)} + \pi_n B_{n,n-1} = 0 \tag{6.11}$$

$$\boldsymbol{\pi}_{n-1}\boldsymbol{B}_{n-1,n}+\boldsymbol{\pi}_n\boldsymbol{B}_{n,n}=\boldsymbol{0} \tag{6.12}$$

$$\boldsymbol{\pi}_0 e+\boldsymbol{\pi}_1 e+\cdots+\boldsymbol{\pi}_{n-1}e+\boldsymbol{\pi}_n e=1 \tag{6.13}$$

式(6.8)和式(6.9),式(6.11)和式(6.12)均为系统的边界方程。

求解上述方程组,可得系统的稳态概率向量。方程组的求解方法,需要用到矩阵解析法[12],具体方法如下。

给定一个矩阵序列 $\boldsymbol{R}_1,\boldsymbol{R}_2,\cdots,\boldsymbol{R}_{n-2}$,该矩阵序列满足

$$\boldsymbol{A}_0^{(k-1)}+\boldsymbol{R}_{k-1}\boldsymbol{A}_1^{(k)}+\boldsymbol{R}_{k-1}\boldsymbol{R}_k\boldsymbol{A}_2^{k+1}=0,k=2,3,\cdots,n-2 \tag{6.14}$$

其中,当 $k=2,3,\cdots,n-2$ 时, $\boldsymbol{A}_1^{(k)}+\boldsymbol{R}_k\boldsymbol{A}_2$ 为非奇异矩阵。

如果

$$\boldsymbol{\pi}_k=\boldsymbol{\pi}_{k-1}\boldsymbol{R}_{k-1},k=2,3,\cdots,n-2 \tag{6.15}$$

或满足

$$\boldsymbol{\pi}_k=\boldsymbol{\pi}_1\prod_{i=1}^{k-1}\boldsymbol{R}_i,k=2,3,\cdots,n-2 \tag{6.16}$$

则向量 $\boldsymbol{\pi}_1,\boldsymbol{\pi}_2,\cdots,\boldsymbol{\pi}_{n-1}$ 满足式(6.10)。

通过式(6.14),依据 $\boldsymbol{R}_{n-2}$,概率矩阵 $\boldsymbol{R}_1,\boldsymbol{R}_2,\cdots,\boldsymbol{R}_{n-3}$,可以通过如下递归关系式求解:

$$\boldsymbol{R}_{k-1}=-\boldsymbol{A}_0^{(k-1)}\ (\boldsymbol{A}_1^{(k)}+\boldsymbol{R}_k\boldsymbol{A}_2^{(k+1)})^{-1},\ k=2,3,\cdots,n-2 \tag{6.17}$$

由式(6.12),可得

$$\boldsymbol{\pi}_n=\boldsymbol{\pi}_{n-1}\boldsymbol{R}_{n-1} \tag{6.18}$$

其中 $\boldsymbol{R}_{n-1}=-\boldsymbol{B}_{n-1,n}\boldsymbol{B}_{n,n}^{-1}$。

再根据式(6.11)可得

$$\boldsymbol{\pi}_{n-1}=\boldsymbol{\pi}_{n-2}\boldsymbol{R}_{n-2} \tag{6.19}$$

其中 $\boldsymbol{R}_{n-2}=-\boldsymbol{A}_0^{(n-2)}\ (\boldsymbol{A}_1^{(n-1)}+\boldsymbol{R}_{n-1}\boldsymbol{B}_{n,n-1})^{-1}$。

同理,由式(6.8)可得

$$\boldsymbol{\pi}_1=\boldsymbol{\pi}_0\boldsymbol{R}_0 \tag{6.20}$$

其中 $\boldsymbol{R}_0=-\boldsymbol{B}_{0,1}(\boldsymbol{A}_1^{(1)}+\boldsymbol{R}_1\boldsymbol{A}_2^2)^{-1}$。

可以得到

$$\boldsymbol{\pi}_j=\boldsymbol{\pi}_0\prod_{k=1}^{j-1}\boldsymbol{R}_k,j=1,2,\cdots,n \tag{6.21}$$

将式(6.20)代入式(6.8),可得

$$\boldsymbol{\pi}_0(\boldsymbol{B}_{0,0}+\boldsymbol{R}_0\boldsymbol{B}_{1,0})=\boldsymbol{0} \tag{6.22}$$

且 $\boldsymbol{\pi}_0$ 满足正规化条件

$$\boldsymbol{\pi}_0\Big(\sum_{j=0}^{n}\prod_{i=0}^{j-1}\boldsymbol{R}_i\Big)e=1 \tag{6.23}$$

下面总结给出求解稳态概率向量的步骤：

步骤1：计算矩阵$R_k(k=n-1,\cdots,1,0)$。

$$R_{n-1}=-B_{n-1,n}B_{n,n}^{-1}$$

$$R_{n-2}=-A_0^{(n-2)}(A_1^{(n-1)}+R_{n-1}B_{n,n-1})^{-1}$$

$$R_{k-1}=-A_0^{(k-1)}(A_1^{(k)}+R_kA_2^{(k+1)})^{-1},k=n-2,\cdots3,2$$

$$R_0=-B_{0,1}(A_1^{(1)}+R_1A_2^2)^{-1}$$

步骤2：联合式(6.22)和式(6.23)，求出$\boldsymbol{\pi}_0$。

步骤3：由式(6.21)，求出$\boldsymbol{\pi}_j(j=1,2,\cdots,n)$。

4. 系统可靠性相关指标

1）系统稳态可用度

得到系统的稳态概率向量之后，该温储备系统的稳态可用度为系统处于可用的各宏状态概率之和，即

$$A=\sum_{k=0}^{n-1}\boldsymbol{\pi}_k\boldsymbol{e}=1-\boldsymbol{\pi}_n\boldsymbol{e} \tag{6.24}$$

同时，可得系统不可用度为$\bar{A}=1-A=\boldsymbol{\pi}_n\boldsymbol{e}$。

2）系统平均连续工作时间

系统平均连续工作时间是评价系统可靠性的一个重要指标。在以往的相关研究中，主要有两种储备系统工作时间的定义方式。

定义6.3 从系统内所有单元都可用(系统处于宏状态0)的时刻到系统首次所有单元均不可用(系统处于宏状态n)时刻的时间间隔。

定义6.4 从某一单元完成维修的时刻(且此时系统内其他单元均不可用)开始，到系统首次所有单元均不可用(系统处于宏状态n)时刻的时间间隔。

定义6.3主要描述的是系统首次故障前平均工作时间，而定义6.4描述的是系统长期运行后，系统两次故障停机之间的系统平均工作时间。本节研究采用定义6.4。

根据定义6.4的描述，当系统进入稳态后，系统工作时间是系统从宏状态n进入宏状态$n-1$后，再次进入宏状态n的时间间隔。当$K(t)$由宏状态n转移到宏状态$n-1$后，系统开始工作。当$K(t)$再次进入n时，系统停机。所以，状态空间H_3是系统工作时间的一维吸收态。

为了计算系统连续工作时间的分布，我们在上文所建立的马尔可夫过程的基础上，考虑一个修改后的马尔可夫过程。该过程将原来的宏状态n改为吸收态，记为宏状态n^*，其余宏状态与原来相同。系统的连续工作时间即为进入宏状态n^*之前的时间。

根据上述分析，并结合PH分布的定义，可得系统连续工作时间服从PH分布，其无穷小生成元为

$$Q^* = \begin{pmatrix} & 0 & 1 & & \cdots & n-1 & n^* \\ \hline 0 & B_{0,0} & B_{0,1} & & & & 0 \\ 1 & B_{1,0} & A_1^{(1)} & A_0^{(1)} & & & 0 \\ & & A_2^{(2)} & A_1^{(2)} & A_0^{(2)} & & 0 \\ \vdots & & & \ddots & \ddots & \ddots & 0 \\ n-1 & & & & A_2^{(n-1)} & A_1^{(n-1)} & B_{n-1,n}^* \\ \hline n^* & 0 & 0 & 0 & 0 & 0 & 0 \end{pmatrix}$$

设系统连续工作时间具有不可约表示 $(\boldsymbol{\delta}, \boldsymbol{U})$，可知 $\boldsymbol{\delta} = (0, \cdots, 0, \boldsymbol{\alpha} \otimes \boldsymbol{\gamma})$，且

$$\boldsymbol{U} = \begin{pmatrix} B_{0,0} & B_{0,1} & & & \\ B_{1,0} & A_1^{(1)} & A_0^{(1)} & & \\ & A_2^{(2)} & \ddots & \ddots & \\ & & \ddots & A_1^{(n-2)} & A_0^{(n-2)} \\ & & & A_2^{(n-1)} & A_1^{(n-1)} \end{pmatrix}$$

可知，$\boldsymbol{U}$ 的获得只需将原 $\boldsymbol{Q}$ 矩阵中的第 $n+1$ 行与 $n+1$ 列去掉即可。

在上述分析基础上，可得系统的平均连续工作时间(平均故障间隔时间)为

$$\text{MTBF} = -\boldsymbol{\delta}\, \boldsymbol{U}^{-1} \boldsymbol{e} \tag{6.25}$$

3）维修台故障单元到达率

到达维修台的单元是系统内发生故障的单元，由两部分组成：一是工作单元故障；二是备用单元故障。因此，维修台故障单元到达率 v，是系统内工作单元与所有备用单元发生故障速率之和。在得到系统的稳态概率后，可得

$$v = \boldsymbol{\pi}_0 \boldsymbol{F}^0 + \sum_{k=1}^{n-k} \boldsymbol{\pi}_k \boldsymbol{F}^0(k) \tag{6.26}$$

其中 $\boldsymbol{F} = \boldsymbol{B}_{0,0}, \boldsymbol{F}(k) = \boldsymbol{T} \oplus \widetilde{\boldsymbol{S}}(k), \boldsymbol{F}^0 = -\boldsymbol{F}\boldsymbol{e}$。

5. 算例分析

考虑一个 $n=3$ 的温储备系统，其中 1 个单元工作，有一个维修台，假设工作单元寿命、储备单元寿命、维修时间均为 PH 分布，它们的不可约 PH 表示如下：工作单元寿命

分布 $(\boldsymbol{\alpha}, \boldsymbol{T})$，$\boldsymbol{\alpha} = (0.431, 0.228, 0.341)$，$\boldsymbol{T} = \begin{pmatrix} -1.750 & 0.170 & 0.013 \\ 0.004 & -2.960 & 0.001 \\ 0.093 & 2.266 & -3.646 \end{pmatrix}$；由 PH 分布

定义可知，$\boldsymbol{T}^0 = -\boldsymbol{T}\boldsymbol{e} = \begin{pmatrix} 1.567 \\ 2.955 \\ 1.287 \end{pmatrix}$。

备用单元寿命分布 $(\boldsymbol{\beta}, \boldsymbol{S})$，$\boldsymbol{\beta} = (0.460, 0.540)$，$\boldsymbol{S} = \begin{pmatrix} -1.019 & 0.022 \\ 0.015 & -1.015 \end{pmatrix}$；则

$\boldsymbol{S}^0 = \begin{pmatrix} 0.997 \\ 1.0 \end{pmatrix}$。

维修时间分布为 $(\boldsymbol{\gamma},\boldsymbol{L})$，$\boldsymbol{\gamma}=(0.298,0.118,0.584)$，$\boldsymbol{L}=$
$\begin{pmatrix} -4.863 & 0.019 & 0.126 \\ 0.049 & -4.957 & 0.255 \\ 0.019 & 0.007 & -4.832 \end{pmatrix}$；则 $\boldsymbol{L}^0=\begin{pmatrix} 4.718 \\ 4.653 \\ 4.806 \end{pmatrix}$。

根据系统内不可用单元的数量，该系统的状态集表示为 $\{0,1,2,3\}$，其中状态
3 为系统停机状态。系统各状态之间的转移如图 6.6 所示。

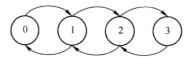

图 6.6　系统状态转移示意图

该系统的状态转移矩阵为

$$Q=\begin{pmatrix} \boldsymbol{B}_{0,0} & \boldsymbol{B}_{0,1} & & \\ \boldsymbol{B}_{1,0} & \boldsymbol{A}_1^{(1)} & \boldsymbol{A}_0^{(1)} & \\ & \boldsymbol{A}_2^{(2)} & \boldsymbol{A}_1^{(2)} & \boldsymbol{B}_{2,3} \\ & & \boldsymbol{B}_{3,2} & \boldsymbol{B}_{3,3} \end{pmatrix}$$

其中

$$\begin{cases}
\boldsymbol{B}_{0,0}=\boldsymbol{T}\oplus\widetilde{\boldsymbol{S}},\widetilde{\boldsymbol{S}}=\boldsymbol{S}\oplus\boldsymbol{S} \\
\boldsymbol{B}_{0,1}=[\boldsymbol{T}^0\boldsymbol{\alpha}\otimes\boldsymbol{S}^0]\otimes\widetilde{\boldsymbol{S}}(2)\otimes\boldsymbol{\gamma},\widetilde{\boldsymbol{S}}(2)=\boldsymbol{S} \\
\boldsymbol{B}_{1,0}=\boldsymbol{I}(1)\otimes\boldsymbol{L}^0\otimes\boldsymbol{\beta},\boldsymbol{I}(1)\text{为维数为 6 的单位阵} \\
\boldsymbol{A}_1^{(1)}=\boldsymbol{T}\oplus\widetilde{\boldsymbol{S}}(1)\oplus\boldsymbol{L} \\
\boldsymbol{A}_0^{(1)}=[\boldsymbol{T}^0\boldsymbol{\alpha}\otimes\boldsymbol{S}^0]\otimes\widetilde{\boldsymbol{S}}(2)\otimes\boldsymbol{I} \\
\boldsymbol{A}_2^{(2)}=\boldsymbol{I}(2)\otimes\boldsymbol{L}^0\boldsymbol{\beta}\otimes\boldsymbol{\gamma},\boldsymbol{I}(2)\text{为维数为 3 的单位阵} \\
\boldsymbol{A}_1^{(2)}=\boldsymbol{T}\oplus\widetilde{\boldsymbol{S}}(2)\oplus\boldsymbol{L} \\
\boldsymbol{B}_{2,3}=\boldsymbol{T}^0\otimes\boldsymbol{I} \\
\boldsymbol{B}_{3,2}=\boldsymbol{L}^0\boldsymbol{\alpha}\otimes\boldsymbol{\gamma} \\
\boldsymbol{B}_{3,3}=\boldsymbol{L}
\end{cases}$$

将上述式子代入式(6.8)~式(6.13)，可得关于稳态概率向量的方程组：

$$\begin{cases}
\boldsymbol{\pi}_0(\boldsymbol{T}\oplus\widetilde{\boldsymbol{S}})+\boldsymbol{\pi}_1(\boldsymbol{I}(1)\otimes\boldsymbol{L}^0\otimes\boldsymbol{\beta})=\boldsymbol{0} \\
\boldsymbol{\pi}_0[(\boldsymbol{T}^0\boldsymbol{\alpha}\otimes\boldsymbol{S}^0)\otimes\widetilde{\boldsymbol{S}}(2)\otimes\boldsymbol{\gamma}]+\boldsymbol{\pi}_1(\boldsymbol{T}\oplus\widetilde{\boldsymbol{S}}(1)\oplus\boldsymbol{L})+\boldsymbol{\pi}_2(\boldsymbol{I}(2)\otimes\boldsymbol{L}^0\boldsymbol{\beta}\otimes\boldsymbol{\gamma})=\boldsymbol{0} \\
\boldsymbol{\pi}_1[(\boldsymbol{T}^0\boldsymbol{\alpha}\otimes\boldsymbol{S}^0)\otimes\widetilde{\boldsymbol{S}}(2)\otimes\boldsymbol{I}]+\boldsymbol{\pi}_2(\boldsymbol{T}\oplus\widetilde{\boldsymbol{S}}(2)\oplus\boldsymbol{L})+\boldsymbol{\pi}_3(\boldsymbol{L}^0\boldsymbol{\alpha}\otimes\boldsymbol{\gamma})=\boldsymbol{0} \\
\boldsymbol{\pi}_2(\boldsymbol{T}^0\otimes\boldsymbol{I})+\boldsymbol{\pi}_3\boldsymbol{L}=\boldsymbol{0} \\
\boldsymbol{\pi}_0e+\boldsymbol{\pi}_1e+\cdots+\boldsymbol{\pi}_{n-1}e+\boldsymbol{\pi}_ne=1
\end{cases}$$

采用上文中矩阵解析法的相关步骤,可以解得系统稳态概率向量。

由式(6.24)可得系统稳态可用度 $A = 0.9934$。

系统连续工作时间具有不可约 PH 表示 $(\boldsymbol{\delta}, \boldsymbol{U})$，$\boldsymbol{\delta} = (0, \cdots, 0, \boldsymbol{\alpha} \otimes \boldsymbol{\gamma})$，其中

$$\boldsymbol{U} = \begin{pmatrix} \boldsymbol{B}_{0,0} & \boldsymbol{B}_{0,1} & \\ \boldsymbol{B}_{1,0} & \boldsymbol{A}_1^{(1)} & \boldsymbol{A}_0^{(1)} \\ & \boldsymbol{A}_2^{(2)} & \boldsymbol{A}_1^{(2)} \end{pmatrix}$$

依据式(6.25),可计算得到 $\mathrm{MTBF} = -\boldsymbol{\delta} \boldsymbol{U}^{-1} \boldsymbol{e} = 1.2157$。

依据式(6.26),可计算得到 $v = 0.0472$。

本节采用 PH 分布研究了具有 n 个单元的温储备系统可靠性规律,在保证良好的解析特性的同时,模型假设系统具有单个维修台,工作单元寿命、备用单元寿命、维修时间均服从 PH 分布,获得了系统稳态可用度、系统平均工作时间分布、故障单元到达率等可解析模型,由于 PH 分布可以拟合非负实数轴上的任意分布类型,且假设系统单元数量为 n,故有效提升了模型的描述能力,通过算例验证了模型的有效性。

6.2.3　基于 PH 分布的 n 中取 k 系统可靠性模型

1. 问题描述

设某系统由 n 个相同部件组成,只有当系统中有 $k(k \leqslant n)$ 个部件能够正常工作时,系统才处于工作状态。当一个工作部件发生故障后,立即由备用部件代替,替换下来的故障件送去维修,修好后进入备用序列。下面对问题做进一步假设:

(1) 各工作部件的寿命独立同分布,为 PH 分布,该分布具有 m_1 阶不可约表示 $(\boldsymbol{\alpha}, \boldsymbol{T})$。

(2) 各备用部件的寿命独立同分布,为 PH 分布,该分布具有 m_2 阶不可约表示 $(\boldsymbol{\beta}, \boldsymbol{S})$。

(3) 系统有一个维修台,故障件按先到先服务的原则进行维修,假设部件修复如新。部件的维修时间分布为 PH 分布,该分布具有 l 阶不可约表示 $(\boldsymbol{\delta}, \boldsymbol{U})$。

(4) 当系统中完好部件少于 k 个时,系统故障,完好部件回复初始状态,待系统恢复后,再次投入运转。

(5) 备用件代替故障件的时间可以忽略不计。

(6) 部件的工作寿命、储备寿命与维修时间均相互独立。

2. 模型分析

令 $Z(t)(0 \leqslant Z(t) \leqslant n-k+1)$,$I(t) = \{i_1(t), i_2(t), \cdots, i_k(t), \cdots, i_{n-Z(t)}(t)\}$ 和

$J(t)$ 分别表示在时刻 t 系统内的故障件数量、完好部件各自所处的相位和维修工作所处相位,则 $\{Z(t),I(t),J(t)\}$ 为多维连续时间马尔可夫链。

该马尔可夫链状态空间的两个边界为 $Z(t)=0$ 和 $Z(t)=n-k+1$,分别对应系统内没有故障件和 $n-k+1$ 个部件故障的情况;状态空间可以表示为 $\Omega=H_1\cup H_2\cup H_3$,其中:

$H_1=\{(0,(i_1(t),\cdots,i_k(t),\cdots,i_n(t)))\}$ 表示系统内没有故障件,各完好部件分别处于相位 $i_1(t),\cdots,i_k(t),\cdots,i_n(t)$,其中:当 $1\leqslant y\leqslant k$ 时,$1\leqslant i_y(t)\leqslant m_1$;当 $k<y\leqslant n$ 时,$1\leqslant i_y(t)\leqslant m_2$。

$H_2=\{(z,(i_1(t),\cdots,i_k(t),\cdots,i_{n-k-z}(t)),j)\}$ 表示系统内有 z 个故障件,各完好部件分别处于相位 $i_1(t),\cdots,i_k(t),\cdots,i_{n-k-z}(t)$,维修工作处于相位 j,其中:$1\leqslant z\leqslant n-k$;当 $k<y\leqslant n$ 时,$1\leqslant i_y(t)\leqslant m_1$;当 $k<y\leqslant n-z$ 时,$1\leqslant i_y(t)\leqslant m_2$;$1\leqslant j\leqslant l$。

$H_3=\{(n-k+1,j)\}$ 表示系统内有 $n-k+1$ 个故障件,系统处于停机状态,维修工作处于相位 $j(1\leqslant j\leqslant l)$。

以宏状态 $Z(t)$ 的内部转移为例:

(1) 当 $z=0$ 时,此时系统无故障部件,该转移包括每个工作部件自身相位之间的转移和 $n-k$ 个完好备件的自身转移,因此可用矩阵 $\overline{T}\oplus\overline{S}$ 表示,其中 $\overline{T}=\overbrace{T\oplus T\cdots\oplus T}^{k}$,$\overline{S}=\overbrace{S\oplus S\cdots\oplus S}^{n-k}$。

(2) 当 $1\leqslant z\leqslant n-k+1$ 时,此时系统中有 z 个故障部件。由于在同一瞬时,工作部件相位与维修过程相位不会同时发生变化,所以它们的转移可以用 $\overline{T}\oplus U$ 表示。同时,系统内还有 $(n-k-z)$ 个完好部件,则整个系统的转移可用矩阵 $\overline{T}\oplus\overline{S}(z)\oplus U$ 表示,其中 $\overline{S}(z)=\overbrace{S\oplus S\cdots\oplus S}^{n-k-z}$。

(3) 当 $z=n-k+1$ 时,此时系统故障,没有部件在工作,所以只有维修相位之间的转移,该转移可用矩阵 U 表示。

同理,分别可得宏状态 z 向宏状态 $z+1$、$z-1$ 的转移率矩阵。

因此,系统状态转移矩阵如下:

$$Q=\begin{bmatrix} B_0 & B_1 & & & & \\ B_2 & A_1^{(1)} & A_0^{(1)} & & & \\ & E(2) & A_1^{(2)} & A_0^{(2)} & & \\ & & \ddots & \ddots & \ddots & \\ & & & E(n-k) & A_1^{(n-k)} & B_{n-1} \\ & & & & B_n & U \end{bmatrix} \tag{6.27}$$

其中

$$
\begin{cases}
\boldsymbol{B}_0 = \overline{\boldsymbol{T}} \oplus \overline{\boldsymbol{S}}; \\
\boldsymbol{B}_1 = (\overline{\boldsymbol{T}}(k-1) \oplus \overline{\boldsymbol{S}}(1)) \otimes (\boldsymbol{T}^0 \boldsymbol{\alpha} \otimes \boldsymbol{S}^0) \otimes \boldsymbol{\delta}, \overline{\boldsymbol{T}}(k-1) = \overbrace{\overline{\boldsymbol{T}} \oplus \overline{\boldsymbol{T}} \cdots \oplus \overline{\boldsymbol{T}}}^{k-1} \\
\boldsymbol{B}_2 = \boldsymbol{I}(1) \otimes \boldsymbol{U}^0 \otimes \boldsymbol{\beta}, \boldsymbol{I}(z) \text{为维数为 } m_1^k m_2^{n-k-z} \text{ 的单位矩阵} \\
\boldsymbol{E}(z) = \boldsymbol{I}(z) \otimes \boldsymbol{U}^0 \boldsymbol{\beta} \otimes \boldsymbol{\delta}, 2 \leqslant z \leqslant n-k \\
\boldsymbol{A}_1^{(z)} = \overline{\boldsymbol{T}} \oplus \overline{\boldsymbol{S}}(z) \oplus \boldsymbol{U}, 1 \leqslant z \leqslant n-k \\
\boldsymbol{A}_0^{(z)} = (\overline{\boldsymbol{T}}(k-1) \oplus \overline{\boldsymbol{S}}(z+1)) \otimes (\boldsymbol{T}^0 \boldsymbol{\alpha} \otimes \boldsymbol{S}^0) \otimes \boldsymbol{I}, 1 \leqslant z \leqslant n-k-1 \\
\boldsymbol{B}_{n-1} = \overline{\boldsymbol{T}}^0 \otimes \boldsymbol{I} \\
\boldsymbol{B}_n = \overline{\boldsymbol{\alpha}} \otimes \boldsymbol{U}^0 \boldsymbol{\alpha} \otimes \boldsymbol{\delta}, \overline{\boldsymbol{\alpha}} = \overbrace{\boldsymbol{\alpha} \otimes \boldsymbol{\alpha} \cdots \otimes \boldsymbol{\alpha}}^{k-1}
\end{cases}
$$

3. 稳态概率向量

当系统进入稳态时,由连续时间马尔可夫过程稳态概率向量定义[8],无穷小生成元 $\boldsymbol{Q}$ 矩阵中各个宏状态所对应的概率组成了稳态概率向量 $\boldsymbol{\pi} = (\boldsymbol{\pi}_0, \boldsymbol{\pi}_1, \boldsymbol{\pi}_2, \cdots, \boldsymbol{\pi}_{n-k}, \boldsymbol{\pi}_{n-k+1})$,并且 $\boldsymbol{\pi}$ 满足如下方程组:

$$
\begin{cases}
\boldsymbol{\pi}\boldsymbol{Q} = 0 \\
\boldsymbol{\pi}\boldsymbol{e}^{\mathrm{T}} = 1
\end{cases}
\tag{6.28}
$$

可将式(6.28)展开,得到以下方程:

$$
\boldsymbol{\pi}_0 \boldsymbol{B}_0 + \boldsymbol{\pi}_1 \boldsymbol{B}_2 = 0 \tag{6.29}
$$

$$
\boldsymbol{\pi}_0 \boldsymbol{B}_1 + \boldsymbol{\pi}_1 \boldsymbol{A}_1^{(1)} + \boldsymbol{\pi}_2 \boldsymbol{E}(2) = 0 \tag{6.30}
$$

$$
\boldsymbol{\pi}_{z-1} \boldsymbol{A}_0^{(z-1)} + \boldsymbol{\pi}_z \boldsymbol{A}_1^{(z)} + \boldsymbol{\pi}_{z+1} \boldsymbol{E}(z+1) = 0, z = 2, 3, \cdots, n-k-1 \tag{6.31}
$$

$$
\boldsymbol{\pi}_{n-k-1} \boldsymbol{A}_0^{(n-k-1)} + \boldsymbol{\pi}_{n-k} \boldsymbol{A}_1^{(n-k)} + \boldsymbol{\pi}_{n-k+1} \boldsymbol{B}_n = 0 \tag{6.32}
$$

$$
\boldsymbol{\pi}_{n-k} \boldsymbol{B}_{n-1} + \boldsymbol{\pi}_{n-k+1} \boldsymbol{U} = 0 \tag{6.33}
$$

$$
\boldsymbol{\pi}_0 \boldsymbol{e}^{\mathrm{T}} + \boldsymbol{\pi}_1 \boldsymbol{e}^{\mathrm{T}} + \cdots + \boldsymbol{\pi}_{n-k} \boldsymbol{e}^{\mathrm{T}} + \boldsymbol{\pi}_{n-k+1} \boldsymbol{e}^{\mathrm{T}} = 1 \tag{6.34}
$$

下面采用矩阵解析方法[13]求解稳态概率向量。

给定矩阵序列 $\boldsymbol{R}_1, \boldsymbol{R}_2, \cdots, \boldsymbol{R}_{n-k-1}$,假设满足如下方程:

$$
\boldsymbol{A}_0^{(z-1)} + \boldsymbol{R}_{z-1} \boldsymbol{A}_1^{(z)} + \boldsymbol{R}_{z-1} \boldsymbol{R}_z \boldsymbol{E}(z+1) = 0, z = 2, 3, \cdots, n-k-1 \tag{6.35}
$$

其中 $\boldsymbol{A}_1^{(z)} + \boldsymbol{R}_z \boldsymbol{E}$ 为非奇矩阵。

若 $\boldsymbol{\pi}_z = \boldsymbol{\pi}_{z-1} \boldsymbol{R}_{z-1}, z = 2, 3, \cdots, n-k-1$,则向量 $\boldsymbol{\pi}_1, \boldsymbol{\pi}_2, \cdots, \boldsymbol{\pi}_{n-k}$ 满足式(6.31),而且有如下递推关系:

$$
\boldsymbol{\pi}_z = \boldsymbol{\pi}_1 \prod_{x=1}^{z-1} \boldsymbol{R}_x, z = 2, 3, \cdots, n-k-1 \tag{6.36}
$$

从式(6.35)可知,$\boldsymbol{R}_1, \boldsymbol{R}_2, \cdots, \boldsymbol{R}_{n-k-2}$ 有如下递推关系:

$$
\boldsymbol{R}_{z-1} = -\boldsymbol{A}_0^{(z-1)} (\boldsymbol{A}_1^{(z)} + \boldsymbol{R}_z \boldsymbol{E}(z+1))^{-1}, z = 2, 3, \cdots, n-k-1 \tag{6.37}
$$

由式(6.33)可得

$$\boldsymbol{\pi}_{n-k+1} = \boldsymbol{\pi}_{n-k} \boldsymbol{R}_{n-k} \tag{6.38}$$

其中 $\boldsymbol{R}_{n-k} = -\boldsymbol{B}_{n-1} \boldsymbol{U}^{-1}$。

然后，再由式(6.32)得出

$$\boldsymbol{\pi}_{n-k} = \boldsymbol{\pi}_{n-k-1} \boldsymbol{R}_{n-k-1} \tag{6.39}$$

其中 $\boldsymbol{R}_{n-k-1} = -\boldsymbol{A}_0^{(n-k-1)} (\boldsymbol{A}_1^{(n-k)} + \boldsymbol{R}_{n-k} \boldsymbol{B}_n)^{-1}$。

同理，$\boldsymbol{\pi}_1 = \boldsymbol{\pi}_0 \boldsymbol{R}_0$，其中 $\boldsymbol{R}_0 = -\boldsymbol{B}_1 (\boldsymbol{A}_1^{(1)} + \boldsymbol{R}_1 \boldsymbol{E}(2))^{-1}$。

根据式(6.36)~式(6.39)递推关系，并结合式(6.34)，即可求得稳态概率向量。

4. 系统特性

1）系统稳态可用度

在获得系统处于各个宏状态的稳态概率后，就可以很方便的确定系统的稳态可用度，即系统不处于宏状态 $n-k+1$ 的概率：

$$A = \sum_{z=0}^{n-k} \boldsymbol{\pi}_z \boldsymbol{e}^{\mathrm{T}} = 1 - \boldsymbol{\pi}_{n-k+1} \boldsymbol{e}^{\mathrm{T}} \tag{6.40}$$

2）系统工作时间

当系统进入稳态后，工作时间周期就是系统从宏状态 $n-k+1$ 进入 $n-k$ 后，到再次进入 $n-k+1$ 的时间间隔。

定理 6.8 系统工作时间周期服从 PH 分布，具有表示为 $(\boldsymbol{\gamma}, \boldsymbol{C}_W)$，其中

$$\boldsymbol{\gamma} = (0, \cdots, 0, \boldsymbol{\delta} \otimes \boldsymbol{\alpha}), \quad \boldsymbol{C}_W = \begin{bmatrix} \boldsymbol{B}_0 & \boldsymbol{B}_1 & & & \\ \boldsymbol{B}_2 & \boldsymbol{A}_1^{(1)} & \boldsymbol{A}_0^{(1)} & & \\ & \boldsymbol{E}(2) & \ddots & \ddots & \\ & & \ddots & \boldsymbol{A}_1^{(n-k-1)} & \boldsymbol{A}_0^{(n-k-1)} \\ & & & \boldsymbol{E}(n-k) & \boldsymbol{A}_1^{(n-k)} \end{bmatrix} 。$$

证明：由系统工作时间周期的定义知，当 $Z(t)$ 从宏状态 $n-k+1$ 向 $n-k$ 转移后，系统开始工作；当系统再次进入宏状态 $n-k+1$ 时，系统进入停机状态；因此可以将状态空间 H_3 视为系统工作时间的一维吸收态。由 PH 分布定义可知，系统工作时间周期服从 PH 分布，具有 $\boldsymbol{\gamma} = (0, \cdots, 0, \boldsymbol{\delta} \otimes \boldsymbol{\alpha})$，$\boldsymbol{C}_W$ 为把 $\boldsymbol{Q}$ 中宏状态为 $n-k+1$ 的行和列去掉。定理得证。

推论 6.3 系统平均故障间隔时间(MTBF)为 $\mu = -\boldsymbol{\gamma}_1 \boldsymbol{C}_W^{-1} \boldsymbol{e}$。

3）维修台故障件到达率

定义维修台的故障件到达率 r 是系统内正在工作的部件和所有备用件发生失效的速率之和，则由上文获得系统稳态概率后，有

$$r = \boldsymbol{\pi}_0 \boldsymbol{F}^0 + \sum_{z=1}^{n-k} \boldsymbol{\pi}_z \boldsymbol{F}^0(z) \tag{6.41}$$

其中 $\boldsymbol{F} = \boldsymbol{B}_0, \boldsymbol{F}(z) = \overline{\boldsymbol{T}} \oplus \overline{\boldsymbol{S}}(z)$。

5. 算例分析

本算例包括两部分：首先假设工作部件和备用部件寿命、维修时间均服从指数分布，获得结果与文献[14]获得结果进行对比，从而验证模型正确性。然后，对各类部件寿命、维修时间均服从不同类型分布的情况进行计算，演示模型具有良好的适应性和可计算性。

1) 与文献[14]结果的对比

首先假设某系统 $n = 4, k = 3$。令各工作部件和备用部件寿命相互独立，均服从 $\lambda = 0.5$ 的指数分布。而故障部件维修时间服从 $\mu_0 = 10$ 的指数分布。

文献[14]中根据完好部件数量，将系统状态集表示为 $\{4,3,2\}$，其中状态 2 为系统进入停机状态。系统各状态之间的转移如图 6.7 所示。

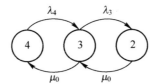

图 6.7　系统状态转移示意图

可知 $\lambda_4 = 4\lambda, \lambda_3 = 3\lambda$。系统有状态转移微分方程组：

$$\begin{cases} \dfrac{\mathrm{d}P_4(t)}{\mathrm{d}t} = -4\lambda P_4(t) + \mu_0 P_3(t) \\[2mm] \dfrac{\mathrm{d}P_3(t)}{\mathrm{d}t} = 4\lambda P_4(t) - (3\lambda + \mu_0)P_3(t) + \mu_0 P_2(t) \\[2mm] \dfrac{\mathrm{d}P_4(t)}{\mathrm{d}t} = 3\lambda P_3(t) - \mu_0 P_2(t) \\[2mm] P_2(t) + P_3(t) + P_4(t) = 1 \end{cases} \tag{6.42}$$

对式(6.42)中各概率函数取 $t \to +\infty$，得到稳态概率方程组：

$$\begin{cases} -4\lambda P_4 + \mu_0 P_3 = 0 \\ 4\lambda P_4 - (3\lambda + \mu_0)P_3 + \mu_0 P_2 = 0 \\ 3\lambda P_3 - \mu_0 P_2 = 0 \\ P_2 + P_3 + P_4 = 1 \end{cases} \tag{6.43}$$

利用式(6.27)，可得该系统无穷小生成元矩阵为

$$Q = \begin{pmatrix} -4\lambda & 4\lambda & 0 \\ \mu_0 & -3\lambda-\mu_0 & 3\lambda \\ 0 & \mu_0 & -\mu_0 \end{pmatrix}$$

将该 Q 矩阵带入式(6.28),可知是式(6.43)的矩阵形式,即当各部件寿命和维修时间均为指数分布时,获得结果必然与文献[14]相同。两种方法均可求得:

各状态稳态概率为 $P_2 = 0.024, P_3 = 0.163, P_4 = 0.813$。

系统稳态可用度为 $A = P_3 + P_4 = 1 - P_2 = 0.976$。

系统平均故障间隔时间(MTBF)为 $\mu = 4$。

维修台故障件到达率 $r = 1.8705$。

当部件寿命、维修时间等随机变量不服从指数分布时,文献[14]方法将不再适用。而此处模型则能够适用于不同分布类型的情况,可以通过下面的例子进行演示。

2)模型对复杂分布的适用性

假设有某 n 中取 k 系统,其中 $n=6, k=4$,各时间分布如下:

(1)工作部件寿命分布:

$$\boldsymbol{\alpha} = (0, 0.32, 0.68), \quad T = \begin{pmatrix} -4.762 & 0.012 & 0 \\ 1.812 & -1.823 & 0.012 \\ 3.885 & 0.872 & -4.757 \end{pmatrix}$$

(2)备用部件寿命分布:

$$\boldsymbol{\beta} = (0, 1), \quad S = \begin{pmatrix} -0.02 & 0 \\ 0.02 & -0.02 \end{pmatrix}$$

(3)维修时间分布:

$$\boldsymbol{\delta} = (0.332, 0.231, 0.437), \quad U = \begin{pmatrix} -9.108 & 0.009 & 0.018 \\ 0.003 & -9.106 & 0.008 \\ 0.004 & 0.003 & -9.104 \end{pmatrix}$$

由上文结论可知: $A = 0.996, \mu = 1.014, r = 0.494$。

该算例说明模型能够适用于不同随机分布类型的输入,模型灵活性得到了显著提高。下面研究给定系统部件数量后,储备部件数量对系统可靠性的影响。如当 $n=50$ 时,由图 6.8~图 6.10 分别展示了 k 值的变化对系统可用度、平均故障间隔时间和维修台故障件到达率的影响。

图 6.8 中显示当系统中备用部件数量较多时,系统可用度可以有效保持在一个稳定状态。当备件数量较少时,系统可用度将显著下降。

图 6.9 表明随着 k 值的增大,系统内备件数量的下降将显著影响系统平均故障间隔时间。

图 6.10 说明故障件到达率与 k 之间具有近似线性的关系,储备部件数量越少,故障件到达率越低。

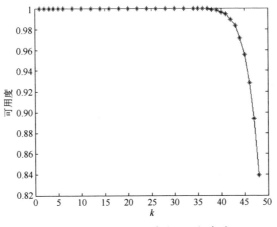

图 6.8　系统可用度与 k 的关系

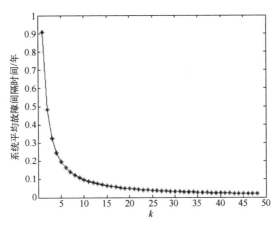

图 6.9　系统平均故障间隔时间与 k 的关系

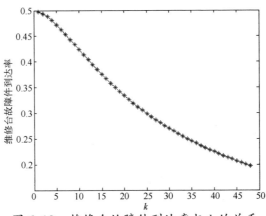

图 6.10　维修台故障件到达率与 k 的关系

6.3 基于 PH 分布的复杂维修条件下多状态系统可靠性模型

6.3.1 考虑一定不完全维修次数的多状态系统可靠性模型

1. 问题背景

在复杂装备系统中,存在大量的可修系统,当这些可修系统发生故障后,并不一定立即更换,而是对其进行不完全维修[15]。但是,随着工作时间的积累和维修次数的增加,系统的战技性能通常会加速劣化,导致装备故障停机时间的增加、可用性的降低,同时其经济性也会变得越来越差。因此,通常在可修系统经历了一定次数的维修后,会对其进行更换,以保证系统的可靠性和经济性。针对这类问题,在文献[16]中提出了一种 N 型更换策略,依据该策略,装备经过一定次数的不完全维修后,对其进行更换。

在这方面的研究中,如何确定合理的 N 值,来达到优化维修费用等目标是该策略的研究热点。文献[17]和文献[16]采用几何过程描述了系统的工作时间和维修时间;文献[18]假设冲击到达过程是 Poisson 过程;文献[19]采用更新过程对该问题进行了研究,假设冲击到达间隔时间服从 Weibull 分布;文献[20]对采用 Gamma 过程描述系统状态劣化过程的研究工作进行了梳理和总结。

如上所述,在可修系统 N 型更换策略研究领域,研究者通常采用指数分布、正态分布、Weibull 分布等典型分布进行解析建模[21-23]。这在一定程度上降低了解析模型的真实性和适用性。对于不服从上述典型分布类型的可靠性问题,模型将不再适用,且解析建模工作将面临一定的困难。

针对以上问题,本节研究多状态系统经历不完全维修后,其性能状态逐级劣化,系统工作时间服从 PH 分布,维修时间亦服从 PH 分布,建立系统的可靠性模型,得到系统稳态可用度与 N 值之间的关系。由于非负实数轴上的任意概率分布均有一个 PH 分布可以有效逼近[6],且 PH 分布类具有良好的封闭性,因此在系统可用度满足一定指标要求的条件下,可为多状态可修系统合理地确定 N 值提供通用性更好的解析模型。

2. 问题描述与基本假设

设某特定系统是某型装备中的一个关键系统,该系统故障将导致装备故障停机。系统一旦发生故障,可选择采取不完全维修方式或换件维修方式对系统进行维修。假设:

（1）系统的技术性能状态并非只有完好和故障两个状态,还存在劣化状态。

令系统所处状态由 i 表示,且

$$\begin{cases} 1 < i \leqslant n \text{ 时,系统处于劣化的工作状态} \\ i = 1 \text{ 时,系统处于完好状态} \\ i = n+1 \text{ 时,系统处于维修状态} \end{cases}$$

（2）令系统所经历的维修次数为 k，当

$\begin{cases} 0 \leqslant k < K \text{ 时，系统进行不完全维修} \\ k = K \text{ 时，若系统再故障，则进行换件维修} \end{cases}$

采取换件修理后，系统状态完好，即 $i = 1, k = 0$；

（3）当 $k = 0$ 时，系统在 i 状态的逗留时间服从 PH 分布，表示为 $(\boldsymbol{\alpha}(i), \boldsymbol{T}(i))$，阶数为 m_i；

（4）当 $0 < k \leqslant K$ 时，有劣化系数 ρ 使系统在状态 (i, k) 中的逗留时间为 PH 分布，表示为 $(\boldsymbol{\alpha}(i), \rho^k \boldsymbol{T}(i))$，通常随 k 值的增大，系统在状态 i 的逗留时间逐步缩短，因此有 $\rho > 1$；

（5）系统在不同状态的逗留时间相互独立；

（6）令 $\boldsymbol{P} = (p_{ij})$ 为系统由状态 (i, k) 向状态 (j, k) 转移的概率矩阵（$1 \leqslant i \leqslant n$，$1 \leqslant j \leqslant n+1$）；当 $i \geqslant j$ 时，$p_{ij} = 0$；

（7）对系统所进行的不完全维修时间和换件维修时间，均服从 PH 分布。不完全维修时间表示为 $(\boldsymbol{\beta}, \boldsymbol{S})$，阶数为 s；换件维修时间表示为 $(\boldsymbol{\gamma}, \boldsymbol{L})$，阶数为 l。

3. 模型建立

1）系统状态构建及转移过程分析

令 Ω 表示系统状态空间，则 $\Omega = H_1 \cup H_2 \cup H_3$，其中

$\begin{cases} H_1 : k \text{ 次不完全维修后，系统处于工作状态} \\ H_2 : k \text{ 次不完全维修后，系统处于维修状态} \\ H_3 : \text{系统处于换件维修状态} \end{cases}$

根据上述状态划分，H_1、H_2、H_3 可分别表示为

$H_1 = \{(i, y, k); 1 \leqslant i \leqslant n, 1 \leqslant y \leqslant m_i, 0 \leqslant k \leqslant K\}$，表示系统处于状态 i 的 y 相位；

$H_2 = \{(y, k); 1 \leqslant y \leqslant s, 0 \leqslant k < K\}$，表示系统处于不完全维修 $n+1$ 状态的 y 相位；

$H_3 = \{(y); 1 \leqslant y \leqslant l\}$，表示系统处于换件维修状态中的 y 相位。

由此可知，$H_2 \cup H_3$ 表示系统处于不完全维修和换件维修的状态集，即故障状态集。

为构造系统的状态转移矩阵，对系统状态进行更加细致的描述，需定义三个宏状态：kG、kX、R，它们所表示的系统状态分别与 H_1、H_2、H_3 相同。

宏状态 kG 中，$0 \leqslant k \leqslant K$；

宏状态 kX 中，$0 \leqslant k < K$。

因此，系统的状态空间 Ω 可以由如下宏状态集合表示：

$$\Omega = \{0G, 0X, 1G, 1X, \cdots, (K-1)G, (K-1)X, KG, R\}$$

借助所构建的宏状态，可对系统各宏状态间的转移矩阵进行分析。

（1）令 $U(k)$ 表示系统由宏状态 $kG(0 \leqslant k \leqslant K)$ 向宏状态 kG 的转移矩阵。

$$U(k)=\begin{matrix}(1,k)\\(2,k)\\\vdots\\(n-1,k)\\(n,k)\end{matrix}\begin{pmatrix}U_1(k)&U_{1,2}(k)&\cdots&U_{1,n}(k)&U_{1,n}(k)\\&U_2(k)&\cdots&U_{2,n}(k)&U_{2,n}(k)\\&&\ddots&\vdots&\vdots\\&&&U_{n-1}(k)&U_{n-1,n}(k)\\&&&&U_n(k)\end{pmatrix} \tag{6.44}$$

其中,$U_i(k)=a^k T(i)(1\leqslant i\leqslant n)$;$U_{i,j}(k)=p_{ij}a^k T^0(i)\alpha(j)(1\leqslant i<j\leqslant n)$。

(2)令 $A(k)$ 表示系统由宏状态 $kG(0\leqslant k<K)$ 向宏状态 kX 的转移矩阵。

$$A(k)=\begin{pmatrix}U_{1,n+1}(k)\beta\\U_{2,n+1}(k)\beta\\\vdots\\U_{n,n+1}(k)\beta\end{pmatrix} \tag{6.45}$$

系统由宏状态 KG 向宏状态 R 的转移矩阵可表示为 $A(K)$,有

$$A(K)=\begin{pmatrix}U_{1,n+1}(K)\gamma\\U_{2,n+1}(K)\gamma\\\vdots\\U_{n,n+1}(K)\gamma\end{pmatrix} \tag{6.46}$$

其中,$U_{i,n+1}(k)=p_{i,n+1}\rho^k T^0(i)(1\leqslant i\leqslant n,1\leqslant k\leqslant K)$。

(3)系统由宏状态 $kX(0\leqslant k<K)$ 向宏状态 kX 的状态转移矩阵为 S;系统由宏状态 R 向其自身转移的转移矩阵为 L。

(4)系统由宏状态 $kX(0\leqslant k<K)$ 向 $(k+1)G$ 转移时,其转移矩阵为 $S^0\alpha(1)$;系统由宏状态 R 向 $0G$ 转移时,其转移矩阵为 $L^0\alpha(1)$。

在上述分析基础上,整个系统的无穷小生成元矩阵为

$$Q=\begin{matrix}0G\\0X\\1G\\1X\\\vdots\\(K-1)G\\(K-1)X\\KG\\R\end{matrix}\left(\begin{array}{cc:cc:c:cc:cc}U(0)&A(0)&&&&&&&\\&S&S^0\alpha(1)&&&&&&\\&&U(1)&A(1)&&&&&\\&&&S&S^0\alpha(1)&&&&\\&&&&\ddots&\ddots&&&\\&&&&&U(K-1)&A(K-1)&&\\&&&&&&S&S^0\alpha(1)&\\&&&&&&&U(K)&A(K)\\L^0\alpha(1)&&&&&&&&L\end{array}\right)$$

$$\tag{6.47}$$

2）系统稳态可用度

当系统进入稳态时,系统的稳态概率向量 $\boldsymbol{\pi}$ 由矩阵 $\boldsymbol{Q}$ 中各宏状态所对应的概率组成,表示为 $\boldsymbol{\pi} = (\boldsymbol{\pi}_{0G}, \boldsymbol{\pi}_{0X}, \cdots, \boldsymbol{\pi}_{KG}, \boldsymbol{\pi}_R)$ 且

$$\begin{cases} \boldsymbol{\pi}\boldsymbol{Q} = 0 \\ \boldsymbol{\pi}\boldsymbol{e} = 1 \end{cases} \tag{6.48}$$

将式(6.48)展开,可得方程组

$$\begin{cases} \boldsymbol{\pi}_{0G}\boldsymbol{U}(0) + \boldsymbol{\pi}_R \boldsymbol{L}^0 \boldsymbol{\alpha}(1) = 0 \\ \boldsymbol{\pi}_{kG}\boldsymbol{A}(k) + \boldsymbol{\pi}_{kX}\boldsymbol{S} = 0, \ 0 \leqslant k < K \\ \boldsymbol{\pi}_{kX}\boldsymbol{S}^0\boldsymbol{\alpha}(1) + \boldsymbol{\pi}_{(k+1)G}\boldsymbol{U}(k+1) = 0, 0 \leqslant k < K \\ \boldsymbol{\pi}_{KG}\boldsymbol{A}(K) + \boldsymbol{\pi}_R\boldsymbol{L} = 0 \\ \boldsymbol{\pi}_{0G} + \boldsymbol{\pi}_{0X} + \cdots + \boldsymbol{\pi}_{KG} + \boldsymbol{\pi}_R = 1 \end{cases} \tag{6.49}$$

$\boldsymbol{\pi}$ 可由方程组(6.49)解得。方程组的求解过程在此不赘述。求得系统各状态的稳态概率后,系统的稳态可用度为

$$A = \sum_{k=0}^{K} \boldsymbol{\pi}_{kG}\boldsymbol{e} \tag{6.50}$$

4. 算例分析

假设某系统从完好状态到进行第一次不完全维修过程中,需经历 4 级性能状态退化,系统在各状态停留时间均服从 PH 分布,见表 6.3。

表 6.3　各状态停留时间分布

i	$\boldsymbol{\alpha}(i)$	$\boldsymbol{T}(i)$	m_i
1	$(1,0)$	$\begin{pmatrix} -0.09 & 0.08 \\ 0 & -0.01 \end{pmatrix}$	2
2	1	-0.035	1
3	$(1,0,0,0)$	$\begin{pmatrix} -0.068 & 0.027 & 0 \\ 0 & -0.069 & 0.040 \\ 0 & 0 & -0.050 \end{pmatrix}$	3
4	1	-0.017	1

假设系统各级状态之间的转移概率矩阵为

$$\boldsymbol{P} = \begin{pmatrix} 0.85 & 0 & 0 & 0.03 & 0.12 \\ 0 & 0.7 & 0 & 0.23 & 0.07 \\ 0 & 0 & 0.65 & 0.21 & 0.14 \\ 0 & 0 & 0 & 0.6 & 0.4 \end{pmatrix}$$

取劣化系数 $\rho = 1.50$, 不完全维修时间服从 $\mathrm{PH}(\boldsymbol{\beta}, \boldsymbol{S})$ 分布, 其中 $\boldsymbol{\beta} = (1, 0)$,

$\boldsymbol{S} = \begin{pmatrix} -0.2 & 0.15 \\ 0 & -0.25 \end{pmatrix}, s = 2$; 换件维修时间则服从 $\mathrm{PH}(\boldsymbol{\gamma}, \boldsymbol{L})$ 分布, 其中 $\boldsymbol{\gamma} = 1, \boldsymbol{L} = -0.4, l = 1$。

令 K 取不同值, 表示系统经过 K 次不完全维修后进行换件修理, 根据式(6.50), 可计算出系统的 A 值, 计算结果列在表6.4中。

表 6.4 系统 K 值与对应 A 值

K	1	2	3	4	5
A	0.916	0.909	0.887	0.851	0.843

可以看出, 系统的稳态可用度随 K 值增大而逐渐下降。这表明, 增加系统更换前的不完全维修次数, 会降低系统的可用度, 如假定系统 A 的指标为 0.85, 则该系统可进行的不完全维修次数为 4。由此, 该模型可为实际维修过程中确定合理的不完全维修次数提供决策依据。

本节以 PH 分布作为基本假设, 扩展了该类问题的假设条件, 得到了一种通用性更好的多状态系统可靠性解析模型, 得出了系统的稳态可用度解析表达式。利用本节的研究结论, 可以计算出不同 N 值对系统可靠性的影响。模型在计算时主要涉及矩阵运算, 具有良好的计算性, 具有较好的工程应用价值。

6.3.2 考虑不同维修效果的多状态系统可靠性模型

1. 问题背景

在两状态系统研究中, 通常认为经过维修后的系统恢复到完好状态, 这样得到的可靠性模型虽然较为简单、易于计算, 但是没有考虑装备系统的多状态特性和实际的维修效果对系统所产生的影响。在装备维修过程中, 受维修条件、人员技能等因素影响, 维修效果存在差异性, 维修后的装备技术状态可能会恢复如新, 但也可能恢复到一般的技术状态甚至更差的技术状态。根据维修效果的差异, 维修一般可以分为五类[15]:

(1) 完全维修: 经维修后系统技术状态恢复到全新的状态, 即"修复如新"。例如, 对系统设备进行更换式的维修, 通常认为被更换的系统或设备修复如新。

(2) 最小维修: 系统经维修后的技术状态仅恢复到维修前的状态, 即"修复如旧"。例如, 对故障设备内的失效部件进行修复性维修, 设备维修后的故障率与故障前基本相同的情况。

(3) 不完全维修: 不完全维修指维修后系统的技术状态处于"完全维修"和"最小维修"之间。例如, 动力装置的翻修、更换老化部件等工作, 系统经历这样的维修后,技术状态会得到改善提高,但并没有恢复全新状态。

（4）较差维修:在某些情况下,装备系统可能会经受不当的维修,导致维修后技术状态比维修前更差、故障发生概率更高。例如,受维修工人技术水平影响导致的零件装配超差等不恰当的维修。

（5）最差维修:装备维修后直接报废。例如,维修人员的误操作,或错误装配导致的设备烧毁等。

在装备系统维修工作实践中,"较差维修"和"最差维修"这两种情况出现较少,而"完全维修""最小维修""不完全维修"这三种情况是普遍存在的。因此,本节针对上述三种普遍存在的维修效果,开展不同维修效果下多状态可修系统的可靠性模型研究,分析不同维修效果共同存在时多状态系统的可靠性规律。

装备类型复杂,故障原因多种多样,装备的寿命分布类型、维修时间分布类型通常难以准确确定。因此,为提高模型的适用性,研究中将系统工作时间和维修时间均表示为连续 PH 分布形式;并假设系统状态可以划分为完好、一般和故障三种状态集,其中系统在完好和一般状态的停留时间为系统工作时间,通过建立系统状态马尔可夫转换的无穷小生成元矩阵,求得各状态的稳态概率向量,给出系统稳态可用度、稳态故障率的解析表达式,并通过算例验证模型的有效性和适用性。

2. 系统描述与假设

考虑某多状态系统,具有状态集 $S = \{1, 2, \cdots, n, n+1\}$。根据系统工况,可以将 S 分为三类:

（1）完好状态,指系统性能保持在设计指标附近,有状态集 $G = \{1, 2, \cdots, k\}$;

（2）一般状态,指系统可以正常运行,但性能较差,有状态集 $B = \{k+1, \cdots, n\}$;

（3）故障状态,指系统发生停机故障,有状态集 $F = \{n+1\}$,此时必须经过修理,系统才能恢复到状态集 G 或 B。

由于使用和环境等因素影响,系统会从完好和一般状态直接进入故障状态。此外,考虑对系统维修具有三种维修效果。

效果 1:修后恢复修前状态（最小维修）,即系统经过维修后,返回到发生故障前一刻的状态,如图 6.11 所示。

图 6.11　修后恢复修前状态示意图

（a）故障前为完好状态;（b）故障前为一般状态。

根据系统故障前所处的状态,可以分为两种情况,分别如图 6.11（a）,（b）所示。

效果2:维修效果较差(不完全维修),即系统经过维修后,只能恢复到一般状态集 B,如图6.12所示。

图6.12　维修效果较差的系统状态变化示意图

(a)故障前为完好状态;(b)故障前为一般状态。

效果3:维修效果好(完全维修),即系统经过维修,恢复到完好状态集 G,如图6.13所示。

图6.13　维修效果好的系统状态变化示意图

(a)故障前为完好状态;(b)故障前为一般状态。

对该系统做进一步假设:

(1)系统工作时间,即系统在状态集 G 和 B 的停留时间服从 PH 分布,$(\boldsymbol{\alpha},\boldsymbol{T})$ 为该 PH 分布的 n 阶不可约表示,其中 $\boldsymbol{\alpha}$ 和 $\boldsymbol{T}$ 可以表示为分块形式:

$$\boldsymbol{\alpha}=(\boldsymbol{\alpha}_G,\boldsymbol{\alpha}_B),\boldsymbol{T}=\begin{pmatrix}\boldsymbol{T}_{GG} & \boldsymbol{T}_{GB}\\ \boldsymbol{T}_{BG} & \boldsymbol{T}_{BB}\end{pmatrix}$$

矩阵 $\boldsymbol{T}_{GG}$、$\boldsymbol{T}_{GB}$、$\boldsymbol{T}_{BG}$ 和 $\boldsymbol{T}_{BB}$ 分别表示系统在状态集 G 和 B 内部和相互之间的转移速率。通常不经过维修时,系统不能从一般状态转换到完好状态,故 $\boldsymbol{T}_{BG}=0$。

工作时间吸收速率矩阵 $\boldsymbol{T}^0$ 也可写为分块形式:

$$\boldsymbol{T}^0=\begin{pmatrix}\boldsymbol{T}_G^0\\ \boldsymbol{T}_B^0\end{pmatrix}$$

(2)系统维修时间,即系统在状态集 F 的停留时间服从 PH 分布,$(\boldsymbol{\beta},\boldsymbol{S})$ 为该 PH 分布的 m 阶不可约表示。

(3)系统经过维修后,根据可能的维修效果,有概率分块矩阵 $\boldsymbol{P}=\begin{pmatrix}\boldsymbol{P}_{GG} & \boldsymbol{P}_{GB}\\ \boldsymbol{P}_{BG} & \boldsymbol{P}_{BB}\end{pmatrix}$,其中:

$\boldsymbol{P}_{GG}$ 为系统在状态集 G 发生故障,维修后返回状态集 G 的概率矩阵,对应图6.11(a)和图6.13(a)的情况;

$\boldsymbol{P}_{GB}$ 为系统在状态集 G 发生故障,维修后返回状态集 B 的概率矩阵,对应

图 6.12(a)情况;

P_{BG} 为系统在状态集 B 发生故障,维修后返回状态集 G 的概率矩阵,对应图 6.13(b)的情况;

P_{BB} 为系统在状态集 B 发生故障,维修后返回状态集 B 的概率矩阵,对应图 6.11(b)和图 6.12(b)的情况。

因此,有 $P_{GG}e + P_{GB}e = e$, $P_{BG}e + P_{BB}e = e$。

3. 模型分析

1) 无穷小生成元矩阵

根据系统状态变化情况,需定义 4 个宏状态:O_G、O_B、R_G、R_B,系统状态空间为 $\Omega = O_G \cup O_B \cup R_G \cup R_B$,其中:

$O_G = \{(i), i \in G\}$ 表示系统处于完好状态的相位 i;

$O_B = \{(i), i \in B\}$ 表示系统处于一般状态的相位 i;

$R_G = \{(i,j), i \in G, j = 1, 2, \cdots, m\}$ 表示系统故障前处于完好状态的相位 i,维修状态处于相位 j;

$R_B = \{(i,j), i \in B, j = 1, 2, \cdots, m\}$ 表示系统故障前处于一般状态的相位 i,维修状态处于相位 j。

因此,该马尔可夫链的无穷小生成元矩阵可以表示为

$$Q = \begin{array}{c} \\ O_G \\ O_B \\ R_G \\ R_B \end{array} \begin{pmatrix} \overset{O_G}{T_{GG}} & \overset{O_B}{T_{GB}} & \overset{R_G}{\mathrm{diag}(T_G^0) \otimes \beta} & \overset{R_B}{\mathbf{0}} \\ T_{BG} & T_{BB} & \mathbf{0} & \mathrm{diag}(T_B^0) \otimes \beta \\ P_{GG} \otimes S^0 & P_{GB} \otimes S^0 & I \otimes S & \mathbf{0} \\ P_{BG} \otimes S^0 & P_{BB} \otimes S^0 & \mathbf{0} & I \otimes S \end{pmatrix}$$

下面分别从四个方面说明 Q 中各元素的构成。

(1) 宏状态 O_X 向 $O_Y (X, Y \in \{G, B\})$ 的转移。以宏状态 O_G 向 O_G 的转移为例,系统在 O_G 内部进行转移,因此相位 $i(i \in G)$ 之间的转移率矩阵为 T_{GG}。同理,可知宏状态 O_B 内部,以及宏状态 O_G 和 O_B 之间的转移率矩阵。

(2) 宏状态 O_X 向 $R_Y (X, Y \in \{G, B\})$ 的转移。以宏状态 O_G 向 R_G 的转移为例,说明系统进入故障状态的前一刻处于 G,并以初始概率 β 进入维修相位,因此有 $\mathrm{diag}(T_G^0) \otimes \beta$,其中 $\mathrm{diag}(T_G^0)$ 为将单位矩阵的对角线元素换为 T_G^0 各分量。同理,可得 O_B 向 R_B 的转移率矩阵。

以宏状态 O_B 向 R_G 的转移为例,因为系统进入故障状态的前一刻处于 B,不可能进入宏状态 R_G,因此为 $\mathbf{0}$ 矩阵。同理,可得 O_G 向 R_B 的转移率矩阵。

(3) 宏状态 R_X 向 $O_Y (X, Y \in \{G, B\})$ 的转移。以宏状态 R_G 向 O_G 的转移为例,

说明维修活动进入了吸收态,同时以概率矩阵 $\boldsymbol{P}_{GG}$ 返回 G,因此有 $\boldsymbol{P}_{GG}\otimes\boldsymbol{S}^0$。同理,可得 R_G 向 O_B、R_B 向 O_G、R_B 向 O_B 的转移率矩阵。

(4)宏状态 R_X 向 $R_Y(X,Y\in\{G,B\})$ 的转移。以宏状态 R_G 向 R_G 的转移为例,系统在维修状态内部发生相位转移,即 $\boldsymbol{I}\otimes\boldsymbol{S}$。同理,可得 R_B 向 R_B 的转移率矩阵。

因为不可能发生由 R_G 向 R_B、由 R_B 向 R_G 的转移,故相应的转移矩阵均为 $\boldsymbol{0}$ 矩阵。

2)稳态概率向量

当系统进入稳态时,由连续时间马尔可夫过程稳态概率向量定义[15],无穷小生成元 $\boldsymbol{Q}$ 矩阵中各个宏状态所对应的概率组成了稳态概率向量 $\boldsymbol{\pi}=(\boldsymbol{\pi}_{OG},\boldsymbol{\pi}_{OB},\boldsymbol{\pi}_{RG},\boldsymbol{\pi}_{RB})$,并且 $\boldsymbol{\pi}$ 满足如下方程组:

$$\begin{cases} \boldsymbol{\pi}\boldsymbol{Q}=0 \\ \boldsymbol{\pi}\boldsymbol{e}=1 \end{cases} \tag{6.51}$$

将上述方程组展开,得

$$\boldsymbol{\pi}_{OG}\boldsymbol{T}_{GG}+\boldsymbol{\pi}_{OB}\boldsymbol{T}_{BG}+\boldsymbol{\pi}_{RG}(\boldsymbol{P}_{GG}\otimes\boldsymbol{S}^0)+\boldsymbol{\pi}_{RB}(\boldsymbol{P}_{BG}\otimes\boldsymbol{S}^0)=0 \tag{6.52}$$

$$\boldsymbol{\pi}_{OG}\boldsymbol{T}_{GB}+\boldsymbol{\pi}_{OB}\boldsymbol{T}_{BB}+\boldsymbol{\pi}_{RG}(\boldsymbol{P}_{GB}\otimes\boldsymbol{S}^0)+\boldsymbol{\pi}_{RB}(\boldsymbol{P}_{BB}\otimes\boldsymbol{S}^0)=0 \tag{6.53}$$

$$\boldsymbol{\pi}_{OG}(\boldsymbol{T}_G^0\otimes\boldsymbol{\beta})+\boldsymbol{\pi}_{RG}(\boldsymbol{I}\otimes\boldsymbol{S})=0 \tag{6.54}$$

$$\boldsymbol{\pi}_{OB}(\boldsymbol{T}_B^0\otimes\boldsymbol{\beta})+\boldsymbol{\pi}_{RB}(\boldsymbol{I}\otimes\boldsymbol{S})=0 \tag{6.55}$$

$$\boldsymbol{\pi}_{OG}\boldsymbol{e}+\boldsymbol{\pi}_{OB}\boldsymbol{e}+\boldsymbol{\pi}_{RG}\boldsymbol{e}+\boldsymbol{\pi}_{RB}\boldsymbol{e}=1 \tag{6.56}$$

由式(6.54)和式(6.55)可知:

$$\boldsymbol{\pi}_{OG}=\boldsymbol{\pi}_{RG}(\boldsymbol{I}\otimes\boldsymbol{S})(\boldsymbol{T}_G^0\otimes\boldsymbol{\beta})^{-1} \tag{6.57}$$

$$\boldsymbol{\pi}_{OB}=\boldsymbol{\pi}_{RB}(\boldsymbol{I}\otimes\boldsymbol{S})(\boldsymbol{T}_B^0\otimes\boldsymbol{\beta})^{-1} \tag{6.58}$$

将式(6.57)、式(6.58)代入式(6.52)、式(6.53)和式(6.56),即可求得 $\boldsymbol{\pi}$。

3)系统可靠性分析

(1)系统稳态可用度。在获得 $\boldsymbol{\pi}$ 后,可以确定系统稳态可用度,即系统处于宏状态 O_G 和 O_B 的稳态概率:

$$A=\boldsymbol{\pi}_{OG}\boldsymbol{e}+\boldsymbol{\pi}_{OB}\boldsymbol{e} \tag{6.59}$$

(2)系统稳态故障率。故障率是系统分别从完好和一般状态进入维修状态的速率,当系统进入稳态后,稳态故障率为

$$r=\boldsymbol{\pi}_{OG}\boldsymbol{T}_G^0+\boldsymbol{\pi}_{OB}\boldsymbol{T}_B^0 \tag{6.60}$$

4)单一维修效果系统可靠性模型

上述模型是考虑三种维修效果共同存在时的情况,下面分别考虑系统只存在

一种维修效果的情况。

（1）只考虑修后恢复修前状态。令向量 $\boldsymbol{\delta}_C$ 为从维修状态进入完好状态各相位的概率，向量 $\boldsymbol{\delta}_B$ 为从维修状态进入一般状态各相位的概率。则 $\boldsymbol{P}_{GG}=\boldsymbol{e}^{\mathrm{T}}\boldsymbol{\delta}_C,\boldsymbol{P}_{GB}=\boldsymbol{0}$，$\boldsymbol{P}_{BG}=\boldsymbol{0},\boldsymbol{P}_{BB}=\boldsymbol{e}^{\mathrm{T}}\boldsymbol{\delta}_B$，其中，$\boldsymbol{e}^{\mathrm{T}}$ 为 $\boldsymbol{e}$ 的转置，并有

$$\boldsymbol{Q}_1=\begin{pmatrix} \boldsymbol{T}_{GG} & \boldsymbol{T}_{GB} & \mathrm{diag}(\boldsymbol{T}_G^0)\otimes\boldsymbol{\beta} & \boldsymbol{0} \\ \boldsymbol{T}_{BG} & \boldsymbol{T}_{BB} & \boldsymbol{0} & \mathrm{diag}(\boldsymbol{T}_B^0)\otimes\boldsymbol{\beta} \\ \boldsymbol{e}^{\mathrm{T}}\boldsymbol{\delta}_G\otimes\boldsymbol{S}^0 & \boldsymbol{0} & \boldsymbol{I}\otimes\boldsymbol{S} & \boldsymbol{0} \\ \boldsymbol{0} & \boldsymbol{e}^{\mathrm{T}}\boldsymbol{\delta}_B\otimes\boldsymbol{S}^0 & \boldsymbol{0} & \boldsymbol{I}\otimes\boldsymbol{S} \end{pmatrix}$$

（2）只考虑维修效果较差。此时 $\boldsymbol{P}_{GG}=\boldsymbol{0},\boldsymbol{P}_{GB}=\boldsymbol{e}^{\mathrm{T}}\boldsymbol{\delta}_B,\boldsymbol{P}_{BG}=\boldsymbol{0},\boldsymbol{P}_{BB}=\boldsymbol{e}^{\mathrm{T}}\boldsymbol{\delta}_B$，并有

$$\boldsymbol{Q}_2=\begin{pmatrix} \boldsymbol{T}_{GG} & \boldsymbol{T}_{GB} & \mathrm{diag}(\boldsymbol{T}_G^0)\otimes\boldsymbol{\beta} & \boldsymbol{0} \\ \boldsymbol{T}_{BG} & \boldsymbol{T}_{BB} & \boldsymbol{0} & \mathrm{diag}(\boldsymbol{T}_B^0)\otimes\boldsymbol{\beta} \\ \boldsymbol{0} & \boldsymbol{e}^{\mathrm{T}}\boldsymbol{\delta}_B\otimes\boldsymbol{S}^0 & \boldsymbol{I}\otimes\boldsymbol{S} & \boldsymbol{0} \\ \boldsymbol{0} & \boldsymbol{e}^{\mathrm{T}}\boldsymbol{\delta}_B\otimes\boldsymbol{S}^0 & \boldsymbol{0} & \boldsymbol{I}\otimes\boldsymbol{S} \end{pmatrix}$$

（3）只考虑维修效果好。此时 $\boldsymbol{P}_{GG}=\boldsymbol{e}^{\mathrm{T}}\boldsymbol{\delta}_G,\boldsymbol{P}_{GB}=\boldsymbol{0},\boldsymbol{P}_{BG}=\boldsymbol{e}^{\mathrm{T}}\boldsymbol{\delta}_G,\boldsymbol{P}_{BB}=\boldsymbol{0}$，并有

$$\boldsymbol{Q}_3=\begin{pmatrix} \boldsymbol{T}_{GG} & \boldsymbol{T}_{GB} & \mathrm{diag}(\boldsymbol{T}_G^0)\otimes\boldsymbol{\beta} & \boldsymbol{0} \\ \boldsymbol{T}_{BG} & \boldsymbol{T}_{BB} & \boldsymbol{0} & \mathrm{diag}(\boldsymbol{T}_B^0)\otimes\boldsymbol{\beta} \\ \boldsymbol{e}^{\mathrm{T}}\boldsymbol{\delta}_G\otimes\boldsymbol{S}^0 & \boldsymbol{0} & \boldsymbol{I}\otimes\boldsymbol{S} & \boldsymbol{0} \\ \boldsymbol{e}^{\mathrm{T}}\boldsymbol{\delta}_G\otimes\boldsymbol{S}^0 & \boldsymbol{0} & \boldsymbol{0} & \boldsymbol{I}\otimes\boldsymbol{S} \end{pmatrix}$$

上述三种维修效果只有一种存在时，均为三种维修效果共同存在时的简化情况，在分别得到 $\boldsymbol{Q}_1$、$\boldsymbol{Q}_2$、$\boldsymbol{Q}_3$ 后，可以按照求稳态概率向量的步骤分别求出它们的稳态概率向量，并进一步得到 A 和 r。

4. 算例分析

首先，通过一个算例，验证模型的有效性。然后，通过改变模型输入的随机分布类型，对模型的适用性进行验证。

1）模型有效性验证

某型舰用电站系统具有 5 种工作状态，见表 6.5。

表 6.5　电站系统工作状态表

工作状态	满功率	良好	较好	中等	堪用
功率范围/%	90~100	70~90	50~70	40~50	25~40

将该型电站系统功率在50%以上的工况划分为完好状态,其余工况归为一般状态,故障停机时为故障状态。该系统初始状态概率向量为 $\boldsymbol{\alpha} = (1,0,0,0,0)$。对该型电站系统长期的运行和维修记录等数据进行分析,可得到各工况之间的状态转移率矩阵为

$$T = \begin{pmatrix} \boldsymbol{T}_{GG} & \vdots & \boldsymbol{T}_{GB} \\ \cdots & \vdots & \cdots \\ \boldsymbol{T}_{BG} & \vdots & \boldsymbol{T}_{BB} \end{pmatrix} = \begin{pmatrix} -1 & 0.85 & 0.10 & \vdots & 0.02 & 0.01 \\ 0 & -0.80 & 0.62 & \vdots & 0.15 & 0.02 \\ 0 & 0 & -0.51 & \vdots & 0.44 & 0.03 \\ \cdots & \cdots & \cdots & \vdots & \cdots & \cdots \\ 0 & 0 & 0 & \vdots & -0.94 & 0.88 \\ 0 & 0 & 0 & \vdots & 0 & -0.76 \end{pmatrix}$$

维修时间分布为

$$\boldsymbol{\beta} = (1,0,0), \boldsymbol{S} = \begin{pmatrix} -7.2 & 0.53 & 0 \\ 0.24 & -6.9 & 0.11 \\ 0.5 & 0 & -5.5 \end{pmatrix}$$

系统维修后状态转移概率矩阵为

$$P = \begin{pmatrix} \boldsymbol{P}_{GG} & \vdots & \boldsymbol{P}_{GB} \\ \cdots & \vdots & \cdots \\ \boldsymbol{P}_{BG} & \vdots & \boldsymbol{P}_{BB} \end{pmatrix} = \begin{pmatrix} 0.80 & 0.20 & 0 & \vdots & 0 & 0 \\ 0.10 & 0.82 & 0.08 & \vdots & 0 & 0 \\ 0.07 & 0.51 & 0.38 & \vdots & 0.03 & 0.01 \\ \cdots & \cdots & \cdots & \vdots & \cdots & \cdots \\ 0.03 & 0.29 & 0.44 & \vdots & 0.20 & 0.04 \\ 0.02 & 0.31 & 0.35 & \vdots & 0.17 & 0.15 \end{pmatrix}$$

得出系统稳态概率向量后,根据式(6.59)和式(6.60),可得系统稳态可用度 $A = 0.9616$,系统稳态故障率 $r = 0.2557$(次/1000h)。

该算例说明利用本模型能够有效获得该类多状态可修系统的可靠性参数。下面通过改变模型输入的随机分布类型,验证模型的适用性。

2)模型适用性验证

当系统维修时间服从指数分布、Weibull 分布等典型分布时,可以将这些分布表示为 PH 形式[16],再利用模型即可求得系统可靠性。

(1)系统维修时间服从指数分布。首先假设系统维修时间服从修复率为 μ 的指数分布,则 $\boldsymbol{\beta} = (1)$,$\boldsymbol{S} = (-\mu)$。令 μ 在区间(0,20]中变化,可以计算得到修复率分别与系统稳态可用度、系统稳态故障率之间的关系,如图 6.14 和图 6.15 所示。

图 6.14 说明修复率取值的增大能够有效增加系统稳态可用度,这是容易理解的,下面对图 6.15 进行分析。对于多状态可修系统,在系统进入稳态之前,其故障率并非常数,只有当系统进入稳态后,在给定修复率下,系统的稳态故障率才会固定。而随着修复率取值的增大,系统稳态故障率也逐步上升,并最终趋于

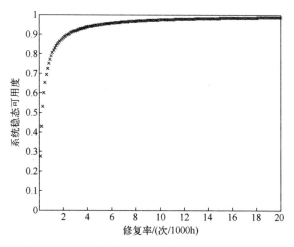

图 6.14　修复率与系统稳态可用度关系图

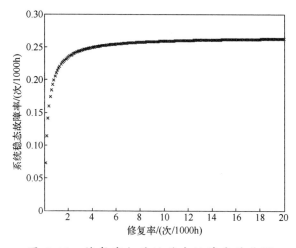

图 6.15　修复率与系统稳态故障率关系图

稳定,如图 6.15 所示。这是因为修复率直接影响到系统在完好状态和一般状态的停留时间,即稳态概率 $\boldsymbol{\pi}_{OG}$ 和 $\boldsymbol{\pi}_{OB}$ 随着修复率取值的增大而增大,结合式(6.60)可知,r 也将增大。图 6.15 正是反映了 r 与 μ 之间的这种正相关关系。而 r 最终趋向于某一稳定值,这正是在忽略维修时间情况下系统长期运行时,系统固有的故障率。

(2)系统维修时间服从 Weibull 分布。当维修时间为 Weibull 分布时,令 a 为形状参数,b 为尺度参数。采用文献[9]中的方法将各 Weibull 分布拟合为 PH 分布形式,然后代入模型可得对应系统可靠性参数,见表 6.6。

表 6.6　维修时间服从 Weibull 分布时的系统可靠性

a	b	维修时间的 PH 分布形式	A	r
0.5	0.5	$\boldsymbol{\beta}=(0.199,0.227,0.574)$ $S=\begin{pmatrix} -0.108 & 0.013 & 0.015 \\ 5.176 & -26.496 & 1.872 \\ 0.126 & 0.084 & -0.942 \end{pmatrix}$	0.4889	0.1300
	1.0	$\boldsymbol{\beta}=(0.205,0.507,0.288)$ $S=\begin{pmatrix} -49.413 & 7.253 & 0.566 \\ 0.101 & -1.754 & 0.107 \\ 0.014 & 0.015 & -0.194 \end{pmatrix}$	0.6517	0.1733
	2.0	$\boldsymbol{\beta}=(0.494,0.265,0.241)$ $S=\begin{pmatrix} -3.482 & 0.213 & 0.248 \\ 0.019 & -0.385 & 0.016 \\ 18.655 & 7.982 & -96.916 \end{pmatrix}$	0.7887	0.2098
1.5	0.5	$\boldsymbol{\beta}=(0.656,0.300,0.044)$ $S=\begin{pmatrix} -1.345 & 1.034 & 0.267 \\ 0 & -1.345 & 1.328 \\ 0 & 0 & -1.345 \end{pmatrix}$	0.6756	0.1797
	1.0	$\boldsymbol{\beta}=(0.005,0.094,0.901)$ $S=\begin{pmatrix} -2.688 & 0 & 0 \\ 2.444 & -2.690 & 0 \\ 0.896 & 1.630 & -2.689 \end{pmatrix}$	0.8064	0.2144
	2.0	$\boldsymbol{\beta}=(0.023,0.959,0.018)$ $S=\begin{pmatrix} -4.374 & 0 & 0.013 \\ 2.574 & -4.338 & 1.758 \\ 0.092 & 0 & -4.392 \end{pmatrix}$	0.8928	0.2374
2.0	0.5	$\boldsymbol{\beta}=(0.001,0,0.999)$ $S=\begin{pmatrix} -1.677 & 0 & 0 \\ 1.677 & -1.677 & 0 \\ 0 & 1.663 & -1.683 \end{pmatrix}$	0.6797	0.1808
	1.0	$\boldsymbol{\beta}=(0.001,0.999,0)$ $S=\begin{pmatrix} -3.355 & 0 & 0 \\ 0 & -3.365 & 3.328 \\ 3.354 & 0 & -3.354 \end{pmatrix}$	0.8093	0.2152
	2.0	$\boldsymbol{\beta}=(0.996,0,0.004)$ $S=\begin{pmatrix} -6.725 & 6.669 & 0 \\ 0 & -6.709 & 6.709 \\ 0 & 0 & -6.716 \end{pmatrix}$	0.8946	0.2379

（续）

a	b	维修时间的 PH 分布形式	A	r
4.0	0.5	$\boldsymbol{\beta}=(0,0,1)$ $S=\begin{pmatrix} -1.655 & 1.655 & 0 \\ 0 & -1.655 & 0 \\ 1.655 & 0 & -1.655 \end{pmatrix}$	0.6747	0.1794
	1.0	$\boldsymbol{\beta}=(0,0,1)$ $S=\begin{pmatrix} -3.310 & 3.310 & 0 \\ 0 & -3.310 & 0 \\ 3.310 & 0 & -3.310 \end{pmatrix}$	0.8058	0.2143
	2.0	$\boldsymbol{\beta}=(0,1,0)$ $S=\begin{pmatrix} -6.620 & 0 & 0 \\ 0 & -6.620 & 6.620 \\ 6.620 & 0 & -6.620 \end{pmatrix}$	0.8925	0.2373

从表 6.6 可以看到,当给定形状参数 a 后,尺度参数 b 与系统稳态可用度 A 和系统稳态故障率 r 均表现出正相关关系,分别如图 6.16 和图 6.17 所示。

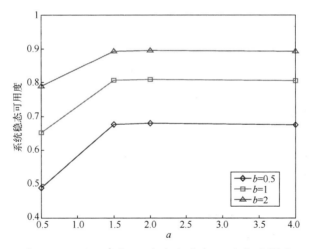

图 6.16　形状参数 a 对系统稳态可用度的影响

可以清楚地看到,b 取不同的值时,a 对 A、r 的影响机理并不会因为 b 值不同而发生改变,显现出这里所建立模型的稳定性。

算例说明这里所研究的模型能够用于不同随机分布类型的输入,模型适用范围较采用典型分布类型所建立的模型有所拓展。

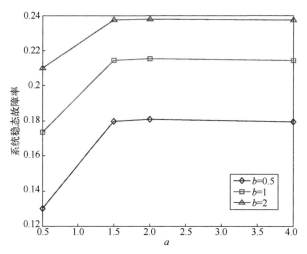

图 6.17　形状参数 a 对系统稳态故障率的影响

6.4　基于 PH 分布的改进通用生成函数多状态系统可靠性建模

6.4.1　引言

在研究多状态系统可靠性时,经常遇到系统状态空间庞大的问题。这是由系统内多状态部件导致的,即使是一个较小的系统,其状态空间数量也将非常庞大。这将导致进行系统可靠性分析时,增加建模难度及模型求解的复杂程度。因此,研究能够有效减少状态空间并简化处理计算过程的方法非常有必要。

通用生成函数在解决上述问题方面是一种有效的工具。通用生成函数(简称为 u 函数)作为一种有效的离散随机变量组合运算工具,由 Ushakov[24,25] 提出,该方法将离散随机变量与其相对应概率表示为多项式形式,通过定义多项式的组合算子,可以方便的计算多个离散随机变量的组合关系。在多状态系统中,通用生成函数将部件状态、性能和概率联系在一起,以更加直观的形式表示部件、子系统以及系统等所对应的性能状态和状态概率之间的关系,根据系统的结构函数,并通过通用生成函数的运算法则可获取系统的通用生成函数,从而得到系统可靠度等指标[26]。这类方法计算复杂度小、通用性强、适用范围广,能够有效控制系统状态数量,因此在多状态系统可靠性研究领域得到了广泛应用。

因此,将随机方法与通用生成函数结合起来,可以在精确描述系统状态变化的同时,通过合并同类项的方法减少系统状态数量。许多研究[27,28]采用马尔可夫过程或半马尔可夫过程与通用生成函数结合的方法,但这类模型由于假设条件严格,导致适用范围比较有限,如无法解决状态停留时间服从一般分布,或状态转换不具有马尔可夫性质的问题。

通过前面内容的研究,在工作时间和维修时间等随机变量均服从 PH 分布的假设前提下,分别研究了单一工作部件多状态系统可靠性模型,以及复杂维修条件下多状态系统的可靠性模型。本节主要研究在采用 PH 分布描述多状态部件特性时,如何对其 u 函数进行改进,获得基于 PH 分布的多状态部件 u 函数,进而得到多状态系统的 u 函数。确保在获得满意可靠性模型的同时,能够有效提升运算效率,降低对运算工具的需求。为采用 PH 分布进行复杂多状态系统可靠性建模与系统结构优化等工作奠定理论基础。

6.4.2 问题描述与假设

考虑包含 N 个部件的多状态系统,各部件性能均为连续劣化,对于任意部件 $i(0<i\leqslant N)$ 可以做进一步假设:

(1) 该部件连续劣化过程可以划分为 k_i 个性能水平 $G_i = \{g_i(1),\cdots,g_i(k_i)\}$,其中 $g_i(1)$ 代表完好水平,$g_i(k_i)$ 则代表部件 i 完全失效;

(2) 该部件在性能水平 $g_i(j)(0<j<k_i)$ 的停留时间均服从一般分布,表示为 $m_i(j)$ 阶连续 PH 分布$(\boldsymbol{\alpha}_{ji},\boldsymbol{T}_{ji})$;

(3) 部件在工作状态下不考虑维修;

(4) 系统内各部件工作状态相互独立。

根据上述假设,系统内部件 i 在各性能状态之间及内部的状态转移如图 6.18 所示。

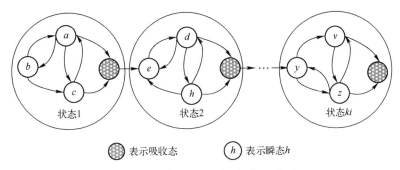

⬡ 表示吸收态　　ⓗ 表示瞬态 h

图 6.18　部件 i 状态转移示意图

6.4.3 多状态部件改进通用生成函数

根据文献[27]方法,可以给出该部件 i 在时刻 t 的通用生成函数形式为

$$u_i(z,t) = \sum_{j=1}^{k_i} p_{ji}(t) z^{g_i(j)} \tag{6.61}$$

其中,$p_{ji}(t)$为部件i在时刻t处于性能水平$g_i(j)$的概率,下面给出$p_{ji}(t)$的求解方法。

如图6.19所示,在部件i性能逐级退化的过程中,不妨构造一个虚拟状态X作为部件性能水平的吸收态,状态X的停留时间忽略不计。

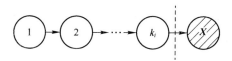

图6.19 部件i的性能退化示意图

根据PH分布封闭性[29]可知,部件性能进入X之前的时间服从PH分布$(\boldsymbol{\beta}_i,$ $\boldsymbol{Q}_i)$,初始概率$\boldsymbol{\beta}_i = (\boldsymbol{\alpha}_{1i}, \overbrace{0, \cdots, 0}^{M})$,其中$M = \sum_{j=2}^{k_i} m_i(j)$。而各性能水平之间的转移速率矩阵为

$$\boldsymbol{Q}_i = \begin{bmatrix} \boldsymbol{T}_{1i} & \boldsymbol{T}_{1i}^0 \boldsymbol{\alpha}_{2i} & 0 & \cdots & 0 \\ 0 & \boldsymbol{T}_{2i} & \boldsymbol{T}_{2i}^0 \boldsymbol{\alpha}_{3i} & \cdots & 0 \\ 0 & 0 & \boldsymbol{T}_{3i} & \ddots & 0 \\ \vdots & \vdots & \vdots & \ddots & \boldsymbol{T}_{(k-1)i}^0 \boldsymbol{\alpha}_{ki} \\ 0 & 0 & 0 & \cdots & \boldsymbol{T}_{ki} \end{bmatrix} \tag{6.62}$$

令$\boldsymbol{v}_{ji}(t)$表示部件i处于性能水平$g_i(j)$各相位的概率向量,有$p_{ji}(t) = \boldsymbol{v}_{ji}(t)\boldsymbol{e}$,另记$\boldsymbol{v}_i(t) = (\boldsymbol{v}_{1i}(t), \cdots, \boldsymbol{v}_{(k_i-1)i}(t))$。

根据Chapman-Kolmogorov方程,部件i在$t+\Delta t$时刻处于性能水平$g_i(j)$的概率由两个事件的概率组成:

(1)部件i在t时刻已处于性能水平$g_i(j)$,并且在$t+\Delta t$时刻没有离开,该事件概率为$(1+\boldsymbol{Q}_i(jj)\Delta t)\boldsymbol{v}_{ji}(t)^{\mathrm{T}}$;

(2)在时刻t,部件i处于性能水平$g_i(l)$($i \neq l$),在Δt时间内由$g_i(l)$转移到$g_i(j)$,该事件概率为$\sum_{l=1,l\neq j}^{k-1} \boldsymbol{v}_{li}(t)^{\mathrm{T}}\boldsymbol{Q}_i(lj)\Delta t$。因此有

$$\boldsymbol{v}_{ji}(t+\Delta t) = (1+\boldsymbol{Q}_i(jj)\Delta t)\boldsymbol{v}_{ji}(t)^{\mathrm{T}} + \sum_{l=1,l\neq j}^{k-1} \boldsymbol{v}_{li}(t)^{\mathrm{T}}\boldsymbol{Q}_i(lj)\Delta t$$

$\boldsymbol{Q}_i(lj)$ 是矩阵 $\boldsymbol{Q}_i$ 中从性能水平 $g_i(l)$ 转到 $g_i(j)$ 的转移概率矩阵。由此可得

$$\frac{\mathrm{d}\boldsymbol{v}_i(t)}{\mathrm{d}t} = \boldsymbol{v}_i(t)\boldsymbol{Q}_i$$

初始条件为 $\boldsymbol{v}_i(0) = \boldsymbol{\beta}_i$，可求得该微分方程的解为

$$\boldsymbol{v}_i(t) = \boldsymbol{\beta}_i \exp(\boldsymbol{Q}_i t) \tag{6.63}$$

从而得出 $p_{ji}(t)$，代入式(6.61)便可得到部件 i 在瞬时 t 的通用生成函数。

另由连续时间 PH 分布的概率密度函数表达式可知，在稳态情况下，部件 i 在性能水平 g_{ji} 的平均停留时间为

$$\mu_{ji} = \boldsymbol{\alpha}_{ji}(-\boldsymbol{T}_{ji}^{-1})\boldsymbol{e} \tag{6.64}$$

因而可给出稳态时 $p_{ji} = \mu_{ji} \Big/ \sum_{l=1}^{k_i} \mu_{li}$，代入式(6.61)便可得到部件 i 稳态时的改进通用生成函数。

6.4.4　多状态系统改进通用生成函数

获得单部件的改进通用生成函数后，定义系统结构函数 $\Omega_f(\cdot)$，表示系统状态性能由系统结构及所有元件状态属性共同决定。

考虑一个包含 n 个有序部件的多状态系统，其结构函数为 f。如果由前 $j(2 \leqslant j \leqslant n)$ 个部件构成一个子系统，若该子系统的性能输出可由如下关系确定：

$$\varphi(G_1, G_2, \cdots, G_j) = \varphi(\varphi(G_1, G_2, \cdots, G_{j-1}), G_j)$$

则该子系统的 u 函数为

$$\begin{aligned}U_j(z) &= \Omega_\varphi(u_1(z), u_2(z), \cdots, u_j(z)) \\ &= \Omega_\varphi(\Omega_\varphi(u_1(z), u_2(z), \cdots, u_{j-1}(z)), u_j(z))\end{aligned}$$

因此，若 $U_1(z) = u_1(z)$ 可以通过连续使用 Ω_φ 算子得到整个系统的 u 函数为

$$U_j(z) = W_f(U_{j-1}(z), u_j(z)), 2 \leqslant j \leqslant n$$

如果对于任意第 j 个部件，系统结构函数具有组合性质，即

$$\varphi(G_1, \cdots, G_j, G_{j+1}, \cdots, G_n) = \varphi(\varphi(G_1, \cdots, G_j), \varphi(G_{j+1}, \cdots, G_n))$$

则算子 Ω_φ 具有如下特性：

$$\Omega_\varphi(u_1(z), \cdots, u_n(z)) = \Omega_\varphi(\Omega_\varphi(u_1(z), \cdots, u_{j-1}(z)), \Omega_\varphi(u_j(z), \cdots, u_n(z)))$$

如果对于任意第 j 个部件，系统结构函数具有可交换性质，即

$$\varphi(G_1,\cdots,G_j,G_{j+1},\cdots,G_n)=\varphi(G_1,\cdots,G_{j+1},G_j,\cdots,G_n)$$

则算子 Ω_φ 具有可交换性：

$$\Omega_\varphi(u_1(z),\cdots,u_j(z),u_{j+1}(z),\cdots,u_n(z))=\Omega_\varphi(u_1(z),\cdots,u_{j+1}(z),u_j(z),\cdots,u_n(z))$$

这意味着组成某子系统所有部件的 u 函数，可以被该子系统的等效 u 函数所替代，并可将该子系统看作一个单部件，进而可以得到整个系统的 u 函数，如图 6.20 所示。

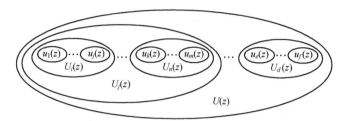

图 6.20   多状态系统 u 函数分步迭代过程示意图

1. 串联系统

串联系统框图如图 6.21 所示。

图 6.21   串联系统框图

考虑由 N 个多状态部件构成的串联系统，第 i 个部件的性能水平为 $G_i(t)\in$ $\boldsymbol{g}_i=\{g_{i1},g_{i2,}\cdots,g_{ik_i}\}$，则系统性能水平 G_S 可以表示为

$$G_S(t)=\Omega_{fS}(G_1(t),G_2(t),\cdots,G_N(t))=\min(G_1(t),G_2(t),\cdots,G_N(t)) \quad (6.65)$$

串联系统的 u 函数为

$$U(z,t)=\min\{u_1(z,t),u_2(z,t),\cdots,u_N(z,t)\}$$

例如，某型柴油发电机组，由一台柴油机和一台发电机串联组成，柴油机的额定功率为 360kW，发电机的额定功率为 310kW，则该型柴发机组的输出功率为 310kW。

2. 并联系统

并联系统框图如图 6.22 所示。

某并联系统由 N 个多状态部件构成，每个部件的性能水平为 $G_i(t)\in\boldsymbol{g}_i$。并联系统的 $G_S(t)$ 由组成系统各部件的工作关系决定。

（1）如果系统总的性能输出水平是各部件性能水平的和，则系统的 $G_S(t)$ 为

$$G_S(t) = \Omega_{fP}(G_1(t), G_2(t), \cdots, G_N(t)) = \sum_{i=1}^{N} G_i(t) \qquad (6.66)$$

例如，某舰用电力系统由两台发电机并联构成，系统总的输出功率是两台发电机输出功率之和，则系统的 $G_S(t) = \Omega_{fP}(G_1(t), G_2(t)) = \sum_{i=1}^{2} G_i(t)$，该系统的 u 函数为

$$U(z,t) = u_1(z,t) + u_2(z,t)$$

$$= \sum_{j=1}^{k_1} p_{j1}(t) z^{g_1(j)} + \sum_{j=1}^{k_2} p_{j2}(t) z^{g_2(j)} = \sum_{j=1}^{k_1} \boldsymbol{v}_{j1}(t) z^{g_1(j)} + \sum_{j=1}^{k_2} \boldsymbol{v}_{j2}(t) z^{g_2(j)}$$

（2）如果并联系统中只有一个部件工作，且优先选择性能水平最好的部件作为工作部件，其他备用，则系统的性能水平为

$$G_S(t) = \Omega_{fP}(G_1(t), G_2(t), \cdots, G_N(t)) = \max(G_1(t), G_2(t), \cdots, G_N(t)) \quad (6.67)$$

例如，某型舰艇推进系统中，其主机的燃油供给系统由一台主机燃油泵和一台主机燃油备用泵并联组成，它们具有不同的性能水平，如图 6.23 所示。

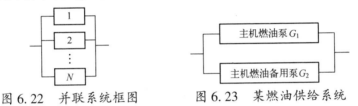

图 6.22　并联系统框图　　　图 6.23　某燃油供给系统

正常情况下，主机燃油泵工作为主机供油，当该泵出现故障，或其性能低于备用泵时，由备用泵工作为主机供油。则该供油系统的性能水平为

$$G_S(t) = \Omega_{fP}(G_1(t), G_2(t)) = \max(G_1(t), G_2(t))$$

则 t 时刻，该系统的 u 函数为

$$U(z,t) = \max(u_1(z,t), u_2(z,t))$$

$$= \sum_{j_1=1}^{k_1} \sum_{j_2=1}^{k_2} (p_{j_11}(t) p_{j_22}(t)) z^{\max(G_1(t), G_2(t))}$$

则在任意 $t>0$ 的时刻，系统的改进通用生成函数可以表示为

$$U(z,t) = \Omega_f(u_1(z,t), u_2(z,t), \cdots, u_N(z,t))$$

$$= \sum_{j_1=1}^{k_1} \sum_{j_2=1}^{k_2} \cdots \sum_{j_N=1}^{k_N} (p_{j_11}(t) p_{j_22}(t) \cdots p_{j_NN}(t)) z^{\Omega_f(G_1, G_2, \cdots, G_N)} \qquad (6.68)$$

其中，Ω_f 可以是 Ω_{fS} 或 Ω_{fP} 形式。

3. 串并联结构与并串联结构

串并联结构与并串联结构是装备系统中广泛存在的系统结构形式（图 6.24 和图 6.25），它们是构成构成更为复杂装备系统的两种基本结构形式。

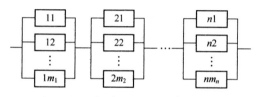

图 6.24　串并联结构可靠性框图

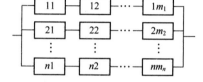

图 6.25　并串联结构可靠性框图

当串并联或并串联等具有复杂结构的系统中各部件均为多性能状态部件时,可以通过如图 6.20 所示的分步迭代过程获得系统的 u 函数,流程如图 6.26 所示。

下面给出其具体步骤:

(1) 将系统结构划分为多个相互独立的串联或并联子结构;

(2) 利用式(6.65)、式(6.66)或式(6.67)给出各子结构的结构函数,代入式(6.68),获得子结构的改进通用生成函数;

(3) 将各子结构替换为具有等价 u 函数的单个部件,将系统简化为串联或并联结构,即可得到系统的改进 u 函数。

如一个复杂系统,结构如图 6.27(a)所示,可以通过上述迭代方法进行简化,由图 6.27(a)逐步化简为图 6.27(e),并得到系统的 u 函数。

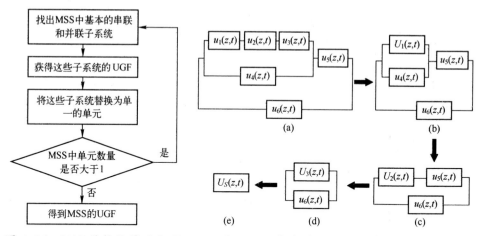

图 6.26　MSS 结构化简流程图　　图 6.27　复杂系统结构分步化简示意图

4. 系统可靠性指标

在获得系统通用生成函数后,可知系统性能状态具有 K 个,表示为 $\{G_S(1), G_S(2), \cdots, G_S(K)\}$,对应时刻 t 的概率为 $\{P_1(t), P_2(t), \cdots, P_K(t)\}$。下面给出系统各类可靠性指标的解析表达式。

1) 系统瞬时可用度 $A(t,w)$

在给定系统性能需求值 w 后,时刻 t 的系统可用度可以表示为

$$A(t,w) = \sum_{j=1}^{K} P_j(t) I(f(G_S(j),w) \geqslant 0) \tag{6.69}$$

其中，$I(f(G_S,w) \geqslant 0)$ 为指示函数，当 $f(G_S,w) \geqslant 0$ 时，$I()$ 为 1，否则为 0。

2）系统瞬时平均性能 $E(t)$

系统在任意时刻 t 的平均性能可以由下式给出：

$$E(t) = \sum_{j=1}^{K} P_j(t) G_S(j) \tag{6.70}$$

3）系统在时间间隔 $(0,T]$ 的平均性能 E_T

在获得 $E(t)$ 后，对其在区间 $(0,T]$ 上进行积分后求平均值可得

$$E_T = \frac{1}{T} \int_0^T E(t)\,\mathrm{d}t = \frac{1}{T} \sum_{j=1}^{K} G_S(j) \int_0^T P_j(t)\,\mathrm{d}t \tag{6.71}$$

4）系统瞬时平均性能缺额 $D(t,w)$

在任意时刻 t，系统性能可能均无法达到需求值 w，因此其性能缺额的平均值可由下式给出：

$$D(t,w) = \sum_{j=1}^{K} P_j(t) \max(w - G_S(j),0) \tag{6.72}$$

5）系统在时间间隔 $(0,T]$ 的平均性能缺额 D_T

在获得 $D(t,w)$ 后，参照式(6.70)可得

$$D_T = \frac{1}{T} \int_0^T D(t,w)\,\mathrm{d}t = \frac{1}{T} \sum_{j=1}^{K} \max(w - G_S(j),0) \int_0^T P_j(t)\,\mathrm{d}t \tag{6.73}$$

5. 改进通用生成函数算法流程

利用上述分析结果，可以给出多状态系统利用改进通用生成函数获得可靠性指标的具体流程。

（1）将多状态系统第 i 个部件的性能状态离散化，表示为

$$G_i = \{g_i(1),\cdots,g_i(k_i)\}$$

（2）采用 PH 分布解析变换或拟合方法[9]，将部件 i 在 G_i 各状态的停留时间表示为PH分布形式，利用 6.4.3 节结论得到部件 i 的改进通用生成函数；

（3）利用 6.4.4 节方法求得系统的改进通用生成函数，获得系统在时刻 t 的性能状态集 $\{G_S(1),G_S(2),\cdots,G_S(K)\}$ 及对应概率集 $\{P_1(t),P_2(t),\cdots,P_K(t)\}$；

（4）将 $\{G_S(1),G_S(2),\cdots,G_S(K)\}$ 和 $\{P_1(t),P_2(t),\cdots,P_K(t)\}$ 代入式(6.69)~式(6.73)，从而得到系统可靠性指标。

6.4.5　算例分析

图 6.28 所示为某型汽轮发电机组基本结构，由于锅炉、汽轮机以及发电机分别属于不同类型机械设备，因此设备性能状态变化规律存在较大差异。

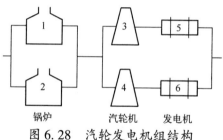

图 6.28 汽轮发电机组结构

进一步假设每台锅炉的工作状态均有两个,分别对应设计功率的90%和60%;当锅炉功率低于60%时,认为该设备无法使用。因此,锅炉的状态集可以表示为 $G_i = \{g_i(1) = 0.90, g_i(2) = 0.60, g_i(3) = 0\}$ $(i = 1, 2)$。每台锅炉在各状态的停留时间均服从 Weibull 分布,采用 AHErDFit 拟合工具[9]可以表示为 PH 分布形式,见表6.7。

表 6.7 锅炉各工作状态停留时间分布($i = 1, 2$)

性能状态	停留时间分布
$g_i(1)$	$\boldsymbol{\alpha}_{1i} = (1, 0), \boldsymbol{T}_{1i} = \begin{pmatrix} -34.779 & 34.779 \\ 0 & -34.779 \end{pmatrix}$
$g_i(2)$	$\boldsymbol{\alpha}_{2i} = (0, 1, 0), \boldsymbol{T}_{2i} = \begin{pmatrix} -45 & 0 & 45 \\ 45 & -45 & 0 \\ 0 & 0 & -45 \end{pmatrix}$
$g_i(3)$	$\boldsymbol{\alpha}_{3i} = (1, 0, 0), \boldsymbol{T}_{3i} = \begin{pmatrix} -37.836 & 0 & 37.836 \\ 0 & -37.836 & 0 \\ 0 & 37.836 & -37.836 \end{pmatrix}$

每台汽轮机的功率可以分为 3 个级别,分别为 100%、85% 和 0。因此,汽轮机的性能状态集可以表示为 $G_i = \{g_i(1) = 1, g_i(2) = 0.85, g_i(3) = 0\}$ $(i = 3, 4)$。每台汽轮机在各状态的停留时间服从正态分布,拟合后见表 6.8。

表 6.8 汽轮机各工作状态停留时间分布($i = 3, 4$)

性能状态	停留时间分布
$g_i(1)$	$\boldsymbol{\alpha}_{1i} = (0, 1, 0), \boldsymbol{T}_{1i} = \begin{pmatrix} -49.949 & 0 & 0 \\ 0 & -49.949 & 49.949 \\ 49.949 & 0 & -49.949 \end{pmatrix}$
$g_i(2)$	$\boldsymbol{\alpha}_{2i} = (0, 0, 1), \boldsymbol{T}_{2i} = \begin{pmatrix} -49.993 & 49.993 & 0 \\ 0 & -49.993 & 0 \\ 49.993 & 0 & -49.993 \end{pmatrix}$
$g_i(3)$	$\boldsymbol{\alpha}_{3i} = (1, 0), \boldsymbol{T}_{3i} = \begin{pmatrix} -333.233 & 333.233 \\ 0 & -333.233 \end{pmatrix}$

发电机在没有外界强冲击的情况下,性能比较稳定,很难发生失效,因此可以将发电机视为一个两状态部件。假设其失效时间服从参数为 10^{-5} 的指数分布,性能状态集为 $G_i = \{g_i(1) = 1, g_i(2) = 0\}$ $(i = 5, 6)$,则 $\boldsymbol{\alpha}_i(1) = (1)$,$\boldsymbol{T}_i(1) = [-10^{-5}]$。

当给定 $t = 3700h$,利用 6.4.3 节结论得出各部件的通用生成函数如下:

$$u_{i=1,2}(z, 3700) = 0.538z^{0.9} + 0.389z^{0.6} + 0.073z^0$$

$$u_{i=3,4}(z, 3700) = 0.725z^1 + 0.273z^{0.85} + 0.002z^0$$

$$u_{i=5,6}(z, 3700) = 0.964z^1 + 0.036z^0$$

首先对由部件 1 和 2 组成的并联子系统 $P1$,利用式(6.66)和式(6.67)求得该子系统的通用生成函数:

$$U_{P1}(z, 3700) = \Omega_{fP}(u_1(z, t), u_2(z, t))$$
$$= 0.289z^{1.8} + 0.419z^{1.5} + 0.151z^{1.2} + 0.079z^{0.9} + 0.057z^{0.6} + 0.005z^0$$

部件 3 和 5,部件 4 和 6 分别组成了串联子系统 $S1$ 和 $S2$,利用式(6.65)和式(6.67),可得其通用生成函数:

$$U_{S1}(z, 3700) = U_{S2}(z, 3700)$$
$$= \Omega_{fS}(u_3(z, 3700), u_5(z, 3700)) = 0.699z^1 + 0.263z^{0.85} + 0.038z^0$$

同理,利用上文的分步迭代方法,可以得到串联子系统 $S1$ 和 $S2$ 构成的并联子系统 $P2$ 的通用生成函数:

$$U_{P2}(z, 3700) = \Omega_{fP}(U_{S1}(z, 3700), U_{S2}(z, 3700))$$
$$= 0.489z^2 + 0.368z^{1.85} + 0.069z^{1.7} + 0.053z^1 + 0.020z^{0.85} + 0.001z^0$$

而整个系统的通用生成函数为

$$U_S(z, 3700) = \Omega_{fS}(U_{P1}(z, 3700), U_{P2}(z, 3700))$$
$$= 0.248z^{1.8} + 0.020z^{1.7} + 0.388z^{1.5} + 0.139z^{1.2} + 0.046z^1$$
$$+ 0.077z^{0.9} + 0.019z^{0.85} + 0.057z^{0.6} + 0.006z^0$$

上述计算结果表明系统的性能取值和对应的概率见表 6.9,表中列出了汽轮发电机组不同性能取值下对应的概率,并且列出了各性能取值下系统各部件(锅炉、汽轮机、发电机)功率输出百分比的所有可能组合。

表 6.9　汽轮发电机组性能取值和对应的概率

性能取值	部件 1 锅炉功率比例	部件 2 锅炉功率比例	部件 3 汽轮机功率比例	部件 5 发电机功率比例	部件 4 汽轮机功率比例	部件 6 发电机功率比例	总体输出功率百分比/%	概率合计
1.8	0.9	0.9	1	1	1	1	90.0	0.248
	0.9	0.9	0.85	1	1	1		
	0.9	0.9	1	0.85	1	1		

（续）

性能取值	部件1 锅炉功率 比例	部件2 锅炉功率 比例	部件3 汽轮机功率 比例	部件5 发电机功率 比例	部件4 汽轮机功率 比例	部件6 发电机功率 比例	总体输出功率 百分比/%	概率合计
1.7	0.9	0.9	0.85	1	0.85	1	85.0	0.020
1.5	0.9	0.6	1	1	1	1	75.0	0.388
	0.9	0.6	0.85	1	1	1		
	0.9	0.6	1	1	0.85	1		
	0.9	0.6	0.85	1	0.85	1		
	0.6	0.9	1	1	1	1		
	0.6	0.9	0.85	1	1	1		
	0.6	0.9	1	1	0.85	1		
	0.6	0.9	0.85	1	0.85	1		
1.2	0.6	0.6	1	1	1	1	60.0	0.139
	0.6	0.6	0.85	1	1	1		
	0.6	0.6	1	1	0.85	1		
	0.6	0.6	0.85	1	0.85	1		
1	0.9	0.9	0	1	1	1	50.0	0.046
	0.9	0.9	1	0	1	1		
	0.9	0.9	0.85	0	1	1		
	0.9	0.9	0	0	1	1		
	0.9	0.9	1	1	0	1		
	0.9	0.9	1	1	1	0		
	0.9	0.9	1	1	0.85	0		
	0.9	0.9	1	1	0	0		
	0.9	0.6	0	1	1	1		
	0.9	0.6	1	0	1	1		
	0.9	0.6	0.85	0	1	1		
	0.9	0.6	0	0	1	1		
	0.9	0.6	1	1	0	1		
	0.9	0.6	1	1	1	0		
	0.9	0.6	1	1	0.85	0		
	0.9	0.6	1	1	0	0		
	0.6	0.9	0	1	1	1		
	0.6	0.9	1	0	1	1		
	0.6	0.9	0.85	0	1	1		
	0.6	0.9	0	0	1	1		
	0.6	0.9	1	1	0	1		
	0.6	0.9	1	1	1	0		
	0.6	0.9	1	1	0.85	0		

（续）

性能取值	部件 1 锅炉功率比例	部件 2 锅炉功率比例	部件 3 汽轮机功率比例	部件 5 发电机功率比例	部件 4 汽轮机功率比例	部件 6 发电机功率比例	总体输出功率百分比/%	概率合计
1	0.6	0.9	1	1	0	0	50.0	0.046
	0.6	0.6	0	1	1	1		
	0.6	0.6	1	0	1	1		
	0.6	0.6	0.85	0	1	1		
	0.6	0.6	0	0	1	1		
	0.6	0.6	1	1	0	1		
	0.6	0.6	1	1	1	0		
	0.6	0.6	1	1	0.85	0		
	0.6	0.6	1	1	0	0		
0.9	0.9	0	1	1	1	1	45.0	0.077
	0.9	0	0.85	1	1	1		
	0.9	0	0	1	1	1		
	0.9	0	1	0	1	1		
	0.9	0	0.85	0	1	1		
	0.9	0	0	0	1	1		
	0.9	0	1	1	0.85	1		
	0.9	0	0.85	1	0.85	1		
	0.9	0	1	1	0	1		
	0.9	0	1	1	1	0		
	0.9	0	1	1	0.85	0		
	0.9	0	1	1	0	0		
	0	0.9	1	1	1	1		
	0	0.9	0.85	1	1	1		
	0	0.9	0	1	1	1		
	0	0.9	1	0	1	1		
	0	0.9	0.85	0	1	1		
	0	0.9	0	0	1	1		
	0	0.9	1	1	0.85	1		
	0	0.9	0.85	1	0.85	1		
	0	0.9	1	1	0	1		
	0	0.9	1	1	1	0		
	0	0.9	1	1	0.85	0		
	0	0.9	1	1	0	0		
0.85	0.9	0.9	0	1	0.85	1	42.5	0.019
	0.9	0.9	1	0	0.85	1		
	0.9	0.9	0.85	0	0.85	1		

（续）

性能取值	部件1 锅炉功率比例	部件2 锅炉功率比例	部件3 汽轮机功率比例	部件5 发电机功率比例	部件4 汽轮机功率比例	部件6 发电机功率比例	总体输出功率百分比/%	概率合计
	0.9	0.9	0	0	0.85	1		
	0.9	0.9	0.85	1	0	1		
	0.9	0.9	0.85	1	1	0		
	0.9	0.9	0.85	1	0.85	0		
	0.9	0.9	0.85	1	0	0		
	0.9	0.6	0	1	0.85	1		
	0.9	0.6	1	0	0.85	1		
	0.9	0.6	0.85	0	0.85	1		
	0.9	0.6	0	0	0.85	1		
	0.9	0.6	0.85	1	0	1		
	0.9	0.6	0.85	1	1	0		
	0.9	0.6	0.85	1	0.85	0		
	0.9	0.6	0.85	1	0	0		
	0.9	0	0	1	0.85	1		
	0.9	0	1	0	0.85	1		
	0.9	0	0.85	0	0.85	1		
	0.9	0	0	0	0.85	1		
0.85	0.9	0	0.85	1	0	1	42.5	0.019
	0.9	0	0.85	1	1	0		
	0.9	0	0.85	1	0.85	0		
	0.9	0	0.85	1	0	0		
	0.6	0.9	0	1	0.85	1		
	0.6	0.9	1	0	0.85	1		
	0.6	0.9	0.85	0	0.85	1		
	0.6	0.9	0	0	0.85	1		
	0.6	0.9	0.85	1	0	1		
	0.6	0.9	0.85	1	1	0		
	0.6	0.9	0.85	1	0.85	0		
	0.6	0.9	0.85	1	0	0		
	0.6	0.6	0	1	0.85	1		
	0.6	0.6	1	0	0.85	1		
	0.6	0.6	0.85	0	0.85	1		
	0.6	0.6	0	0	0.85	1		
	0.6	0.6	0.85	1	0	1		
	0.6	0.6	0.85	1	1	0		
	0.6	0.6	0.85	1	0.85	0		

（续）

性能取值	部件1 锅炉功率比例	部件2 锅炉功率比例	部件3 汽轮机功率比例	部件5 发电机功率比例	部件4 汽轮机功率比例	部件6 发电机功率比例	总体输出功率百分比/%	概率合计
0.85	0.6	0.6	0.85	1	0	0	42.5	0.019
	0	0.9	0	1	0.85	1		
	0	0.9	1	0	0.85	1		
	0	0.9	0.85	0	0.85	1		
	0	0.9	0	0	0.85	1		
	0	0.9	0.85	1	0	1		
	0	0.9	0.85	1	1	0		
	0	0.9	0.85	1	0.85	0		
	0	0.9	0.85	1	0	0		
0.6	0.6	0	1	1	1	1	30.0	0.057
	0.6	0	0.85	1	1	1		
	0.6	0	0	1	1	1		
	0.6	0	1	0	1	1		
	0.6	0	0.85	0	1	1		
	0.6	0	0	0	1	1		
	0.6	0	1	1	0.85	1		
	0.6	0	0.85	1	0.85	1		
	0.6	0	0	1	0.85	1		
	0.6	0	1	0	0.85	1		
	0.6	0	0.85	0	0.85	1		
	0.6	0	0	0	0.85	1		
	0.6	0	1	1	0	1		
	0.6	0	0.85	1	0	1		
	0.6	0	1	1	1	0		
	0.6	0	0.85	1	1	0		
	0.6	0	1	1	0.85	0		
	0.6	0	0.85	1	0.85	0		
	0.6	0	1	1	0	0		
	0.6	0	0.85	1	0	0		
	0	0.6	1	1	1	1		
	0	0.6	0.85	1	1	1		
	0	0.6	0	1	1	1		
	0	0.6	1	0	1	1		
	0	0.6	0.85	0	1	1		
	0	0.6	0	0	1	1		
	0	0.6	1	1	0.85	1		

（续）

性能取值	部件1 锅炉功率 比例	部件2 锅炉功率 比例	部件3 汽轮机功率 比例	部件5 发电机功率 比例	部件4 汽轮机功率 比例	部件6 发电机功率 比例	总体输出功率 百分比/%	概率 合计
0.6	0	0.6	0.85	1	0.85	1	30.0	0.057
	0	0.6	0	1	0.85	1		
	0	0.6	1	0	0.85	1		
	0	0.6	0.85	0	0.85	1		
	0	0.6	0	0	0.85	1		
	0	0.6	1	1	0	1		
	0	0.6	0.85	1	0	1		
	0	0.6	1	1	1	0		
	0	0.6	0.85	1	1	0		
	0	0.6	1	1	0.85	0		
	0	0.6	0.85	1	0.85	0		
	0	0.6	1	1	0	0		
	0	0.6	0.85	1	0	0		

在获得系统的通用生成函数后,利用上文结论可以获得该系统的可靠性指标。如当整个系统功率低于单台锅炉功率的 70%($w = 0.7$)时,有

$$A(3700, 0.7) = 0.937, \quad E(3700) = 1.3948, \quad D(3700, 0.7) = 0.0099$$

通过该算例,可以看到采用 PH 分布改进通用生成函数后,模型对系统中不同部件各状态停留时间分别服从指数分布、正态分布和 Weibull 分布的情况,能够有效完成可靠性建模和计算。而 PH 分布的稠密性也使得该模型具有处理各类复杂分布的能力,便于在复杂多状态系统可靠性建模工作中应用。

本节利用连续 PH 分布对通用生成函数进行了改进,将可靠性随机建模法与通用生成函数法进行了有机结合:一方面保留了通用生成函数能够有效减少系统状态数量,便于计算系统瞬时状态概率的优点;另一方面充分利用了 PH 分布的稠密性、封闭性等优良特性,有效拓展了通用生成函数在多状态可靠性建模领域的适用范围。算例证实了本方法在复杂多状态系统可靠性建模和计算方面的有效性,可以较方便地获得系统在各状态下的可靠性指标。

📖 参考文献

[1] 陆廷孝,郑鹏洲. 可靠性设计与分析[M]. 北京:国防工业出版社,1995.

[2] NEUTS M F. Matrix geometric solutions in stochastic models – an algorithmic approach[M]. Baltimore:University Press,1981.

[3] CHRISTOPHER J S. Phase – type approximations for wear processes in a semi – markov enviroment[M]. Ohio:Air University,2004.

［4］　RUIZ-CASTRO J E，PÉREZ-OCÓN R，FERNANDEZ-VILLODRE G. Modelling a reliability system governed by discrete phase-type distributions［J］. Reliability Engineering and System Safety，2008，93：1650-1657.

［5］　田乃硕. 休假随机服务系统［M］. 北京：北京大学出版社，2001.

［6］　田乃硕，岳德权. 拟生灭过程与矩阵几何解［M］. 北京：科学出版社，2002.

［7］　陈学楚，张净敏，陈云翔，等. 装备系统工程［M］. 2 版. 北京：国防工业出版社，2005.

［8］　EDWARD P C. An Introduction to Stochastic Processes［M］. 北京：机械工业出版社，2006.

［9］　黄卓. Phase-Type 分布数据拟合方法及其应用研究［D］. 长沙：国防科技大学，2007.

［10］　SRINIVASAN B，GRURUAJAN M. A complex two-unit system with random breakdown of repair facility［J］. Microelectronics Reliabilty，1995，35(2)：299-302.

［11］　MONTORO-CAZORLA D，PÉREZ-OCÓN F. A multiple warm standby system with operational and repair times following phase-type distributions［J］. European Journal of Operational Research，2006，169：178-188.

［12］　BAUM D，BREUER L. An introduction to queueing theory and matrix-analytic methods［J］. OR Spektrum，1983，(5)：25-32.

［13］　LOTHAR B，BAUM D. An introduction to queueing theory and matrix-analytic methods［M］. Dordrecht：Springer，2005.

［14］　冯懿，左德承，李金锋，等. 多态 k-out-of-n：G 型系统可用性评测［J］. 清华大学学报 (自然科学版)，2011，51(S1)：1515-1518.

［15］　刘宇. 多状态复杂系统可靠性建模及维修决策［D］. 成都：电子科技大学，2011.

［16］　CHEN J Y，LI Z H. An extended extreme shock maintenance model for a deteriorating system ［J］. Reliability Engineering & System Safety，2008，93(8)：1123-1129.

［17］　LAM Y，ZHANG Y L. A geometric-process maintenance model for a deteriorating system under a random environment［J］. IEEE Transactions on Reliability，2003，52(1)：83-89.

［18］　LAM Y，ZHANG Y L. A shock model for the maintenance problem of a repairable system［J］. Computers & Operations Research，2004，31(11)：1807-1820.

［19］　TANG Y Y，LAM Y. A δ-shock maintenance model for a deteriorating system［J］. European Journal of Operational Research，2006，168(2)：541-556.

［20］　VAN NOORTWIJK J M. A survey of the application of gamma processes in maintenance ［J］. Reliability Engineering & System Safety，2009，94(1)：2-21.

［21］　DÍAZ A，FU M C. Models for multi-echelon repairable item inventory systems with limited repair capacity［J］. European Journal of Operational Research，1997，97(3)：480-492.

［22］　WONG H，CATTRYSSE D，OUDHEUSDEN D V. Stocking decisions for repairable spare parts pooling in a multi-hub system［J］. International Journal of Production Economics，2005，93-94：309-317.

［23］　JUNG B R，SUN B G，KIM J S，et al. Modeling lateral transshipments in multiechelon repairable-item inventory systems with finite repair channels［J］. Computers & Operations Research，2003，30(9)：1401-1417.

［24］ USHAKOV I A. A universal generating function［J］. Soviet Journal of Computer and Systems Sciences,1986,24(5):37-49.

［25］ USHAKOV I. Optimal sstandby pproblems and a universal generating function［J］. Soviet Journal of Computer and Systems Sciences,1987,25(4):79-82.

［26］ 李春洋,陈循,易晓山. 基于向量通用生成函数的多性能参数多态系统可靠性分析［J］. 兵工学报,2010,31(12):1604-1610.

［27］ LISNIANSKI A,FRENKEL I,DING Y. Multi-state system reliability analysis and optimization for engineers and industrial managers［M］. London:Springer,2010.

［28］ 尚彦龙,蔡琦,赵新文,等. 基于 UGF 和 Semi-Markov 方法的反应堆泵机组多状态可靠性分析［J］. 核动力工程,2012,33(1):117-123.

［29］ BREUER L,BAUM D. An introduction to queueing theory and matrix-analytic methods［J］. OR Spektrum,1983,(5):25-32.

第7章

基于 PH 分布的多状态系统可靠性优化应用研究

在装备可靠性设计中经常需要面对系统冗余分配等可靠性优化设计问题。由于装备上许多设备故障属于复合故障,除了由于零部件损坏而导致的停机故障,还包括由于磨损、腐蚀、振动、温度、湿度等因素导致性能退化而发生的故障,后者通常表现为工作性能输出降低等形式,不宜简单使用传统意义的可靠性描述,系统、设备呈现多状态特征,且系统、设备的可靠性分布不完全符合指数分布、威布尔分布等典型性分布。因此,在装备多状态可靠性优化的应用研究中,需要解决两方面问题:

一是运用优化方法计算框架来求解可靠性优化问题的可行性。

对于该方面问题,以多状态系统的优化冗余分配问题(Redundancy Apportionment Problem,RAP)为研究对象,随着问题规模而导致计算量激增,相对于精确型求解的动态规划、整数规划、混合型规划或非线性规划方法,在均衡兼顾计算规模和最优解质量的条件下,启发式算法往往具有全局最优性的潜在优势,蚁群算法正是其中之一。蚁群算法是一种通过模拟蚂蚁群体行为的智能仿生优化算法,由意大利学者 Dorigo 提出[1],因其算法全局寻优能力强、算法鲁棒性好、易于分布式计算等优点,被广泛应用于求解一系列组合优化问题。蚁群算法应用于可靠性问题最初可见于 Liang 等学者的相关研究[2]。Liang 等人[3]应用蚁群算法求解系统可靠性 RAP。Shelokar 等人[4]在复杂型、串并联、桥联系统中应用蚁群算法。Ouiddir 等人[5]将蚁群算法应用于多状态电力系统中。Samrout 等人[6]运用蚁群算法优化串并联系统的预防性维修费用。

二是在多状态系统可靠性优化问题中,优化算法的评价对象及可行解评价函数的度量方法。

对于第二方面问题,区别于只有两种状态、典型分布的传统可靠性,将蚁群算法应用于基于 PH 分布的多状态系统可靠性问题,首先必须运用一定的可靠性度量方法计算多状态系统可靠性。运用 PH 分布代替指数分布、威布尔分布等典型分布,建立基于 PH 分布的多状态可修部件可靠性解析模型,得出部件的稳态可用度、工作时间、维修时间、平均故障间隔时间等主要可靠性参数。然后将通用生成函数(Universal Generating Function,UGF)作为蚁群算法的种群评价函数。UGF 是一种表示简便、使用广泛的多状态系统可靠性度量方法,在广泛使用概率论原理生成函数的基础上,结合递归算法,代替了复杂的组合运算,使得运用计算机处理多状态系统可靠性分析和优化过程中出现的不同组合问题更加便捷。PH 分布及 UGF 技术为多状态系统可靠性问题中可靠性度量方法提供了方便计算、易于实现的计算方法,为蚁群算法应用于多状态系统可靠性设计优化问题提供有效可行的技术途径[7,8]。

7.1 问题描述

冗余分配问题(RAP)是一种典型的组合优化问题。在成本、性能等约束条件下寻求系统可靠性高的系统配置方案。以串并联的典型拓扑结构系统为研究对象(图 7.1),系统有 s 个子系统($i = 1, 2, \cdots, s$),k_i 表示子系统 i 第 k 位置的部件。子系统 i 有 m_i 种可选部件,且最大并联部件数为 n_i。为了计算方便,用 $m_i + 1$ 表示空部件(Blank Component)。用一串数字即可表示系统配置方案。例如,一个系统 $s = 3, m_1 = 3, m_2 = 4, m_3 = 5, n_1 = 5, n_2 = 6, n_3 = 5$。

$$x = (2, 2, 2, 4, 4; 3, 3, 3, 3, 5, 5; 1, 1, 1, 6, 6)$$

上式可表示整个系统有 3 个子系统:子系统 1 包含 3 个型号 2 的部件,子系统 2 包含 4 个型号 3 的部件,子系统 3 包含 3 个型号 1 的子系统,其他数字分别对应各子系统的空部件。

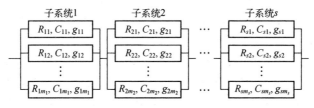

图 7.1 串并联系统结构图

串并联系统 RAP 是在成本、性能等约束条件下寻求优化的系统配置方案,对于传统可靠性而言,串并联系统 RAP 的优化模型如下:

$$\text{Maximize}: R = \prod_{i=1}^{s} \left(1 - \prod_{j=1}^{m_i} (1 - R_{ij}) \right) \tag{7.1}$$

$$\text{Subject to } C_i = \sum_{j=1}^{m_i} C_{ij} \leqslant C_i^{\max}, 1 \leqslant i \leqslant s \tag{7.2}$$

$$g_i = \sum_{j=1}^{m_i} g_{ij} \geqslant g_i^{\min}, 1 \leqslant i \leqslant s \tag{7.3}$$

对于多状态系统,目标函数改写为

$$\text{Maximize}: G = \Omega\Big(\sum_{j=1}^{m_1} g_{1,j}, \sum_{j=1}^{m_2} g_{2,j}, \cdots, \sum_{j=1}^{m_s} g_{s,j}\Big) \qquad (7.4)$$

7.2　蚁群算法设计

7.2.1　蚁群算法概述

蚁群算法是意大利学者 Dorigo 提出的一种元启发式算法(Meta-heuristic Algorithm),算法模拟生物世界中蚁群搜索食物的路径选择行为。生物世界中的蚂蚁能够在没有任何可见提示下找出蚁穴到食物之间的最短路径,并且能随环境变化而改变搜索路径,生成新的选择。蚂蚁从食物源返回蚁穴的过程中,在其所经路径上分泌一种成为“信息素”的化学物质,通过这种方式形成信息素轨迹。蚂蚁在运动过程中能够感知信息素的存在和强度,并以此指导运动方向。较短的优化路径上将积累较多的信息素,后续蚂蚁选择该路径的概率越高,形成一种“自催化”的正反馈过程。蚁群算法通过创造人工蚂蚁模拟生物蚂蚁的搜索寻优行为,是生物蚂蚁的概念抽象,具有与生物蚂蚁类似的整体合作、通过信息素通信、利用信息正反馈机制寻优等特点,同时,蚁群算法的人工蚂蚁还具有状态记忆能力、利用启发式信息、信息素释放强度和时机可控等生物蚂蚁不具备的特点。

蚁群算法对蚂蚁搜索行为起到决定作用的主要来自四个方面:局部搜索策略、蚂蚁的内部状态、信息素轨迹、蚂蚁决策表[9]。局部搜索策略是根据求解具体问题所赋予的目标含义,蚂蚁应用局部搜索策略选择移动方向。蚂蚁的内部状态存储了关于过去搜索的信息,用来确保解的可行性和计算解的评价值。信息素轨迹提供了一种给蚁群共享的、局部的、长期的、正反馈效应的记忆信息,对蚂蚁决策施加影响。蚂蚁决策表则由信息素函数和启发式信息函数共同决定,通过概率表的形式指导蚂蚁决策。基本蚁群算法步骤如下,算法流程如图 7.2 所示。

步骤 1:初始化蚂蚁种群;

步骤 2:根据目标函数对每只蚂蚁的适应度做出评价;

步骤 3:信息素更新,经过对应路径的蚂蚁评价值(适应度)越高,释放的信息素越多;

步骤 4:蚂蚁依据信息素等信息选择路径;

步骤 5:信息素随着时间减弱消散。

蚁群算法的基本变量符号如下:

m:蚁群中的蚂蚁数量。

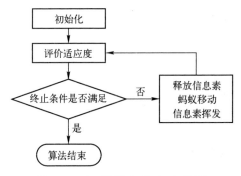

图 7.2　蚁群算法基本流程图

η_{ij}:赋予路径(i,j)的启发式信息。

τ_{ij}:路径(i,j)上残留的信息素轨迹强度。

$\Delta\tau_{ij}$:路径(i,j)上信息素轨迹强度增量。

p_{ij}:蚂蚁由位置i转移到位置j的概率。

α:信息素轨迹强度的相对重要性。

β:启发式信息的相对重要强度。

设置初始时刻每条路径上信息素轨迹强度相等,蚂蚁k在运动过程中根据路径上的信息量决定移动方向,移动概率如下:

$$p_{ij}^{k}(t) = \begin{cases} \dfrac{\tau_{ij}^{\alpha}(t)\eta_{ij}^{\beta}(t)}{\sum_{j \in AC_i}\tau_{ij}^{\alpha}(t)\eta_{ij}^{\beta}(t)}, & j \in AC_i \\ 0, & \text{其他} \end{cases} \tag{7.5}$$

经过n阶段,蚂蚁完成一次循环,各路径上的信息素强度更新如下:

$$\tau_{ij}(t+1) = \rho \cdot \tau_{ij}(t) + \Delta\tau_{ij}(t,t+1) \tag{7.6}$$

$$\Delta\tau_{ij}(t,t+1) = \sum_{k=1}^{m}\Delta\tau_{ij}^{k}(t,t+1) \tag{7.7}$$

其中,$\Delta\tau_{ij}$表示蚂蚁在本次循环中留在路径(i,j)上的信息素轨迹强度增量,对于信息素轨迹强度有蚁周模型、蚁量模型和蚁密模型:

$$\text{蚁周模型}: \Delta\tau_{ij}^{k}(t,t+n) = \begin{cases} Q/L_k, & \text{蚂蚁}k\text{在本次循环中经过路径}(i,j) \\ 0, & \text{其他} \end{cases}$$

$$\text{蚁量模型}: \Delta\tau_{ij}^{k}(t,t+1) = \begin{cases} Q/d_{ij}, & \text{蚂蚁}k\text{在本次循环中经过路径}(i,j) \\ 0, & \text{其他} \end{cases}$$

$$\text{蚁密模型}: \Delta\tau_{ij}^{k}(t,t+1) = \begin{cases} Q, & \text{蚂蚁}k\text{在本次循环中经过路径}(i,j) \\ 0, & \text{其他} \end{cases}$$

其中:Q为信息素强度;L_k为蚂蚁k在本次循环中所经历的路径总长度;d_{ij}为路径中

从 i 到 j 的路径长度。在蚁量模型和蚁密模型中,蚂蚁在构建解的同时释放信息素,利用的是局部信息。蚁周模型则是在蚂蚁建立了完整的轨迹后再释放信息素,利用的是一次循环的整体信息。

7.2.2　解的构建

蚁群算法运用元启发式信息(Meta-heuristic Information)为组合优化问题寻求更好的解。从蚁群算法的角度来看,组合优化问题看作一个"图"结构 $G = (N, S)$。每个蚂蚁可视作一个解方案,为可靠性优化问题建立可行解。图 G 包含节点集合 N、边集合 S。节点 N 由子系统及其部件构成,边 S 将各子系统及其部件联系起来。空节点代表空部件。需要指出的是,边 S 不像节点 N 那样代表具体的实体,但边 S 表示子系统或部件之间的联系,这种联系用来构建整个系统的解。可靠性、成本、性能等指标提供启发式信息,图 G 中边 S 上累积的信息素实现蚂蚁之间间接通信的交互机制。当构建一个可行解时,每只蚂蚁利用局部更新规则,更新每条边积累的信息素。当所有蚂蚁完成一次搜索后,利用全局更新规则修改信息素。每只蚂蚁初始化时置于首个子系统所代表的节点。算法开始运行后,每只蚂蚁将沿着问题对应图结构 G 的边,搜索串并联系统的可行解。

对于每个子系统 i,根据下式选择部件 j:

$$j = \begin{cases} \underset{j \in AC_i}{\operatorname{argmax}}(\tau_{ij}^{\alpha} \eta_{ij}^{\beta}), & q \leqslant q_0 \\ J, & \text{其他} \end{cases} \tag{7.8}$$

其中 J 依据下式的概率分布选择:

$$p_{ij} = \begin{cases} \dfrac{\tau_{ij}^{\alpha} \eta_{ij}^{\beta}}{\sum_{j \in AC_i} \tau_{ij}^{\alpha} \eta_{ij}^{\beta}}, & j \in AC_i \\ 0, & \text{其他} \end{cases} \tag{7.9}$$

其中:α 和 β 分别反映了蚂蚁在运动过程中累积的信息素强度和启发式信息在蚂蚁选择路径中的相对重要性;AC_i 表示子系统 i 中可选部件的集合;q_0 决定探索全局最优与利用局部最优的相对重要程度;q 为 $0 \sim 1$ 之间的平均分布随机数。

启发式信息 η 计算如下:

$$\eta_{ij} = \begin{cases} \dfrac{1 + R_{ij}}{1 + C_{ij}}, & 1 \leqslant j \leqslant m_i \\ \underset{1 \leqslant j \leqslant m_i}{\min}\left(\dfrac{1 + R_{ij}}{1 + C_{ij}}\right), & j = m_i + 1 \end{cases} \tag{7.10}$$

其中,第二等式表示子系统的空部件,R_{ij} 和 C_{ij} 分别为被选部件的多状态可靠性和成本值。对于空部件而言,$R_{ij} = 0, C_{ij} = 0$。

7.2.3 可靠度估计

蚁群算法运行中需要评价每只蚂蚁(每个可行解)的优劣,该评价标准往往与优化目标函数相关。对于在成本、性能等约束条件下的多状态串并联系统 RAP,目标函数是多状态系统可靠度,并由通用生成函数 UGF 表示如下:

$$R_e = \Pr\{g \geqslant g^{\text{demand}}\} = \prod_{i=1}^{s} \left(\sum_{k \in K(g_i \geqslant g_i^{\text{demand}})} p_{ijk} \right) \tag{7.11}$$

7.2.4 信息素轨迹更新

对于串并联系统,信息素轨迹更新包括对局部更新和全局更新。每个蚂蚁走过图 G 的边,通过选择对应的部件形成可行解,然后局部更新信息素轨迹如下:

$$\tau_{ij}^{\text{new}} = (1-\rho)\tau_{ij}^{\text{old}} + \rho\tau_0 \tag{7.12}$$

其中$(1-\rho)$表示信息素挥发强度,τ_0初始信息素轨迹强度。

当所有蚂蚁建立了问题的可行解,通过评价可行解的优劣,再更新最优蚂蚁(所谓精英蚂蚁)经历过的信息素轨迹。用 $\Delta\tau$ 表示精英蚂蚁经历过的边上累积的信息素增量。运用蚁周模型(Ant Cycle System Model),信息素增量 $\Delta\tau$ 由精英蚂蚁对应可行解所构建系统的多状态系统可靠度 R_e 确定,全局信息素轨迹更新如下:

$$\tau_{ij}^{\text{new}} = (1-\rho)\tau_{ij}^{\text{old}} + \rho\Delta\tau_{ij} \tag{7.13}$$

其中

$$\Delta\tau_{ij} = \begin{cases} R_e, & (i,j) \in \text{本阶段最优解} \\ 0, & \text{其他} \end{cases}$$

7.2.5 自适应策略

虽然蚁群算法具有局部寻优和全局搜索的优点,但在一定程度也存在局部收敛和早熟解的停滞现象。可以通过确定性选择和概率随机性选择结合的搜索策略,避免算法过早陷入局部最优解。根据局部最优解改进情况,采用"确定性选择与随机选择相结合"的自适应策略,在算法收敛速度和算法解的全局最优性二者间寻求平衡。采用参数自适应调节策略,动态调整算法的搜索选择方式和信息素更新。

1. 搜索选择方式的自适应调节策略

如果连续若干次迭代当前最优解没有改进,此时算法可能陷入局部最优的状态。为避免算法搜索陷入局部最优,增强全局搜索的随机性,促进全局搜索。如果当前最优解连续若干次迭代没得到改进,算法有可能陷入局部最优,则选取较小的 q_0 值,增大部件选择的随机性。当跳出局部最优后,恢复 q_0 的取值,加快算法收敛速度。

2. 信息素更新的自适应调节策略

随着信息素的不断更新,某些组合对应的信息素可能会比较突出,造成不同解之间信息素差异较大,算法搜索容易陷入局部最优解。如果连续若干次迭代当前最优解没有改进,通过平滑信息素,对不同组合对应的信息素加权平均,平滑信息素之间的差异悬殊,有利于生成具有全局优势的新可行解。信息素平滑如下式所示:

$$\tau_{ij}^{*}(t) = \tau_{ij}(t) + \delta(\tau_{\max}(t) - \tau_{ij}(t)) \tag{7.14}$$

其中:$\tau_{ij}^{*}(t)$ 和 $\tau_{ij}(t)$ 分别为平滑前和平滑后的信息素轨迹强度。

7.2.6　算法描述

综合 7.2.2 节~7.2.5 节的各算法环节,自适应策略的蚁群算法流程如图 7.3 所示。基本算法与引入自适应策略的蚁群算法区别在于图 7.3 中虚线矩形框所包含的部分。引入自适应策略后,根据若干次迭代当前最优解改进程度,采用 7.2.5 节的调整策略,适时改变算法控制参数或信息素轨迹强度,搜寻潜在的全局最优解。

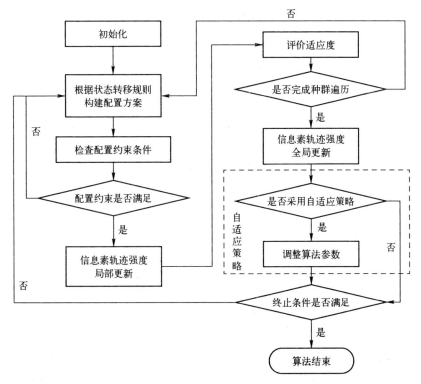

图 7.3　自适应策略的蚁群算法流程图

根据蚁群算法总体流程可得自适应策略的蚁群算法,具体步骤如下:

(1) 设置算法参数、初始化信息素轨迹强度。

(2) 遍历蚂蚁种群,执行如下步骤:

● 运用式(7.8)~式(7.10),计算关于多状态可靠度、成本的启发式信息和信

息素轨迹强度依次为每个子系统选择部件(包括空部件);

● 运用式(7.12)更新局部信息素强度。

(3) 遍历蚂蚁种群,执行如下步骤:

● 运用式(7.10)评价种群中所有的蚂蚁,并记录最优解;

● 运用式(7.13)更新全局信息素强度。

(4) 判断是否采用自适应策略更新参数,重复执行"步骤2"及"步骤3",直到满足终止条件。

7.3　基于PH分布的多状态系统可靠性优化计算框架

7.2节基于蚁群算法的多状态可靠性优化模型及求解方法,本质上是从组合问题中寻找可靠性设计的优化配置方案。为不失一般性,对于装备中大量的非典型分布的多状态系统,图7.4给出了基于PH分布的装备多状态可靠性优化计算框架。

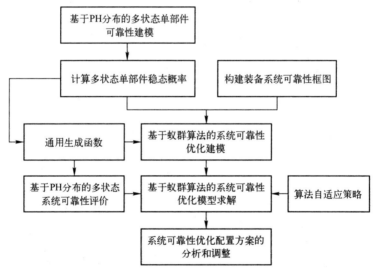

图7.4　基于PH分布的多状态系统可靠性优化计算框架

基于PH分布的多状态单部件可靠性建模及其稳态概率计算是基础性数据,并通过通用生成函数的综合描述和计算,为后续系统可靠性优化模型提供多状态系统可靠性评价依据;通用生成函数对系统可靠性优化建模和求解过程中的可靠性评价,发挥了模型描述和计算工具的作用;在多状态单部件稳态概率和具体装备系统可靠性框图的基础上,运用基于蚁群算法的系统可靠性优化方法,获得在成本、工作性能要求等约束条件下的优化配置方案;优化算法提供的配置方案是理论计算结果,在工程设计实施过程中,可根据实际情况通过灵敏性分析和约束变化,进一步对优化配置方案的理论结果进行局部调整。

7.4　算 例 分 析

7.4.1　算例说明及参数设置

以一个包含三个子系统的串并联系统作为算例的研究对象。

假设多状态单部件在不同工作状态和维修状态停留时间分布的随机分布为 PH 分布。单部件系统存在状态集,其中:

状态 0:表示系统处于完好。

状态 1:表示系统性能退化处于可接受范围,不需要进行维修。

状态 2:表示系统退化严重或完全失效,需要进行维修。

状态 0 和状态 1 称为工作状态,状态 2 称为故障状态。

根据部件各状态转移概率矩阵、系统维修时间分布矩阵、系统维修后状态转移概率矩阵,得到部件各状态的稳态概率。各子系统可选择部件对应不同状态的概率分布及其部件费用成本见表 7.1。蚁群算法主要参数设置 $\alpha = 0.1, \beta = 0.3, \rho = 0.9, q_0 = 0.6, \tau_0 = 0, N_{\text{iterative times}} = 1000, N_{\text{ant}} = 30$。

表 7.1　可选部件性能及成本

子系统		可选部件	稳态概率			部件成本
编号	最大冗余部件数	编号	状态 0	状态 1	状态 2	
1	5	1	0.7311	0.2599	0.0090	10.0
		2	0.7717	0.2188	0.0095	12.0
		3	0.7554	0.2353	0.0093	11.0
2	6	1	0.7554	0.2353	0.0093	20.0
		2	0.7392	0.2517	0.0091	18.0
		3	0.7473	0.2435	0.0092	19.0
		4	0.7717	0.2188	0.0095	20.5
3	5	1	0.7798	0.2106	0.0096	15.0
		2	0.7717	0.2188	0.0095	14.0
		3	0.7676	0.2229	0.0094	13.5
		4	0.7757	0.2147	0.0095	14.5
		5	0.7839	0.2065	0.0096	16.0

7.4.2　优化结果及算法比较

算法通过 Matlab 2008b 编码实现,在 Celeron PC CPU 2.5GHz 计算环境下运行,每个算例运行不超过 40s。应用 7.2 节的基本蚁群算法和自适应策略的蚁群算法,不同成本、性能约束下的系统优化配置方案见表 7.2。其中"≥2"表示至少有一个部件处于状态 0,"≥3"表示至少有一个部件处于状态 0、一个部件处于状态 1。

表 7.2　基本算法的优化配置方案

算例组编号	约束		配置方案			
	成本	性能	子系统编号	所选部件编号	总成本	总体可靠度
BA-1	35	≥2	1	2-2-3	162.0	0.99988
	80	≥2	2	1-2-4-4		
	50	≥2	3	5-5-5		
BA-2	34	≥2	1	2-3-3	151.0	0.99987
	75	≥2	2	2-2-2-2		
	45	≥2	3	1-1-1		
BA-3	34	≥3	1	2-3-3	153.5	0.99666
	75	≥3	2	2-2-2-4		
	45	≥3	3	4-4-5		

从表 7.2 可以看到,算例组 2 比算例组 1 的成本约束提高,优化配置方案的结构发生变化,算法在约束条件下选择成本较低的部件,系统总体可靠度略有降低。算例组 3 比算例组 2 的性能要求提高,算法选择成本更高、可靠性更好的部件。需要指出的是,算例组 3 比算例组 2 总成本高而总体可靠度低,是由于算例组 3 和算例组 2 分别计算的是总体性能状态"≥3"和"≥2"的可靠度。

表 7.2 是基本算法的优化配置方案,为获得更优质的配置方案,接近和寻求全局最优解,引入 7.2.5 节的自适应策略,在原有算法主要参数配置的条件下,得到自适应策略下蚁群算法的输出结果。不同成本、性能约束下的系统优化配置方案见表 7.3。相比基本算法而言,引入自适应策略后,算法搜索到更优化的配置方案,在满足成本约束的前提下,总体可靠度得到进一步提升。

表 7.3　自适应算法的优化配置方案

算例组编号	约束		配置方案			
	成本	性能	子系统编号	所选部件编号	总成本	总体可靠度
AA-1	35	≥2	1	2-2-3	162.5	0.99988
	80	≥2	2	2-4-4-4		
	50	≥2	3	5-5-5		
AA-2	34	≥2	1	2-3-3	151.0	0.99987
	75	≥2	2	2-2-2-2		
	45	≥2	3	1-1-1		
AA-3	34	≥3	1	2-3-3	153.5	0.99668
	75	≥3	2	2-2-2-4		
	45	≥3	3	1-1-1		

　　将自适应策略蚁群算法和基本算法的收敛速度及各阶段最优配置方案对应的总体可靠度进行比较,如图 7.5 所示。图 7.5(a)中自适应算法在获得当前最优解时,启动自适应策略,跳出局部最优解,搜寻其他的可行解。图 7.5(c)中基本算法陷入局部最优解,自适应算法增大可行解的随机性,搜索到更优的配置方案。总体而言,引入自适应算法表现出更好的寻优能力。

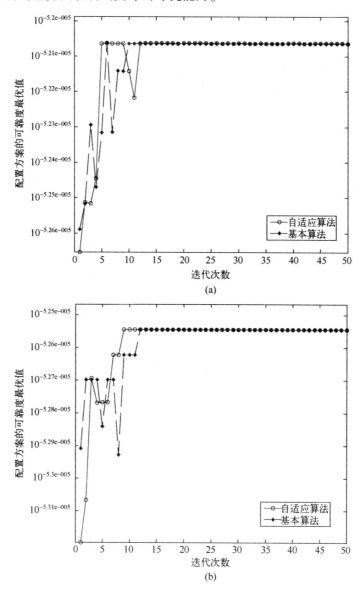

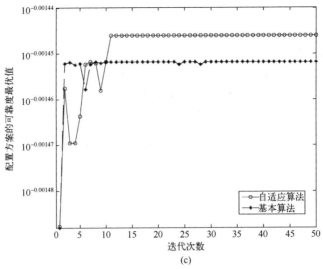

图 7.5　自适应算法与基本算法比较图

7.4.3　灵敏性分析

当成本约束或子系统性能要求发生变化时,如成本预算缩减、子系统工作要求提高等,可能导致配置方案变化。下面将研究不同子系统在成本约束、子系统性能要求发生变化时,对优化配置方案变化情况进行灵敏性分析。通过灵敏性分析,寻求配置方案在成本和性能之间的均衡,发现节约成本但不显著降低系统可靠度的配置方案、在更高性能要求条件下仍能保持可靠性较优的配置方案。

1. 成本约束变化的灵敏性分析

逐一改变各子系统的成本约束,将成本预算分别缩减 10% 和 20%,应用 7.2.5 节自适应策略的蚁群算法,得到优化配置方案,见表 7.4。

综合表 7.4 数据,各子系统成本约束按 10% 和 20% 比例缩减后,子系统选择的部件质量下降,冗余数量减少,总体可靠度降低。不同子系统成本约束发生变化后,总体可靠度降低幅度不尽相同。从表 7.5 可以看到,子系统 2 在成本缩减相近比例时,对总体可靠度影响较小,子系统 1 和子系统 3 因成本缩减对总体可靠度影响程度大于子系统 2。比较结果说明,子系统 2 在成本预算缩减的情况下,对总体可靠度影响较小。

各子系统在成本约束发生变化后,优化配置方案对总体可靠度的影响程度见表 7.5 和图 7.6。当系统采购预算缩减时,可以优先或侧重考虑缩减子系统 2 的分预算,以减小其他子系统因成本预算缩减而对总体可靠度产生的较大影响,尽可能避免缩减子系统 1 的成本预算。反而言之,若要增加系统采购预算以提高总体可靠度,应优先或侧重考虑增加那些在相同成本增量情况下可靠度提高较大子系统。

表 7.4　自适应算法优化配置方案灵敏性分析

算例组编号	约束		配置方案			
	成本	性能	子系统编号	所选部件编号	总成本	总体可靠度
RAC-0	35	≥2	1	2-2-3	162.5	0.99988
	80	≥2	2	2-4-4-4		
	50	≥2	3	5-5-5		
RAC1-1	31.5	≥2	1	1-1-3	158.5	0.99985
	80	≥2	2	2-4-4-4		
	50	≥2	3	5-5-5		
RAC1-2	28	≥2	1	2-2	151.5	0.99569
	80	≥2	2	2-4-4-4		
	50	≥2	3	5-5-5		
RAC-0	35	≥2	1	2-2-3	162.5	0.99988
	80	≥2	2	2-4-4-4		
	50	≥2	3	5-5-5		
RAC2-1	35	≥2	1	2-2-3	155.0	0.99987
	72	≥2	2	2-2-2-2		
	50	≥2	3	5-5-5		
RAC2-2	35	≥2	1	2-2-3	144.5	0.99982
	64	≥2	2	4-4-4		
	50	≥2	3	5-5-5		
RAC-0	35	≥2	1	2-2-3	162.5	0.99988
	80	≥2	2	2-4-4-4		
	50	≥2	3	5-5-5		
RAC3-1	35	≥2	1	2-2-3	159.5	0.99986
	80	≥2	2	2-4-4-4		
	45	≥2	3	1-1-1		
RAC3-2	35	≥2	1	2-2-3	146.5	0.99586
	80	≥2	2	2-4-4-4		
	40	≥2	3	5-5		

表 7.5　自适应算法优化配置方案比较

算例组编号	子系统编号	子系成本约束缩减/%	子系成本缩减/%	总体成本缩减/%	总体可靠度缩减
RAC1-1	1	10.0	11.4	2.5	2.58×10^{-6}
RAC1-2	1	20.0	31.4	6.8	4.18×10^{-3}
RAC2-1	2	10.0	9.4	4.6	2.83×10^{-9}
RAC2-2	2	20.0	22.6	11.1	5.92×10^{-5}
RAC3-1	3	10.0	6.3	1.9	5.26×10^{-7}
RAC3-2	3	20.0	33.3	9.9	4.02×10^{-3}

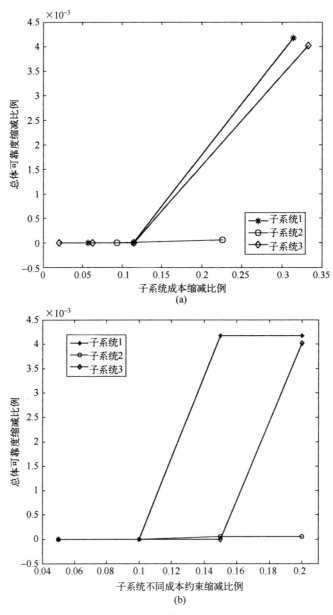

图 7.6　子系统不同成本缩减比例对总体可靠度的影响

2. 性能要求变化的灵敏性分析

逐一改变对子系统的工作性能要求,将子系统工作性能要求分别由"≥2"提升至"≥3",应用 7.2.6 节自适应策略的蚁群算法,得到优化配置方案,见表 7.6。

表 7.6　自适应算法优化配置方案灵敏性分析

算例组编号	约束		配置方案			
	成本	性能	子系统编号	所选部件编号	总成本	总体可靠度
RAP-0	34	≥2	1	2-3-3	151.0	0.99988
	75	≥2	2	2-2-2-2		
	45	≥2	3	1-1-1		
RAP-1	34	≥3	1	2-3-3	151.0	0.99819
	75	≥2	2	2-2-2-2		
	45	≥2	3	1-1-1		
RAP-2	34	≥2	1	2-3-3	153.5	0.99985
	75	≥3	2	2-2-2-4		
	45	≥2	3	1-1-1		
RAP-3	34	≥2	1	2-3-3	151.0	0.99839
	75	≥2	2	2-2-2-2		
	45	≥3	3	1-1-1		

说明在成本约束不变的情况下,上述子系统配置方案在不同的性能要求下均为最优配置方案。分析其原因,这与所选部件的性能优劣有关。性能好的部件在状态 0 和状态 1 的稳态概率大,只要不超出成本约束,包含这些优质部件的配置方案将在不同性能要求下表现出总体性能占优(Dominant)的特点。对于子系统 2,提高总体性能要求后,子系统 2 配置方案发生变化,在约束满足的条件下,选择状态 0 概率更高的部件 4,总体可靠度略有降低。

对于总体性能约束的灵敏性分析可以看到,当成本约束不变的情况下,每个子系统应优先选择总体性能占优的配置方案;当子系统没有总体性能占优的配置方案,应综合考虑总体可靠度变化的大小和选择高性能部件所带来的成本增长,如果子系统性能要求提高导致总体可靠度降低值在可以接受的区间范围,可考虑选择子系统性能要求高的配置方案。如表 7.6 所列,总体可靠度降低 0.03‰,可选择子系统 2 的部件组合为(2-2-2-4)。

本章以多状态系统优化冗余分配问题为对象,对多状态系统可靠性优化展开应用研究。利用蚁群算法通用性强、寻优能力和鲁棒性好的优点,针对装备、设备的多状态特点,在采用 PH 分布描述多状态部件特性并运用通用生成函数度量系统可靠性指标的前提下,在成本和性能要求约束条件下,实现对装备优化冗余分配问题的求解。在蚁群基本算法的基础上,引入自适应策略,有效改进了算法效能。通过灵敏性分析,提出改进系统总体可靠度的策略。本章研究工作为采用 PH 分布和通用生成函数建立多状态系统可靠度模型后,进一步开展复杂多状态系统可靠度优化设计等工作提供了技术支撑。

参考文献

［1］ DORIGO M. Optimization, learning and natural algorithms［D］. Italy：Politecnico di Milano，1992.

［2］ LIANG Y C，SMITH A E. An ant system approach to redundancy allocation［C］. Proceedings of the 1999 Congress on Evolutionary Computation，Washington，1999.

［3］ LIANG Y C，SMITH A E. An ant colony optimization algorithm for the redundancy allocation problem［J］. IEEE TransactionS on Reliability，2004，53(3)：417-423.

［4］ SHELOKAR P，JAYARAMAN V K，KULKARNI B D. Ant algorithm for single and multiobjective reliability optimization problems［J］. Quality and Reliability Engineering Internationa，2002，18：497-514.

［5］ OUIDDIR R，RAHLI M，MEZIANE R，et al. Ant colony optimization or new redesign problem of multi-state electrical power systems［J］. Electrical Engineering，2004，55(3-4)：57-63.

［6］ SAMROUT M，YALAOUI F，CHÂTELET E，et al. New methods to minimize the preventive maintenance cost of series-parallel systems using ant colony optimization［J］. Reliability Engineering & System Safety，2005，89：346-354.

［7］ ZHAO J H，LIU Z H，DAO M T. Reliability optimization using multi-objective ant colony system approaches［J］. Reliability Engineering & System Safety，2007，92：109-120.

［8］ MEZIANE R，MASSIM Y，ZEBLAH A，et al. Reliability optimization using ant colony algorithm under performance and cost constraints［J］. Electric Power Systems Research，2005，76：1-8.

［9］ 李士勇. 蚁群算法及其应用［M］. 哈尔滨：哈尔滨工业大学出版社，2004.